孔令德 著

计算机图形学

基于MFC三维图形开发（第2版）

（全彩微课版）

清华大学出版社
北京

内 容 简 介

本书基于 Windows 10 操作系统，以 Visual Studio 2017 中文版作为开发平台，对基本图元的扫描转换、二维变换与裁剪、三维变换与投影、自由曲线与曲面、建模与消隐、光照模型、纹理映射的原理与算法进行了系统讲解。同时，以生成三维真实感光照模型为主线，引导读者重点掌握直线的扫描转换原理、多边形的有效边表填充原理、三维物体的几何变换原理与透视投影原理、多面体与曲面体的几何建模原理、Z-Buffer 与画家算法的面消隐原理、基于明暗处理的光滑着色原理，以及基于颜色纹理、三维纹理与几何纹理的真实感图形绘制原理等内容，从编程角度诠释了这些原理的实现算法。通过本书的学习，读者可让在三维场景中绘制出物体的真实感图形动画，实现支持对图形的交互操作。

本书介绍的 30 个原理都配有经过精心设计的案例源程序。这些案例的程序都经过了严格的测试，每个案例都配有微课进行讲解。本书中的效果图均出自这些案例，其质量可以与 OpenGL 或 Direct3D 制作效果相媲美。

本书不仅可以作为计算机类专业本科学生的教材，也可作为非计算机类专业的研究生教材。此外，也可供热爱游戏开发的计算机图形学爱好者自学使用。

图书在版编目(CIP)数据

计算机图形学：基于 MFC 三维图形开发：全彩微课版/孔令德著.—2 版.—北京：清华大学出版社，2021.4
ISBN 978-7-302-55906-1

Ⅰ．①计… Ⅱ．①孔… Ⅲ．①三维－计算机图形学 Ⅳ．①TP391.41

中国版本图书馆 CIP 数据核字(2020)第 108895 号

责任编辑：汪汉友
封面设计：常雪影
责任校对：时翠兰
责任印制：沈 露

出版发行：清华大学出版社
网　　　址：http://www.tup.com.cn，http://www.wqbook.com
地　　　址：北京清华大学学研大厦 A 座　　　　　　邮　　编：100084
社 总 机：010-62770175　　　　　　　　　　　　邮　　购：010-83470235
投稿与读者服务：010-62776969，c-service@tup.tsinghua.edu.cn
质量反馈：010-62772015，zhiliang@tup.tsinghua.edu.cn
课件下载：http://www.tup.com.cn，010-83470236
印 装 者：三河市龙大印装有限公司
经　　销：全国新华书店
开　　本：185mm×260mm　　　　印　　张：17.5　　　　字　　数：425 千字
版　　次：2014 年 1 月第 1 版　　2021 年 4 月第 2 版　　印　　次：2021 年 4 月第 1 次印刷
定　　价：89.00 元

产品编号：089110-01

第 2 版前言

本书第 1 版由于原理选择合理、算法讲解清晰、代码编写规范、印刷精美,因此受到了读者的欢迎。美中不足的是,受当时技术条件的限制,所用的开发平台为 Visual C++ 6.0,操作系统是 Windows XP。许多读者期待本书使用 Visual Studio 2010 及以上的版本开发。这次改版,编程环境采用 Windows 10 操作系统,语言选用 Visual Studio 2017 MFC。

作者主持的"计算机图形学"课程在 2020 年被评为山西省精品在线开放课程。为了适应新形态的课程建设,制作了 30 个知识点的算法微课讲解。王铮、杨芳、孟新煜录制了算法 MOOC 讲解。利用 2020 年春节长假,笔者与霍波魏重新整理并升级了配套的 30 个案例源程序,毛洋录制了全部案例源程序讲解 MOOC。为了帮助初学者入门,第 2 章的所有例子都提供了视频讲解,由孟星煜录制。

录制 MOOC 是很繁重的工作,设计程序、编写 PPT、整理逐字稿、剪辑视频。有时作者也会录制试音、视频以进行示范。对于有些比较难的案例视频经常出现返工的情况。最终,课题组成员的坚持和耐心保证了视频资源的质量,在此一并致谢。本书提供的 30 个知识点和 30 个案例的视频全部通过作者审核检查,请读者放心使用。知识点对应的 MOOC 视频,在教材的相应章节都提供了二维码,可同步扫码观看。为了方便读者学习,本书附录梳理了本书介绍的知识点和案例。

目前,作者主持的"计算机图形学"课程已入选国家首批一流本科课程。有兴趣的读者可以到作者在超星平台上开设的计算机图形学 MOOC 登录学习并留下宝贵的建议。

作者郑重承诺,书中所有效果图全部为使用 Microsoft Visual Studio MFC 按照原理的算法编码运行后生成的,未使用任何图形库。

作　者
2021 年 1 月

第 1 版前言

  计算机图形学是利用计算机研究图形的表示、生成、处理和显示的学科。主要原理包括基于光栅扫描显示器的基本图形的扫描转换原理;基于齐次坐标的二维、三维图形的几何变换原理;基于几何造型的自由曲线、曲面的生成原理;基于多面体和曲面体的三维几何建模原理;基于像空间和物空间的三维物体面消隐原理;基于材质模型、光源模型的简单光照原理;基于颜色纹理、三维纹理和几何纹理的纹理映射原理。本书采用类架构建立了三维光照场景,给定光源位置、视点位置和视线方向,只要简单地改变数据文件中物体的顶点表和表面表,就可以生成不同物体的真实感图形动画。

  本书有以下特色。

  1. 编程环境的先进性。本书选用了 Microsoft 公司的面向对象程序设计语言 Visual C++ 的 MFC 框架作为编程环境,不仅可以制作出和 3ds max 效果一致的三维真实感图形,而且支持交互式操作。

  2. 所有原理的案例化。本书从编程角度讲解计算机图形学,要求所讲解的原理都产生相应的图形效果。笔者使用 MFC 框架自主开发了本书所有原理的案例,做到本书所讲解到的每个原理都有一个对应的源程序。

  3. 所有图形彩色显示。计算机图形学是研究由物体的三维几何模型得到二维图像的技术。本书使用真彩色表示光照、纹理等特殊图像效果,意在让读者切实感受到计算机图形学的视觉冲击力,从而将学习的重点放置在真实感图形部分。

  本书各章节主要内容如下。

  第 1 章 导论。介绍了计算机图形学的定义、应用领域、图形显示器的工作原理以及计算机图形学目前研究的热点技术。

  第 2 章 MFC 绘图基础。介绍 MFC 上机操作步骤,主要讲解了 CDC 类的主要绘图成员函数,最后给出了精美的双缓冲动画案例。本章要求重点掌握双缓冲技术。

  第 3 章 基本图元的扫描转换。讲解直线、圆和椭圆的像素级扫描转换原理,以及 Wu 直线反走样算法。本章要求重点掌握直线的中点 Bresenham 扫描转换原理和 Wu 反走样原理。

  第 4 章 多边形填充。讲解了有效边表填充原理、边缘填充原理以及区域填充原理,本章要求重点掌握有效边表填充原理,这是后续填充三维物体表面模型的基本原理。

  第 5 章 二维变换与裁剪。讲解二维基本几何变换矩阵,Cohen-Sutherland 直线段裁剪原理、中点分割直线段裁剪原理、Liang-Barsky 直线段裁剪原理以及 Sutherland-Hodgman 多边形裁剪原理。本章要求重点掌握二维几何变换。

  第 6 章 三维变换与投影。讲解三维基本几何变换、三视图、斜投影图以及透视投影的变换矩阵。本章要求重点掌握三维几何变换和透视投影原理。

  第 7 章 自由曲线与曲面。讲解 Bezier 曲线曲面和 B 样条曲线曲面的生成原理。本章要求重点掌握 B 样条曲线和 B 样条曲面的生成原理。

第 8 章　建模与消隐。讲解描述物体的双表数据结构,多面体与曲面体的几何模型。物体的背面剔除原理以及深度缓冲面消隐和深度排序面消隐原理。本章要求重点掌握立方体、球体的几何建模方法,以及深度缓冲面消隐原理。

第 9 章　光照模型。讲解颜色模型、材质模型、简单光照模型、Gouraud 明暗处理、Phong 明暗处理、简单透明模型和简单阴影模型。本章要求重点掌握 RGB 颜色模型、简单光照模型、Gouraud 明暗处理和 Phong 明暗处理。

第 10 章　纹理映射。讲解颜色纹理、三维纹理和几何纹理的定义及映射方法。给出了将函数纹理与图像纹理映射到球面、圆柱面、圆锥面和圆环面的方法,最后介绍了一种简单纹理反走样方法。本章要求重点掌握国际象棋棋盘函数纹理映射到立方体表面和球体表面的颜色纹理映射方法。

为了帮助读者巩固上述原理的学习,作者精心设计了与本书讲解的原理一一对应的 60 个案例源程序。每个案例全部按照本书原理的算法步骤编码,可以互相参照学习。本书中所使用的效果图均出自这些案例。请购买本书的读者到作者的个人网站上下载这 60 个源程序。为了方便教学,作者也提供了各章的教学课件,并建立了计算机图形学教师群,愿意与全国高校的计算机图形学教师一起分享教学经验。

虽然计算机图形学领域每年有大量的新技术不断涌现,但绘制图形的基本原理和方法却一直保持着连贯性和稳定性。作者是从计算机编程角度讲授计算机图形学原理,在不使用任何图形库的前提下,单纯使用 MFC 的绘制像素点成员函数(CDC∷SetPixelV),按照本书讲解的计算机图形学原理开发出与 OpenGL 或 Direct3D 显示效果一致的真实感图形。更确切地说是作者依据本书讲解的原理搭建了一个自主开发的图形库。只要在场景中构造出物体的几何模型,就可以根据假定的光照条件,动态渲染出包含材质、纹理的真实感图形,产生如临其境、如见其物的视觉效果。

感谢清华大学出版社编校人员对本书的大力支持,感谢国内计算机图形学教师对作者的认可,感谢计算机图形学读者对源程序的厚爱。恳请从事计算机图形研究的专家学者继续提出宝贵的建议和意见,无论是针对文字、代码还是课件的。

最后感谢我的妻子康凤娥女士。在我写作本书期间,给予了更多的时间;在我调试程序时,曾提出过宝贵的建议;在我完成初稿后,又进行反复校对。"噫!微斯人,吾谁与归?"

孔令德

2013 年 9 月

目　　录

第1章　导论 ·· 1
  1.1　计算机图形学的定义 ··· 1
  1.2　计算机图形学的应用领域 ·· 2
    1.2.1　计算机游戏 ·· 2
    1.2.2　计算机辅助设计 ·· 2
    1.2.3　计算机艺术 ·· 3
    1.2.4　虚拟现实 ··· 5
    1.2.5　计算机辅助教学 ·· 6
  1.3　计算机图形学的相关学科 ·· 6
  1.4　计算机图形学的确立与发展 ··· 7
  1.5　图形显示器的发展及其工作原理 ··· 9
    1.5.1　阴极射线管 ·· 9
    1.5.2　随机扫描图形显示器 ·· 10
    1.5.3　直视存储管图形显示器 ·· 10
    1.5.4　光栅扫描图形显示器 ·· 11
    1.5.5　LCD 显示器 ·· 17
    1.5.6　三维图形显示原理及立体显示器 ·· 18
  1.6　图形软件标准 ·· 22
  1.7　计算机图形学研究的热点技术 ·· 23
    1.7.1　细节层次技术 ··· 23
    1.7.2　基于图像的绘制技术 ·· 23
  1.8　本章小结 ··· 25
  习题 1 ·· 25

第2章　MFC 绘图基础 ·· 27
  2.1　MFC 上机操作步骤 ·· 27
  2.2　MFC 绘图方法 ·· 31
    2.2.1　CDC 类结构与 GDI 对象 ··· 31
    2.2.2　映射模式 ··· 33
    2.2.3　使用 GDI 对象 ·· 36
    2.2.4　CDC 类的主要绘图成员函数 ·· 39
  2.3　设备上下文的调用与释放 ·· 55
  2.4　双缓冲机制 ··· 55
  2.5　MFC 绘图的几种方法 ··· 58

　　　2.5.1　使用 OnDraw()成员函数直接绘图 ·· 58

　　　2.5.2　使用菜单绘图 ·· 59

　　　2.5.3　使用自定义函数绘图 ·· 61

　　2.6　本章小结 ··· 65

　　习题 2 ·· 65

第 3 章　基本图元的扫描转换 ··· 68

　　3.1　直线的扫描转换 ·· 68

　　　3.1.1　DDA 算法 ··· 69

　　　3.1.2　Bresenham 算法 ·· 69

　　　3.1.3　中点算法 ·· 71

　　3.2　圆的扫描转换 ·· 73

　　3.3　椭圆的扫描转换 ·· 76

　　3.4　反走样技术 ·· 81

　　　3.4.1　反走样现象 ·· 81

　　　3.4.2　反走样技术分类 ·· 82

　　3.5　Wu 反走样算法 ··· 82

　　　3.5.1　算法原理 ·· 82

　　　3.5.2　构造距离误差项 ·· 83

　　　3.5.3　Wu 反走样算法 ·· 83

　　　3.5.4　彩色直线的反走样算法 ·· 84

　　3.6　本章小结 ··· 84

　　习题 3 ·· 84

第 4 章　多边形填充 ··· 88

　　4.1　多边形的扫描转换 ·· 88

　　　4.1.1　多边形的定义 ·· 88

　　　4.1.2　多边形的表示 ·· 89

　　　4.1.3　多边形着色模式 ·· 90

　　　4.1.4　多边形填充算法 ·· 90

　　　4.1.5　区域填充算法 ·· 91

　　4.2　有效边表填充算法 ·· 91

　　　4.2.1　填充原理 ·· 91

　　　4.2.2　边界像素的处理原则 ·· 91

　　　4.2.3　有效边和有效边表 ·· 93

　　　4.2.4　桶表与边表 ·· 95

　　4.3　边缘填充算法 ·· 96

　　　4.3.1　填充原理 ·· 96

　　　4.3.2　填充过程 ·· 96

4.4 区域填充算法 97
 4.4.1 填充原理 97
 4.4.2 四邻接点与八邻接点 98
 4.4.3 四连通域与八连通域 98
 4.4.4 种子填充算法 99
4.5 本章小结 100
习题 4 101

第 5 章　二维变换与裁剪 105
5.1 图形几何变换基础 105
 5.1.1 二维变换矩阵 105
 5.1.2 规范化齐次坐标 105
 5.1.3 矩阵相乘 106
 5.1.4 二维几何变换 106
5.2 二维基本几何变换矩阵 107
 5.2.1 平移变换矩阵 107
 5.2.2 比例变换矩阵 108
 5.2.3 旋转变换矩阵 108
 5.2.4 反射变换矩阵 109
 5.2.5 错切变换矩阵 110
5.3 二维复合变换 111
 5.3.1 复合变换原理 111
 5.3.2 相对于任意参考点的二维几何变换 111
 5.3.3 相对于任意方向的二维几何变换 114
5.4 二维图形裁剪 116
 5.4.1 图形学中常用的坐标系 116
 5.4.2 窗口与视区及窗视变换 118
 5.4.3 窗视变换矩阵 119
5.5 Cohen-Sutherland 直线段裁剪算法 121
 5.5.1 编码原理 121
 5.5.2 裁剪步骤 121
 5.5.3 交点计算公式 122
5.6 中点分割直线段裁剪算法 123
 5.6.1 中点分割直线段裁剪算法原理 123
 5.6.2 中点计算公式 123
5.7 Liang-Barsky 直线段裁剪算法 124
 5.7.1 算法原理 124
 5.7.2 算法分析 125
 5.7.3 算法的几何意义 125

5.8　多边形裁剪算法 ··· 127

5.9　本章小结 ··· 129

习题 5 ·· 129

第 6 章　三维变换与投影 ·· 132

6.1　三维图形几何变换 ··· 132

6.1.1　三维变换矩阵 ·· 132

6.1.2　三维几何变换 ·· 133

6.2　三维基本几何变换矩阵 ··· 134

6.2.1　平移变换 ··· 134

6.2.2　比例变换 ··· 134

6.2.3　旋转变换 ··· 134

6.2.4　反射变换 ··· 135

6.2.5　错切变换 ··· 137

6.3　三维复合变换 ··· 138

6.3.1　相对于任意参考点的三维几何变换 ·································· 138

6.3.2　相对于任意方向的三维几何变换 ···································· 138

6.4　平行投影 ··· 140

6.4.1　正投影 ··· 141

6.4.2　三视图 ··· 141

6.4.3　斜投影 ··· 144

6.5　透视投影 ··· 146

6.5.1　透视投影坐标系 ··· 146

6.5.2　三维坐标系变换 ··· 147

6.5.3　世界坐标系到观察坐标系的变换 ···································· 149

6.5.4　观察坐标系到屏幕坐标系的变换 ···································· 151

6.5.5　透视投影分类 ·· 153

6.5.6　立方体的透视图 ··· 154

6.5.7　屏幕坐标系的伪深度坐标 ··· 156

6.6　本章小结 ··· 157

习题 6 ·· 158

第 7 章　自由曲线与曲面 ·· 160

7.1　基本概念 ··· 160

7.1.1　样条曲线曲面 ·· 160

7.1.2　曲线曲面的表示形式 ·· 161

7.1.3　插值、逼近与拟合 ·· 162

7.1.4　连续性条件 ·· 162

7.2　Bezier 曲线 ·· 163

    7.2.1 Bezier 曲线的定义 ·· 164

    7.2.2 Bezier 曲线的性质 165

    7.2.3 de Casteljau 递推算法 ·· 167

    7.2.4 Bezier 曲线的拼接 168

7.3 Bezier 曲面 ·· 170

    7.3.1 Bezier 曲面的定义 170

    7.3.2 双三次 Bezier 曲面的定义 ·· 170

    7.3.3 双三次 Bezier 曲面的拼接 171

7.4 B 样条曲线 ·· 173

    7.4.1 B 样条曲线的定义 ·· 173

    7.4.2 二次 B 样条曲线 174

    7.4.3 三次 B 样条曲线 175

    7.4.4 B 样条曲线的性质 ·· 177

    7.4.5 构造特殊三次 B 样条曲线的技巧 ·· 178

7.5 B 样条曲面 ·· 180

    7.5.1 B 样条曲面的定义 ·· 180

    7.5.2 双三次 B 样条曲面的定义 180

    7.5.3 双三次 B 样条曲面的连续性 181

7.6 本章小结 ·· 183

习题 7 ·· 184

第 8 章 建模与消隐 ·· 187

8.1 三维物体的数据结构 ·· 187

    8.1.1 物体的几何信息与拓扑信息 ·· 187

    8.1.2 三表数据结构 187

    8.1.3 物体的表示模型 ·· 188

    8.1.4 双表数据结构 190

8.2 常用物体的几何模型 ·· 191

    8.2.1 多面体 191

    8.2.2 曲面体 ·· 196

8.3 消隐算法分类 ·· 202

8.4 隐线算法 ·· 203

    8.4.1 凸多面体消隐算法 ·· 203

    8.4.2 曲面体消隐算法 ·· 206

8.5 隐面算法 ·· 207

    8.5.1 深度缓冲器消隐算法 ·· 207

    8.5.2 深度排序消隐算法 ·· 211

8.6 本章小结 ·· 212

习题 8 ·· 212

第 9 章　光照模型 ·· 217

　9.1　颜色模型 ··· 217

　　9.1.1　原色系统 ·· 218

　　9.1.2　RGB 颜色模型 ·· 219

　　9.1.3　HSV 颜色模型 ·· 220

　　9.1.4　CMYK 颜色模型 ·· 222

　9.2　简单光照模型 ·· 223

　　9.2.1　材质模型 ·· 223

　　9.2.2　环境光模型 ·· 225

　　9.2.3　漫反射光模型 ·· 225

　　9.2.4　镜面反射光模型 ·· 226

　　9.2.5　光强衰减 ·· 228

　　9.2.6　增加颜色 ·· 229

　9.3　光滑着色 ··· 230

　　9.3.1　直线的光滑着色 ·· 230

　　9.3.2　Gouraud 明暗处理 ·· 232

　　9.3.3　Phong 明暗处理 ··· 235

　9.4　简单透明模型 ·· 237

　9.5　简单阴影模型 ·· 238

　9.6　本章小结 ··· 239

　习题 9 ··· 239

第 10 章　纹理映射 ··· 243

　10.1　纹理的定义 ··· 243

　10.2　颜色纹理 ··· 244

　　10.2.1　函数纹理 ··· 244

　　10.2.2　图像纹理 ··· 249

　10.3　三维纹理 ··· 250

　10.4　几何纹理 ··· 252

　　10.4.1　参数曲面的定义 ··· 252

　　10.4.2　映射原理 ··· 252

　　10.4.3　几何纹理的分类 ··· 254

　10.5　纹理反走样简介 ··· 255

　10.6　本章小结 ··· 258

　习题 10 ··· 258

参考文献 ··· 262

附录 A　知识点微课索引 ·· 264

附录 B　配套案例的说明 ·· 265

第 1 章 导 论

计算机图形学(computer graphics,CG)是随着计算机的发展,特别是图形显示器的发展而产生和发展起来的,是计算机技术与电视技术、图形图像处理技术相互融合的结果。人们使用计算机或手机处理日常事务时,首先看到的是图形化的人机交互界面,这便是计算机图形学带给人们最直接的感受。近年来,计算机图形学已经在游戏、电影、科学、艺术、商业、广告、教学、培训和军事等领域获得了广泛的应用。社会需求反过来又推动了计算机图形学的快速发展,计算机图形学目前已经形成一个巨大的产业。

1.1　计算机图形学的定义

计算机图形学是一门研究如何利用计算机表示、生成、处理和显示图形的学科。图形主要分为两类:一类是基于线框模型描述的几何图形,图 1-1(a)所示的头颅网格模型是一种基于三角形网格表示的线框图形;另一类是基于表面模型描述的真实感图形。要绘制真实感图形,首先必须建立场景的几何模型,再选择某种光照模型,计算场景在假想光源、纹理、材质属性下的光照效果。图 1-1(b)所示的头颅表面模型是一种基于光照和材质表示的真实感图形。

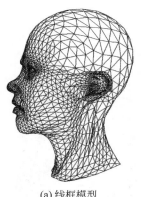 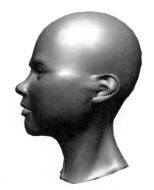

(a)线框模型　　　　　　　　　　　(b)表面模型

图 1-1　头颅图形

图形的表示方法有参数法和点阵法两种。参数法是在设计阶段建立几何模型时,用形状参数和属性参数描述图形的一种方法,形状参数可以是直线段的起点、终点等几何参数,属性参数则包括直线段的颜色、线形和宽度等非几何参数。一般用参数法描述的图形依旧称为图形。点阵法是在绘制阶段用具有颜色信息的像素点阵来表示图形的一种方法,所描述的图形常称为图像。计算机图形学就是研究将图形的表示法从参数法转换到点阵法的一门学科。矩形的图形如图 1-2(a)所示,矩形的图像如图 1-2(b)所示。

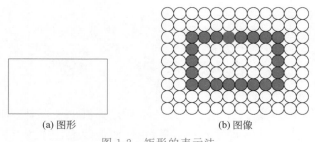

(a) 图形   (b) 图像

图 1-2　矩形的表示法

1.2　计算机图形学的应用领域

1.2.1　计算机游戏

　　计算机游戏是一种新兴的娱乐形式,为游戏参与者提供了一个虚拟空间,从一定程度上让人可以摆脱现实世界中的自我,在另一个世界中扮演现实世界中扮演不了的角色,因而吸引了众多的玩家。计算机游戏的核心技术来自于计算机图形学,如多分辨率地形生成、天空盒纹理、角色动画、碰撞检测、粒子系统、自然景物模拟、交互技术、实时绘制等。人们学习计算机图形学的一个潜在目的就是从事游戏开发,反过来,计算机游戏是计算机图形学发展的另一个重要推动力。计算机游戏主要包括单机游戏、网络游戏和网页游戏等几种类型。例如,从英国 Eidos 公司推出的动作冒险系列游戏《古墓丽影》的演变可以看出计算机游戏的发展过程,该游戏成功地创造了一个女性虚拟人物:动作派考古学家劳拉·克劳馥(Lara Croft)。《古墓丽影》凭借巧妙的机关、简洁的交互操作、逼真的三维效果赢得了人们的喜爱,开创了三维动作冒险游戏的新纪元。《古墓丽影》首发于 1996 年,图 1-3 为《古墓丽影9》游戏封面,图 1-4 为历代劳拉形象演变图。可以看出,随着计算机建模技术的进步,劳拉的形象逐渐从卡通走向真实。

图 1-3　《古墓丽影》计算机游戏截图

1.2.2　计算机辅助设计

　　计算机辅助设计(computer aided design,CAD)和计算机辅助制造(computer aided manufacture,CAM)是计算机图形学最早应用的领域,也是当前计算机图形学最成熟的应

图 1-4　历代劳拉形象演变图

用领域,典型的代表产品为 AutoCAD 系统软件。现在建筑、机械、飞机、汽车、轮船和电子器件等产品的开发几乎都使用 AutoCAD 进行设计。AutoCAD 可绘制二维工程图,也可建立三维实体模型。具体设计时,先绘制三维实体的某个轮廓,通过拉伸、旋转、放样等操作形成简单几何体,再通过布尔运算形成复杂的几何体。在产品设计接近完成时,可以采用真实光照模型技术生成最终效果图。图 1-5 为使用 AutoCAD 绘制的旋耕刀辊设计图。在计算机辅助设计领域中,另外一个常用的设计软件是 3ds max。《侏罗纪公园》《玩具总动员》等影片均是使用该技术制作的典型产品。图 1-6 是使用 3ds max 软件设计的办公室效果图。

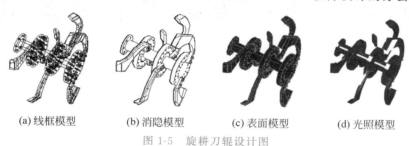

(a) 线框模型　　　　(b) 消隐模型　　　　(c) 表面模型　　　　(d) 光照模型

图 1-5　旋耕刀辊设计图

图 1-6　博创研究所所长办公室效果图

1.2.3　计算机艺术

计算机图形学广泛应用于艺术设计中,称为计算机艺术(computer art,CA)。计算机艺术为设计者提供了一个充分展示个人想象力与艺术才能的新天地。目前,计算机艺术已经广泛应用于影视特技、商业广告、游戏和计算机辅助教学等领域。

动画是计算机艺术的典型代表。根据人眼的视觉暂留特性,将一系列的单幅静态画面(frame,帧)串接在一起,以 24～30 帧/秒的速度播放,形成运动的效果。根据 1927 年制定的工业标准,电影按 24 帧/秒的速度进行拍摄和播放。电视有多种制式,如 PAL(phase alternate line)、NTSC(national television standards committee)等,我国采用的是 PAL 制式,该制式的播放速度是 25 帧/秒。动画技术中最重要的是帧动画与骨骼动画。帧动画是指以帧为基本单位组织的多个静态画面,通过在关键帧(key frame)之间插值的方法,可以得到平滑的动画效果。骨骼动画是由互相连接的"骨骼"组成的骨架结构,通过改变骨骼的朝向和位置来生成动画。另外,许多商业广告中还用到图像自然渐变(image morphing)的处理方法,可以把一幅图像以一种自然流畅的、戏剧性的、超现实主义的方式变换为另一幅图像。图 1-7 是"男变女"图像自然渐变效果图。

图 1-7　图像自然渐变之"男变女"

计算机图形学的发展促进了其他学科在这一领域的渗透,分形艺术就是分形几何学与计算机图形学相结合的一门边缘学科。分形通过递归模型实现复杂的图形结构,主要用于描述欧几里得(Euclid)几何学无法描述的自然世界,诸如起伏蜿蜒的山脉、坑坑洼洼的地面、曲曲折折的海岸线、层层分叉的树枝、撕裂夜空的闪电、闪烁跳跃的火焰、生物的大分子结构,以及金属与非金属材料的断面等。图 1-8 是 Menger 分形海绵。Menger 海绵的生成原理为,将一个立方体沿长、宽、高方向 3 等分,形成 27 个相同大小的小立方体,舍弃位于立方体面心的 6 个小立方体,以及位于体心的一个小立方体。对余下的 20 个小立方体按照相同的方法逐步递归,当递归深度 $n=4$ 时,生成图示的最后一个中间有大量空隙的 Menger海绵[1]。从图形可以看出分形结构十分复杂,不借助于计算机图形学技术,Menger 海绵根本无法手工绘制。

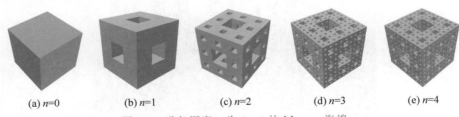

(a) $n=0$　　(b) $n=1$　　(c) $n=2$　　(d) $n=3$　　(e) $n=4$

图 1-8　递归深度 n 为 0～4 的 Menger 海绵

由 Mandelbrot 提出的分形几何学是一门以非规则几何形态为研究对象的几何学。由于不规则现象在自然界是普遍存在的,因此分形几何学又称为描述大自然的几何学。分形几何学可以描述云彩、地形、雪花、草、树木等自然景象。使用分形几何学理论制作的分形草与分形山如图 1-9 所示。

(a) 分形灌木丛

(b) 分形山

图 1-9　分形作品

1.2.4　虚拟现实

　　虚拟现实(virtual reality,VR)技术是利用计算机生成虚拟环境,逼真地模拟人在自然环境中的视觉、听觉、运动等行为的人机交互的新技术。用户可以"沉浸"到该环境中,随意观察周围的景物,并可以借助于数据手套、头盔显示器等特殊设备与该环境进行交互。在虚拟现实中,用户看到的是全彩色的图像,听到的是高保真的音响,感受到的是虚拟环境设备反馈的作用力,从而产生身临其境的感觉。桌面型虚拟现实系统是计算机图形学的自然扩展,虽然沉浸感略差,但毕竟为人们打开了一扇观察虚拟世界的窗口。正如 Ivan Sutherland 于 1965 年在《终极显示》(the ultimate display)一文中指出:"人们必须把屏幕看成一个窗口,并通过这个窗口注视整个虚拟世界。计算机图形学的挑战在于使这个窗口中的'图像看起来像真的,声音听起来像真的,物体动起来像真的'"。图 1-10 为博创研究所完成的太原市科技规划局项目:中华傅山园虚拟漫游系统。图 1-11 为博创研究所(计算机工程研究所)虚拟漫游系统。

图 1-10　中华傅山园虚拟漫游系统截屏图

图 1-11 博创研究所虚拟漫游系统截屏图

1.2.5 计算机辅助教学

信息技术的迅速发展和广泛应用对教育与培训产生了革命性的影响。计算机辅助教学（computer aided instruction, CAI）是利用计算机图形学技术展示抽象原理或不可见过程的一种新的教学方法。多媒体课件已成为教师教学和学生学习所不可或缺的工具。在多媒体教室内，教师使用集图、文、声、像为一体的多媒体课件，形象、生动地进行教学，有助于学生理解和接受深奥枯燥的理论。同时在新工科背景下进行的基于在线开放课程的教学模式改革，精品资源共享课、MOOC（massive open online courses）、SPOC（small private online course）、微课（micro learning resource）等网络公开课程，已经搭建起强有力的网络视频教学平台，使受教育者不必进入传统的课堂也能接受到正规的培训，分享全世界范围内的优质教育资源。图 1-12 为"计算机图形学"山西省精品资源共享课的网页截屏图。

图 1-12 "计算机图形学"精品资源共享课

1.3 计算机图形学的相关学科

与计算机图形学密切相关的学科有图像处理和模式识别。计算机图形学是研究如何利用计算机把描述图形的几何模型通过指定的算法转化为图像显示的一门学科。OpenGL 就是著名的开放式图形库。图像处理主要是指对数字图像进行增强、去噪、复原、分割、重建、编码、存储、压缩和恢复等不同处理方法的学科。Photoshop 就是著名的图像处理软件。模式识别是对点阵图像进行特征抽取，然后利用统计学方法给出图形描述的学科。手机的汉字手写功能就是模式识别的一个典型应用。

计算机图形学、模式识别和图像处理 3 门学科之间的关系如图 1-13 所示。近年来，随着光栅扫描显示器的广泛应用，这 3 门学科之间的界限越来越模糊，出现了相互渗透和融合。对于计算机图形学中出现的走样问题，可以采用图像处理技术进行反走样处理。对于由扫描仪输入的图像，可以使用模式识别软件识别成文本，粘贴到 Word 里面重新编辑。这些应用都说明计算机图形学、模式识别和图像处理 3 个学科是相互促进和发展的。

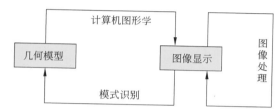

图 1-13　计算机图形学、图像处理与模式识别之间的关系

计算机图形学是建立在"数据结构"和"程序设计语言"基础上的一门学科，先行课程主要有"线性代数""数据结构""C++ 程序设计"等。计算机图形学的研究内容非常广泛，如图形硬件、图形标准、交互技术、光栅图形生成技术、曲线曲面造型技术、实体造型技术、真实感图形绘制技术等。

本书采用类架构的方式，以生成真实感图形为目的，采用主线教学方法讲解直线段的扫描转换，多边形填充(主要是三角形与四边形的填充)，二维三维图形几何变换，正交投影与透视投影，线框模型与表面模型的消隐，基于光照、材质和纹理的真实感图形的绘制原理及算法。通读本书，读者可以掌握柏拉图多面体、球、圆柱、圆锥、圆环等曲面体的几何建模方法，相应的线框模型和表面模型的绘制方法，以及真实感图形动画的渲染方法。

1.4　计算机图形学的确立与发展

计算机图形学的诞生可以追溯到 20 世纪 60 年代，多年来计算机图形学的发展是与计算机硬件技术，特别是图形显示器制造技术的发展密不可分的。

1946 年 2 月 14 日，世界上第一台计算机"电子数字积分器与计算器"(electronic numerical integrator and calculator，ENIAC)在美国宾夕法尼亚大学问世。1950 年，美国麻省理工学院(Massachusetts Institute of Technology，MIT)的旋风一号(Whirlwind Ⅰ)计算机配备了世界上第一台显示器——阴极射线管(cathode ray tube，CRT)，使得计算机摆脱了纯数值计算的单一用途，能够进行简单的图形显示，但当时还不能对图形进行交互操作。此时的图形学被称为"被动式"计算机图形学。

到 20 世纪 50 年代末期，MIT 的林肯实验室在旋风计算机上开发 SAGE(semi-automatic ground environment system，半自动地面防空体系)。为了保护美国本土不受敌方远程轰炸机携带核弹的突然侵袭，设想在美国各地布置一百多个雷达站，将检测到的敌机进袭航迹用通信雷达网迅速传送到空军总部，空军指挥员可以从总部的计算机显示器上跟踪敌机的行踪,命令就近的军分区进行拦击。SAGE 于 1957 年投入试运行,已经能够将雷达信号转换为显示器上的图形并具有简单的人机交互功能,操作者使用光笔点击屏幕上的目标即可获得敌机的飞行信息,这是人类第一次使用光笔在屏幕上选取图形。虽然 SAGE 计划并未完全实施,到 20 世纪 60 年代中期就停止了,但这个系统可以说是"主动式"计算机图形学的雏形,它的研究成果预示着交互式图形生成技术的诞生。

1963 年美国麻省理工学院的 Ivan E.Sutherland 完成了《Sketchpad:A Man-Machine Graphical Communication System》博士学位论文[2]。该论文首次使用"Computer Graphics"术语,证明了交互式计算机图形学是一个可行的、有应用价值的研究领域,从而确立了计算机图形学作为一个崭新学科的独立地位。Sketchpad 是画板的意思,即将屏幕看作画板,用光笔直接在屏幕上进行选择或定位等交互操作,如图 1-14 所示。计算机可以根据光笔指定的点在屏幕上画出直线,当光笔在屏幕上指定圆心和半径后可画出圆。另外该论文首次提出对图形的存储采用分层的数据结构,即将一幅完整的复杂图形可以通过不同图层的调用来实现,这成为至今仍在使用的图像存储方法。Ivan E.Sutherland 的 Sketchpad 系统被公认为是交互式图形生成技术的发展基础。1968 年 Ivan E.Sutherland 又发表了名为《头戴式三维显示器》的论文,在头盔的封闭环境下利用计算机成像的左右视图匹配,生成立体场景,使人置身于虚拟现实之中,如图 1-15 所示。Ivan E.Sutherland 为计算机图形学技术做出了巨大的贡献,被称作计算机图形学之父,1988 年 Ivan E.Sutherland 被授予图灵奖(A.M.Turing Award)。

图 1-14　Sketchpad

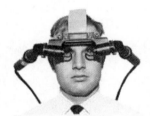

图 1-15　头盔式显示器

20 世纪 70 年代是计算机图形学发展过程中一个重要的历史时期。由于光栅扫描图形显示器的诞生,在 20 世纪 60 年代就已经萌芽的光栅图形学算法迅速地发展起来,区域填充、裁剪和消隐等基本图形概念及其相应算法纷纷诞生,图形学进入了第一个全盛的发展时期,并开始出现实用的 CAD 图形系统。20 世纪 70 年代计算机图形学另外两个重要进展是真实感图形技术和实体造型技术的产生。1970 年 Bouknight 提出了第一个光反射模型[3],1971 年 Gouraud 提出了双线性光强插值模型,被称为 Gouraud 明暗处理[4]。1975 年 Phong 提出了双线性法矢插值模型,被称为 Phong 明暗处理[5]。Phong 给出的包含环境光(ambient)、漫反射光(diffuse)和镜面反射光(specular)的模型称为 ADS 光照模型,也称为简单光照模型。这些工作都是真实感图形学早期的开创性工作。但同时也应注意到,与别的学科相比,此时的计算机图形学还是一个很小的学科领域,其原因主要是由于图形设备昂贵、功能简单、应用软件匮乏。

进入 20 世纪 80 年代以后,出现了带有光栅扫描图形显示器的微型计算机和图形工作站,进一步推动了计算机图形学的发展,如 Macintosh、IBM 公司的 PC 及其兼容机,Apollo、Sun 工作站等。随着 Pentium Ⅲ 和 Pentium 4 系列 CPU 的出现,计算机图形软件功能也开始部分地由硬件实现。高性能显卡和液晶显示器的使用,高传输率大容量硬盘的出现,特别是 Internet 的普及使得微型计算机与图形工作站在运算速度、图形显示细节上的差距越来越小,这些都为图形学的发展奠定了物质基础。1980 年 Whitted 提出了光透射模型[6],并第一次给出光线跟踪算法的范例,实现了 Whitted 模型;1984 年,美国 Cornell 大学和日本广岛大学的学者分别将热辐射工程中的辐射度方法引入计算机图形学中,用辐射度方法成功地模拟了理想漫反射表面间的多重漫反射效果[7];光线跟踪算法和辐射度算法的提出,标志着真实感图形的显示算法已逐渐成熟。顺便提一下,由美国计算机协会(Association for Computing Machinery,ACM)举办的 SIGGRAPH(Special Interest Group for Computer Graphics,计算机图形图像特别兴趣小组)会议是计算机图形学领域最权威的国际学术会议,每年只录取大约 50~100 篇论文在 ACM Transaction on Graphics(TOG)杂志上发表,因此这些论文的学术水平较高,基本上代表了计算机图形学研究的主流方向。

我国开展计算机图形设备与计算机辅助几何设计等方面的研究起始于 20 世纪 60 年代中后期。图形学在我国的应用从 20 世纪 70 年代起步,如今已在电子、机械、航空、建筑、造船、轻纺、影视制作等行业的产品设计、工程设计和后期制作中得到了广泛应用,并取得了明显的经济效益和社会效益。

1.5 图形显示器的发展及其工作原理

前已述及,推动计算机图形学不断发展的一个重要因素是图形显示器的更新换代。图形显示器是计算机图形学发展的硬件依托,其发展经历了随机扫描显示器、直视存储管显示器及目前广泛使用的光栅扫描显示器。

1.5.1 阴极射线管

阴极射线管(cathode ray tube,CRT)是光栅扫描显示器的显示部件,其功能与电视机的显像管类似,主要是由电子枪(electron gun)、偏转系统(deflection coils)、荫罩板(shadow mask)、荧光粉层(phosphor)及玻璃外壳五大部分组成,前 4 种部件被封装在一个真空的圆锥形玻璃壳内,CRT 结构如图 1-16 所示。电子枪是由灯丝、阴极、控制栅组成,黑白 CRT 中只有一支电子枪,彩色 CRT 中有红、绿、蓝 3 支电子枪。CRT 通电后灯丝发热,阴极被激发射出电子,电子受到控制栅的调节形成电子束。电子束经聚焦系统聚焦后以高速轰击到荧光屏上,荧光粉层被激发后发出辉光形成一个光点,偏转系统可以控制电子束在指定的位

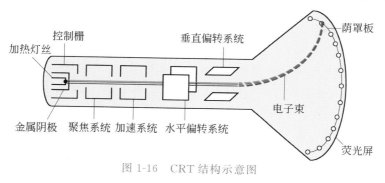

图 1-16 CRT 结构示意图

置上轰击荧光屏,整个荧光屏依次扫描完毕后出现完整图像。由于荧光粉具有余辉特性——电子束停止轰击荧光屏后,荧光粉的亮度并不是立即消失,而是按指数规律衰减,图像逐渐变暗,为了得到亮度稳定的图像,电子枪需要不断地根据帧缓冲的内容轰击荧光屏,反复重绘同一帧图像,即不断刷新屏幕。

　　CRT 的一个重要技术指标是分辨率,即 CRT 在水平方向和垂直方向的单位长度上能识别出的最大光点数。显然对于相同尺寸的屏幕,光点数越多,光点间距越小,屏幕分辨率越高,显示的图像就会越精细。常用的 CRT 分辨率为 1024×768,即屏幕水平方向上有 1024 个光点,垂直方向上有 768 个光点。CRT 的屏幕宽高比为 4:3。而液晶显示器的屏幕宽高比一般为 16:9。

1.5.2　随机扫描图形显示器

　　20 世纪 60 年代中期出现并得到推广使用的图形显示器是随机扫描(random scan,RS)显示器。随机扫描显示器的电子束的定位和偏转具有随机性,电子束不进行全屏扫描,其轨迹随图像的定义而变化,只在需要的地方轰击荧光屏。图像的定义是存放在文件存储器中的一组画线命令。随机扫描显示器周期性地读取画线命令,依次在屏幕上画出直线段,当所有的画线命令都执行完毕后,图像就显示出来。这时随机扫描显示器又返回到第一条命令行进行屏幕刷新。随机扫描显示器可以直接按指定路径画线,所绘直线段光滑没有锯齿,因而图像清晰,主要用于显示高质量的图像。随机扫描显示器由于避免了对屏幕中无图像位置的扫描,绘图速度很快,工作原理如图 1-17 所示。

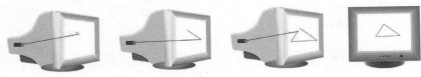

图 1-17　随机扫描显示器的工作原理

　　随机扫描显示器也称为矢量显示器,属于画线设备,不能显示有阴影的图像。由于这类显示器一般使用短余辉的荧光粉,因此为了避免图像的闪烁,显示处理器必须以 $30 \sim 60 \mathrm{Hz}$ 的速率周期性地用画线命令刷新屏幕。具有这种刷新能力的显示器设备昂贵,影响了推广使用。

1.5.3　直视存储管图形显示器

　　随机扫描显示器使用了一个独立的文件存储器存储画线命令,然后不断地取出这些命令来刷新屏幕。由于存取命令速度的限制,使得画线长度有限,且造价较高。针对这些问题,20 世纪 70 年代后期发展了利用 CRT 本身来存储信息,而且不再需要刷新屏幕的显示器,这就是直视存储管显示器(direct view storage tube,DVST)。DVST 使用紧贴在荧光层后的存储栅的电荷分布来存储图形。DVST 使用两支电子枪,一支是写电子枪,用来存储图形;另一支是读电子枪,用来显示图形。从表面上看,DVST 像是一个长余辉的 CRT,一段直线一旦画在屏幕上,在一小时之内都将是可见的。这种显示器的电子束不是直接打在荧光屏上,而是先用写电子枪将图像信息以正电荷“写”在一个每英寸($1 \mathrm{in} \approx 25.4 \mathrm{mm}$)有 250 条细丝的存储栅上。读电子枪发出的电子流再把存储栅上的图像“重写”到屏幕上。紧靠着存储栅后面的是收集栅,主要作用是使读出的电子流均匀,并以垂直方向射向屏幕。读电子枪发出的电子流以低速流经收集栅,并被吸引到存储栅上存有图像信息的正电荷上去,而存储栅上的非正电荷部分则被排斥。被吸引过去的电子流直接通过存储栅并轰击荧光粉形成图像,工作原理如图 1-18 所示。

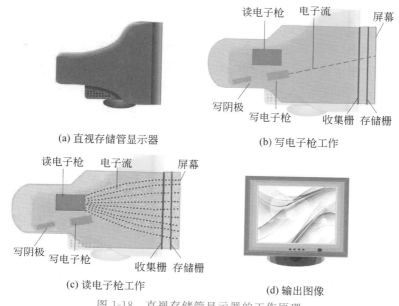

(a) 直视存储管显示器   (b) 写电子枪工作

(c) 读电子枪工作   (d) 输出图像

图 1-18　直视存储管显示器的工作原理

　　虽然直视存储管显示器无须刷新,很多复杂的图像都可以在极高的分辨率下无闪烁地显示,价格也比随机扫描显示器便宜得多,但直视存储管显示器的最大缺点是不能显示彩色,而且不能局部修改图像。要擦除图像的某一部分,必须先擦除整个屏幕,然后重画修改后的图像,从而妨碍了动态图形的生成。其次因为不是连续地刷新屏幕,就不能用光笔进行交互操作;其三是屏幕的反差较弱,1 小时后图像就看不清楚了。因此,直视存储管显示器的推广使用受到了限制。

1.5.4　光栅扫描图形显示器

1. 画点设备

　　20 世纪 70 年代初,基于电视技术的光栅扫描显示器的出现,极大地推动了计算机图形学的发展。光栅扫描显示器电子束的强度可以不断变化,容易生成颜色连续变化的真实感图像。光栅扫描显示器是画点设备,可看作是一个点阵单元发生器,并可控制每个点阵单元的颜色,这些点阵单元被称为像素(picture element 或 pixel),如图 1-19 所示。

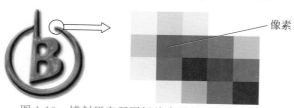

图 1-19　博创研究所图标放大后的局部像素显示

光栅扫描显示器不能从单元阵列中的一个可编址的像素点直接画一段直线到达另一个可编址的像素点,只能用靠近这段直线路径的像素点集来近似地表示这段直线。显然,只有在绘制水平直线段、垂直直线段以及45°直线段时,像素点集在直线路径上的位置才是准确的,其他情况下的直线段均呈锯齿状,这称为直线的走样,图1-20为普通直线段,图1-21为走样直线段。对于像飞机座舱罗盘仪画面的刻度线等对图形质量要求很高的直线段,采用反走样技术可以有效减轻这种锯齿效果,具体内容详见第3章。从前面介绍的CRT工作原理知道,在某一时刻,屏幕上只有一个光点在发光,只是由于荧光粉的余辉效应,电子束轰击屏幕后,荧光亮度不是立即消失,而是按指数规律衰减,这样可以看到全屏幕的完整彩色图像。当屏幕刷新频率接近60Hz时,人眼就不会感到图像的闪烁。

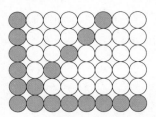

图 1-20　光栅化的垂直、水平和45°直线段

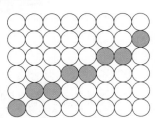

图 1-21　光栅化的走样直线段

2. 扫描线

光栅扫描显示器为了能在整个屏幕上显示出图形,电子束需要从屏幕的左上角开始,沿着水平方向从左至右匀速地扫描,到达第一行的屏幕右端之后,电子束立即回到屏幕左端下一行的起点位置,再匀速地向右端扫描……一直扫描到屏幕的右下角,显示出一帧完整图像。为了避免屏幕闪烁,电子束又立即返回到屏幕的左上角按照帧缓冲内容重新开始扫描,如图1-22所示。由于电子束从左至右、从上至下有规律地周期运动,在屏幕上留下了一条条扫描线,这些扫描线形成了光栅(raster),这就是“光栅扫描”(raster scan)名称的由来。

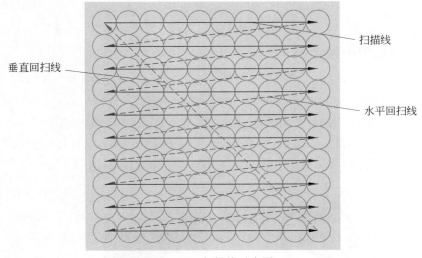

图 1-22　扫描线示意图

3. 荫罩板

为了显示彩色图像,需要配备彩色光栅扫描显示器。该显示器的每个像素由呈三角形排列的红(Red,R)、绿(Green,G)及蓝(Blue,B)三原色的 3 个荧光点组成,因此需要配备 3 支电子枪与每个彩色荧光点一一对应,叫作"三枪三束"显示器,如图 1-23 所示。图 1-24 所示为 CRT 荧光点图案。3 支电子枪分别激活每个像素的 RGB 荧光点,3 个荧光点发出的颜色混合后就会产生各种不同色彩,这非常类似于绘画时的调色过程。例如 RGB 三原色以同等强度显示,产生白色;关闭 R 和 B 就会产生绿色。

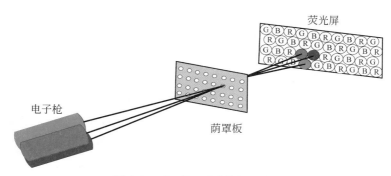

图 1-23 "三枪三束"彩色显示器

倘若电子枪瞄准 RGB 荧光点的位置不够精确,就可能会轰击到邻近的荧光点,就会产生不正确的颜色或轻微的图像重影,因此必须对电子束进行准确的控制。解决方法是在显像管内侧,靠近荧光屏的前方加装荫罩板。荫罩板是凿有许多小孔的热膨胀率很低的钢板,如图 1-25 所示。呈三角形排列的 3 支电子枪发射出的 3 个电子束在任一瞬时,只有准确瞄准荧光点才能穿过荫罩板上的一个罩孔,激活与之对应的 RGB 荧光点,荫罩板会拦下任何散乱的电子束以避免其轰击错误的荧光点,这种显示器也称为荫罩式彩色显示器。

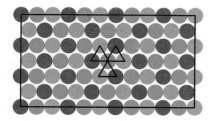

图 1-24 荫罩式彩色 CRT 的荧光点图案

图 1-25 荫罩板

4. 位面与帧缓冲

光栅扫描显示器总是与帧缓冲存储器(frame buffer,简称帧缓冲)联系在一起。帧缓冲中单元数目与显示器上的像素数目相同,而且单元与像素一一对应。帧缓冲中所存储的信息就是屏幕上对应位置的图像信息。要在屏幕上显示图像,首先要把图像信息写入帧缓冲,然后光栅扫描显示器访问帧缓冲,再把其中的内容显示到屏幕上,如图 1-26 所示。帧缓冲单元的数值决定了显示器像素的颜色。显示器颜色的种类与帧缓冲中每个单元的位数有关。

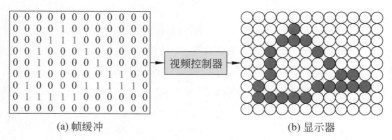

(a) 帧缓冲　　　　　　　　　　　　　　　　(b) 显示器

图 1-26　帧缓冲工作原理

在颜色位面法中,帧缓冲被分成若干个独立的存储区域,每一个区域称为一个位面(bit plane)。显示器上的每个像素在每个位面中占一位,几个位面中的同一位组合成一个像素。

如果屏幕上每个像素的颜色只用一位(bit,b)表示,其值非"0"即"1",屏幕只能显示黑白二色图像,称为黑白显示器,此时帧缓冲只有一个位面。帧缓冲是数字设备,光栅扫描显示器是模拟设备。要把帧缓冲中的信息在光栅扫描显示器上输出需要经过数模转换器(digital to analog converter,DAC)转换,这里只需要一位数模转换器。如屏幕分辨率为 1024×768,则黑白显示器的帧缓冲容量是 $1024 \times 768 \times 1b = 786\ 432b$,如图 1-27 所示。光栅扫描显示器需要有足够的位面才能显示灰度或彩色图像。

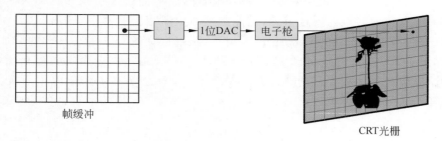

图 1-27　1 位面帧缓冲

如果屏幕上每个像素的颜色用一字节(byte,B)表示,帧缓冲需要用 8 个位面,同时需要 8 位的数模转换器,可表示 2^8 种灰度,称为灰度显示器。如屏幕分辨率为 1024×768,则灰度显示器的帧缓冲容量是 $1024 \times 768 \times 8b = 6\ 291\ 456b$,如图 1-28 所示。

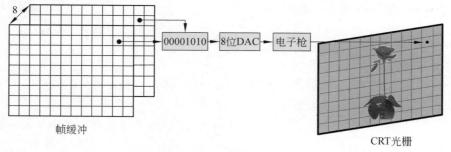

图 1-28　8 位面帧缓冲

如果屏幕上每个像素用 R、G、B 三原色混合表示,其中每种原色分别用一字节表示,各对应一支电子枪,各有 8 个位面的帧缓冲和 8 位的数模转换器,每种颜色可有 2^8 种亮度,3 种原色的组合是 2^{24} 种颜色,即 16 777 216 种颜色,称为千万色。此时,共有 24 个位面,称为 24 位彩色显示器。如屏幕分辨率为 1024×768,则彩色显示器的帧缓冲的容量是 1024× 768×8×3b=18 874 368b,如图 1-29 所示。

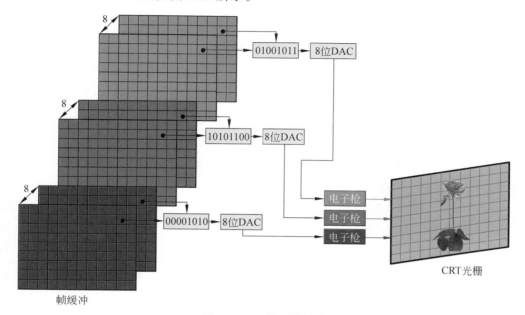

图 1-29 24 位面帧缓冲

前面介绍的为不带调色板的帧缓冲结构。实际系统中,带调色板的帧缓冲结构使用较多。为了进一步提高颜色的种类,同时控制帧缓冲的增加,可把帧缓冲中的位面号作为颜色索引表的索引号,为每组原色配置一个颜色索引表,称为调色板,如图 1-30 所示。颜色索引表有 2^8 项,每一项具有 w 位字宽,当 $w>8$ 时,如 $w=10$,可以有 2^{10} 种亮度等级,但每次只能有 2^8 种不同的亮度等级可用,这种颜色称为索引色。

5. 视频控制器

光栅扫描显示器的视频控制器反复扫描帧缓冲,读出像素的位置坐标 (x,y) 和颜色值 crColor 送给相应的地址寄存器,并经过数模转换后翻译为模拟信号。视频控制器将电子束偏转到像素 x,y 的地址,并以 crColor 指定的颜色强度轰击荧光屏,点亮指定位置的像素点,如图 1-31 所示。从这里可以看出,一个像素的参数为位置坐标 (x,y) 和颜色值 crColor。

从以上对显示器的介绍可以看出,光栅扫描显示器和随机扫描显示器相比有以下优点。其一,规则而重复的扫描过程比随机扫描容易实现,因而价格相对比较便宜;其二,可以通过指定图形轮廓范围内的全部像素点的颜色来实现图形的填充,为真实感图形的绘制奠定了基础;其三,刷新过程与图形的复杂程度无关。

图 1-32(a)所示的 CRT 曾经是图形显示器的主流设备,受工作原理的制约,CRT 显示器体积偏大,无法满足便携移动办公的需要。近年来出现的主流显示器是液晶(liquid crystal display,LCD)显示器,如图 1-32(b)所示。

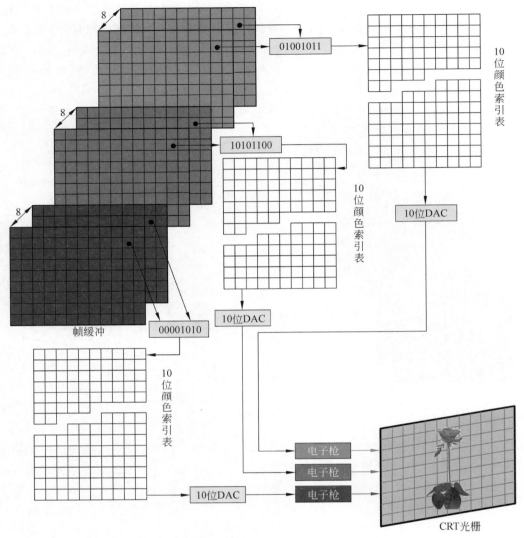

图 1-30　具有调色板的帧缓冲

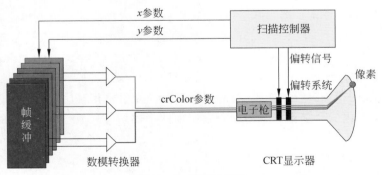

图 1-31　视频控制器

(a) CRT显示器　　　　　　　　　(b) LCD显示器

图 1-32　图形显示器

1.5.5　LCD 显示器

液晶于 1888 年由奥地利植物学家 Reinitzer 发现,是一种介于固态与液态之间,具有规则性分子排列的有机化合物。在电场作用下,液晶分子会发生旋转,如闸门般地阻隔或透过光线。

将液晶置于安装着透明电极的两片导电玻璃之间,透明电极外侧有两个偏振方向互相垂直的偏振过滤片。也就是说,若第一个偏振过滤片上的分子南北向排列,则第二个偏振过滤片上的分子东西向排列,而位于两个偏振过滤片之间的液晶分子被强迫进入一种 90°扭转的状态。由于光线顺着分子排列的方向传播,所以光线经过液晶时也被扭转 90°,就可以通过第二个偏振过滤片。如果没有电极间的液晶,光线通过第一个偏振过滤片后其偏振方向将和第二个偏振片完全垂直,因此被完全阻挡了。液晶对光线偏振方向的旋转可以通过电场控制,从而实现对光线的控制。

如图 1-33(a)所示,当电场未加电压时,液晶分子螺旋排列,通过一个偏振过滤片的光线在通过液晶后偏振方向发生旋转,从而能够通过另一个偏振片,产生白色。如图 1-33(b)所示,如果电场将全部控制电压加到透明电极上后,液晶分子将几乎完全顺着电场方向平行排

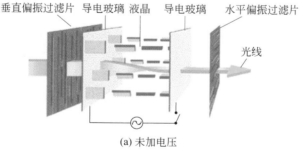

(a) 未加电压

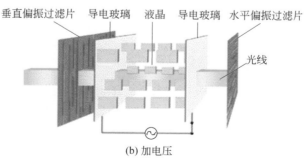

(b) 加电压

图 1-33　LCD 显示器工作原理

列,因此透过一个偏振过滤片的光线偏振方向没有旋转,光线被完全阻挡了,产生黑色。通过调整电场电压大小,可以控制液晶分子排列的扭曲程度,从而产生不同的灰度。由于液晶本身没有颜色,所以用彩色 LCD 显示器中,每个像素分成三个单元,或称子像素,附加的滤光片分别标记红色、绿色和蓝色。3 个子像素可以独立进行控制从而产生 24 位真彩色。

现在的液晶显示器几乎全部是薄膜晶体管(thin film transistor,TFT)显示器。TFT 屏幕的每个像素点都由一个薄膜晶体管控制,如图 1-34 所示。由于 TFT 显示器通过控制是否透光来控制颜色的亮和暗,当色彩不变时,液晶也保持不变,这样就无须考虑刷新的问题,也不会出现屏幕闪烁现象。TFT 有出色的色彩饱和度、还原能力和更高的对比度,太阳下依然看得非常清楚,是目前最好的 LCD 彩色显示器之一。

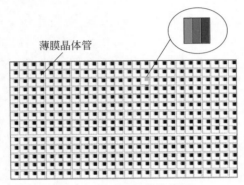

图 1-34　TFT 屏幕结构图

液晶本身是不会发光的,需要液晶面板背部的发光源提供光线支持。这种发光源在过去一直是以 CCFL 冷光灯管(cold cathode fluorescent lamp,CCFL)为主,CCFL 冷光灯管的发光原理类似于日常使用的日光灯管。采用传统 CCFL 的液晶显示器,通常被称为 LCD 显示器。如果把传统的 CCFL 背光源换成是发光二极管(light emitting diode,LED),则称为 LED 背光液晶显示器。目前面世的 LED 液晶显示器都是采用白背光设计的,即背光中的 LED 只发出白光。

LCD 显示器克服了 CRT 显示器体积庞大、耗电和闪烁的缺点,但也同时带来了造价过高、视角不广以及彩色显示不理想等问题。CRT 显示器可选择一系列分辨率,而且能按屏幕要求加以调整,但 LCD 显示器只含有固定数量的液晶单元,只能在全屏幕使用一种分辨率显示(每个单元就是一个像素)。与 LCD 显示器相比,LED 显示器具有亮度高、功耗低、寿命长和可视角度大的优点。因此,LED 显示器将会逐步取代 LCD 显示器。

1.5.6　三维图形显示原理及立体显示器

人们生活在现实世界里,触手可及的全部是三维物体。为了描述自然界,计算机图形学技术正在不断创造着一个个虚拟三维世界。但是,计算机的二维平面显示器却无法完全真实地再现三维世界,在普通的二维平面显示器上只能看到准三维图像。

1. 二维平面显示器上观察三维图像的方法

(1)坐标变换方法。这是目前二维平面光栅扫描显示器显示三维图像的主流技术,也是计算机图形学绘制真实感图形的成熟技术。使用三维坐标系建立物体的几何模型,在指定的光源、材质、纹理等光照条件下,计算物体顶点的颜色。然后通过平行投影或透视投影,将物体的三维坐标点变换为屏幕二维坐标点,对投影后物体的三角形小面或四边形小面根据顶点颜色进行光滑着色,渲染出三维物体的二维真实感图像。图 1-35 是使用透视投影绘制的准三维图像,基于 MFC 编程实现。

(a) 足球　　　　　　　　　　　　　　(b) 地形

图 1-35　透视投影绘制的准三维图像

　　(2) 三维立体显示方法。人的两只眼睛相距 6～7cm,通过左眼和右眼所看到的图像的细微差异来感知物体的深度,从而识别出立体图像。在二维显示器上只要将位置稍微错开的两组图像分别供“左眼”和“右眼”同时观看,便可以看到虚拟的三维物体。图 1-36 是使用 Photoshop 制作的立体双图。平面图中“博创”图标与“博创”文字位于同一个平面上,立体图中“博创”图标高出纸面,而“博创”文字陷于纸面下的一个透明孔洞中。图 1-37 为使用 MFC 绘制的正二十面体的立体双图。平面图中两个正二十面体线框模型并未消隐,无法区分前后表面,而立体图中可以明显看出其前后表面。

图 1-36　用 Photoshop 软件制作的立体双图

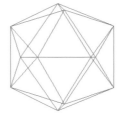

图 1-37　MFC 绘制的正二十面体立体双图

① 立体摄影方法。立体摄影采用两部照相机或双镜头照相机，如图 1-38 所示。图 1-38(a)是笔者组装的立体照相机。将两部普通照相机的镜头相距 6～7cm 固定在支架上。左眼位置照相机拍摄的照片称为左视图，右眼位置照相机拍摄的照片称为右视图。使用该照相机拍摄的照片如图 1-39 所示。当用左眼观察左视图，右眼观察右视图时，两幅视图中产生第三幅图像时，就可以观察到立体"美人蕉"远远高出纸面，其茎尖出屏直指观察者。

(a) 两部普通照相机组装成立体照相机　　　　(b) 双镜头立体照相机

图 1-38　立体照相机

图 1-39　美人蕉立体照片

② 立体眼镜方法。使用红色保存一幅图像的信息，使用青色保存另一幅图像的信息，这样合成的一幅图像中保存了两幅图像的信息。因为只有红色才能透过红色眼镜片，青色才能透过青色眼镜片，两眼分别接收了左右视图，在人脑中会自动合成为立体图像。红青立体眼镜如图 1-40 所示，左侧镜片为红色，右侧镜片为青色。图 1-41 所示的美人蕉由红青互补色构成，戴上红青立体眼镜观察就可以直接观察到一个立体的"美人蕉"。

图 1-40　红青立体眼镜　　　　　　　图 1-41　美人蕉红青互补图

③ 三维立体画方法。使用立体摄影方法只能拍摄到现实世界中存在的物体,如何利用编程技术"创造"出现实中不存在的立体图像呢?从图1-42可以看出,重复图案的距离决定了立体图像的远近,生成三维立体画的程序就是依据三维立体图像的深度,在显示器屏幕上生成不同距离的重复图案。三维立体画的制作方法是先使用3ds max软件制作物体的深度图,然后通过编程将深度图绘制为立体图。请将屏幕看成橱窗的透明玻璃,用欣赏橱窗内展品的方法去观察三维立体画,当三维立体画背景变得明亮时,就可以看到里面美妙的虚拟立体图像。作者制作博创研究所图标的深度图和三维立体画如图1-43和图1-44所示。

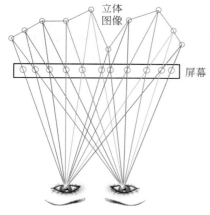

图 1-42　三维立体画生成原理

图 1-43　博创研究所图标的深度图

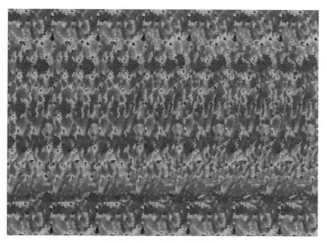

图 1-44　三维立体画

2. 立体显示器

立体显示器是基于人眼视差(parallax)原理而研制的新一代显示设备。用户不需要借助立体眼镜、头盔等辅助设备即可观察到具有深度信息的立体图像。立体显示器工作原理是利用特定的掩模算法将图像交叉排列,视差屏障(parallax barrier)通过光栅阵列准确控制每一个像素透过的光线,将图像只分配给左眼或者右眼,大脑将这两幅图像合成后形成一幅具有深度信息的立体图像,如图1-45所示。图1-46为视差屏障式裸眼立体显示器。

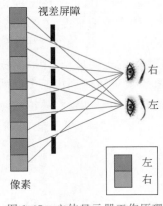

图 1-45　立体显示器工作原理

图 1-46　视差屏障式裸眼立体显示器

1.6　图形软件标准

图形软件标准最初是为提高软件的可移植性而提出的。早期各硬件厂商基于自己生产的图形显示设备开发的图形软件包是为其专用设备提供的,彼此互不兼容,如果不经过大量的修改程序工作,常常不能直接移植到另一个硬件系统上使用。

1974 年,美国计算机协会图形学专业委员会召开了一个“与机器无关的图形技术”工作会议,提出了图形软件标准化问题。国际标准化组织(international standard organization, ISO)批准的第一个图形软件标准:图形核心系统(graphics kernel system,GKS)。GKS 是一个二维图形软件标准,其三维扩充 GKS3D 于 1988 年被批准为三维图形软件标准。1986 年 ISO 又公布了第二个图形软件标准:程序员级的分层结构交互图形系统(programmer's hierarchical interactive system,PHIGS)。PHIGS 是对 GKS 的扩充,增加的功能有对象建模、彩色设定、表面绘制和图形管理等。此后,PHIGS 的扩充称为 PHIGS+,用于提供 PHIGS 所没有的三维表面明暗处理功能。

进入 20 世纪 90 年代以后,ISO 公布了大量的图形软件标准,同时也存在着一些事实上的标准,如 OpenGL、Direct 3D 和 Java 3D 等。OpenGL(open graphics library,OpenGL)是 SGI 公司开发的开放式三维图形程序接口。OpenGL 独立于操作系统,可以方便地在各种平台间进行移植;OpenGL 与 Visual C++ 紧密结合,便于开发出高质量的图形应用软件。2011 年 3 月,多媒体技术标准化组织 Khronos Group 在美国洛杉矶举办的游戏开发大会上发布了 WebGL 标准规范,支持 WebGL 的浏览器不借助任何插件便可显示高质量的三维图形。Direct3D(简称 D3D)是微软公司在 Microsoft Windows 操作系统上开发的一套 3D 绘图编程接口,是 DirectX 的一部分,目前已得到各种显卡的支持。Direct3D 在游戏开发中得到了广泛的应用。Java 3D 是 Java 语言在三维图形领域的扩展,是一组应用编程接口。使用 Java 3D 可以编写出基于网页的三维动画、各种计算机辅助教学软件和三维游戏等。现在,图形软件的标准正朝着标准化、高效率、开放式的方向发展。

1.7　计算机图形学研究的热点技术

自 20 世纪 80 年代以来,计算机图形学的一个研究热点是生成具有高度真实感的图像,即所谓"具有和照片一样真实的图像"。多年来,国内外研究者相继提出了许多算法,已经达到了"以假乱真"的程度。就在真实感图形朝着更高的真实感、更贴近现实世界的方向发展的同时,人们发现,不同艺术形式,不同表现风格的非真实感图形往往更有利于传递特定的信息、反映个性化的审美追求。非真实感绘制(non-photorealistic rendering,NPR)逐渐成为计算机图形学研究的另一个新方向。顾名思义,非真实感绘制指的是利用计算机生成不具有照片般真实感,而具有手绘风格的图形技术。其目标不在于图形的真实性,而主要在于表现图形的艺术特质、模拟艺术作品(甚至包括作品中的缺陷)或作为真实感图形的有效补充。本节主要讨论真实感图形的实时绘制(real-time rendering)技术。实时绘制技术是指交互漫游时,计算机能快速生成三维真实感图形。实时绘制技术面临的另一个挑战是模型复杂程度的不断提高,单靠提高机器性能已经无法满足实时绘制的需求,通常需要通过损失一定的图形质量来达到平衡。就目前的技术而言,主要靠降低三维场景中几何模型的复杂度,这种技术被称为细节层次技术(levels of detail,LOD),这也是大多数商业软件所采用的技术。另一种技术被称为基于图像的绘制技术(image based rendering,IBR),它是利用已有的图像来生成不同视点下的新图像。LOD 技术和 IBR 技术已经成为计算机图形学研究的热点技术。

1.7.1　细节层次技术

LOD 技术是一种符合人眼视觉特性的技术。当场景中的物体离观察者很远的时候,经过观察、投影变换后在屏幕上往往只是几个像素甚至是一个像素,完全没有必要为这样的物体去绘制它的所有细节,可以适当地合并一些三角形网格而不损失画面的视觉效果。LOD 技术根据一定的规则来简化物体的几何模型。随着视点的移动,物体离视点近,则采用细节层次较高的模型;物体离视点远,则选择细节层次较低的模型。使用 LOD 技术可以有效降低模型的复杂度,图像的质量损失也在可控范围内,而真实感图形的生成速度却得到大幅度提高。自动生成物体的细节层次是 LOD 技术的重要研究内容,主要集中于基于视点与物体之间的距离,如何建立、删除或增加物体网格的点、边、面等。图 1-47 中,按照从左至右的次序显示了球体从低精度到高精度的 5 个细节层次之间的差别。如果将 5 个细节层次的球体依据精度的高低对应视点的距离进行显示的话,将很难观察到其中的差别。图 1-47 中,球体的 5 个细节层次模型中分别包含了 8、32、128、512 和 2048 个三角形。

1.7.2　基于图像的绘制技术

传统的漫游系统的开发方法是先建立建筑物的三维几何模型,然后将照相机拍摄的建筑物各个侧面的二维照片映射到几何模型的相应表面上,最后根据光照条件,对三维几何模型进行透视投影生成二维图像。而 IBR 技术则是从一些预先拍摄好的建筑物的二维照片出发,生成新的视点和视向的场景画面。在 IBR 技术中,不需要建立场景的几何模型,绘制真实感图像的时间仅与照片的分辨率有关,因而场景的绘制速度与场景的复杂度是相互独立的,从而彻底摆脱了场景复杂度的实时瓶颈。IBR 使用的主要技术是视图插值(view

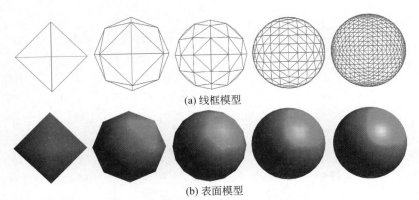

(a) 线框模型

(b) 表面模型

图 1-47　球体的 LOD 模型

interpolation)。根据某个场景的几幅静态图像,通过线性插值生成其他角度的图像,可以实现动态漫游时场景的自然过渡。IBR 的前身是环境映射技术。环境映射(environment mapping)提供了在一个给定视点处沿所有视线方向观察场景的完整记录。记录环境映射的表面可以是包围该视点的立方体表面、球面或圆柱面。最常使用的是圆柱环境映射。建立圆柱环境映射的方法是使用全景照相机拍摄的场景全景图(panorama),或者使用普通照相机先从多个视角拍摄多幅图像,再利用 Photoshop 拼接为全景图,最后映射到圆柱表面上。为实现场景的漫游,需要在场景中预先设置一系列热点作为固定的视点,在每一个热点处建立环境映射,并在各热点之间建立链接关系,单击这些热点即可从不同的视点位置观察场景或者切换场景。

　　图 1-48(a)为某宾馆的 360°全景图。图 1-48(b)～图 1-48(g)为全景图在圆柱面上的映射动画,笔者使用本书第 10 章介绍的纹理映射技术将图 1-48(a)映射到了圆柱面上。对照

(a) 360°全景图

(b) I 圆柱面映射动画　　　　(c) II 圆柱面映射动画　　　　(d) III 圆柱面映射动画

(e) IV 圆柱面映射动画　　　　(f) V 圆柱面映射动画　　　　(g) VI 圆柱面映射动画

图 1-48　全景图的环境映射

图 1-48(a)所示的 360°全景图与图 1-48(b)~图 1-48(g)的帧动画图像,从图 1-48(c)中可以看出,图 1-48(a)所示的 360°全景图在图像的左边界与右边界处自然实现了无缝连接。

1.8 本章小结

本章介绍了计算机图形学的应用领域和热点技术,阐述了计算机图形学的基本概念。计算机图形学是基于图形显示器的发展而发展起来的一门学科。目前,光栅扫描图形显示器是使用最为广泛的画点设备,图形的绘制就是根据指定算法将相应的像素设置为指定颜色的过程。真实感图形实时绘制中的计算机图形学研究的热点技术主要是 LOD 和 IBR,其中,LOD 技术在计算机游戏开发中获得了广泛的应用。

习 题 1

1. 计算机图形学的定义是什么? 说明计算机图形学、图像处理和模式识别之间的关系。

2. 什么是虚拟现实? 虚拟现实和视景仿真有何异同?

3. 名词解释:点阵法、参数法、图形、图像的含义。

4. 名词解释:光栅、荫罩板、三枪三束、扫描线的含义。

5. Ivan E.Sutherland 对计算机图形学的主要贡献有哪些?

6. 在带手功能的手机上用"笔"手写短信,这属于哪个学科?

7. 为什么说计算机图形学是基于显示设备而发展的学科? 简述图形显示器发展的历史。

8. 为什么说随机扫描显示器是画线设备,而光栅扫描显示器是画点设备?

9. 什么是像素? 像素的参数有哪些? 打开 Windows 附件中自带的"画图"工具,选择放大镜的比例为"8x",选择"查看"|"显示网格"菜单命令,绘制一条斜线,然后"放大"观察像素级直线的形状。

10. 在任一瞬时,光栅扫描显示器中只有一个荧光点被电子枪激发,说明电子束是如何运动形成一帧图像的?

11. 什么是直线的走样? 使用微软中文字处理软件 Word 中的绘图工具绘制一条直线,该直线已经进行了反走样处理。将该直线复制到 Windows 附件中自带的"画图"工具中观察,试对比分析走样直线和反走样直线之间的区别。

12. 如何使用 RGB 宏来表示 256 种灰度图像? 如何使用 RGB 宏来表示彩色图像?

13. 帧缓冲器容量如何计算? 若要在 800×600 的屏幕分辨率下显示 256 种灰度图像,帧缓冲器的容量至少应为多少?

14. CRT 显示器因为要有足够的空间给电子束加速,不能制造得很薄。便携式显示器主要是液晶显示器,请说明液晶显示器的工作原理。

15. 为什么要制定图形软件标准? 经 ISO 批准的第一个图形软件标准是什么?

16. 查找资料解释人机交互技术术语:回显、约束、网格、引力域、橡皮筋、拖动、草拟和旋转。

17. 是谁提出的分形几何学? 分形几何学的研究对象是什么?

18. 图 1-49 是一幅使用 MFC 绘制的立体双图,用左眼看左图,右眼看右图。当两幅图中间出现第三幅图时,就观察到了立体形状。你能做到么?

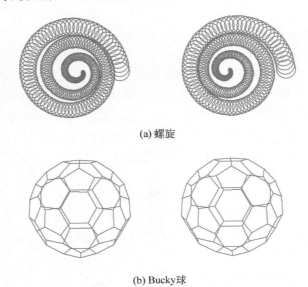

(a) 螺旋

(b) Bucky球

图 1-49　立体双图

19. 图 1-50 是一幅作者制作的三维立体画,里面有文字图案。把图片上方的两个黑点作为目标,用稍微模糊的视线越过画面眺望远方,就会从两个点各自分离出另外两个点成为 4 个点,调整视线将里面的两个点合并为一个点,也即当 4 个点变为 3 个点时,就能看到立体图像。说出图片中所写的文字。

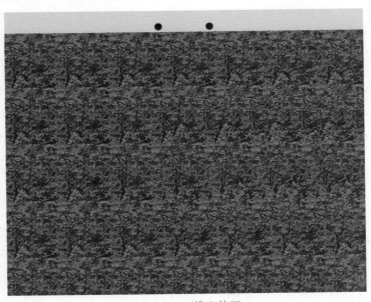

图 1-50　三维立体画

第 2 章 MFC 绘图基础

Visual Studio 2017 提供了软件代码自动生成和可视化资源编辑功能。微软基类库 (Microsoft foundation class library, MFC)是以 C++ 形式封装的 Windows API(application program interface, API),包含了几百个已经定义好的常用类。在程序设计过程中,一般先使用 MFC 应用程序生成集成开发环境(integrated development environment, IDE),然后在 MFC 应用程序框架中调用已有类来完成设计任务[8]。作为绘图基础,本章讲解 CDC 类的基本绘图函数。

2.1 MFC 上机操作步骤

（1）在 Windows10 操作系统上,从 Windows 的开始菜单中启动 Visual Studio 2017,如图 2-1 所示。

图 2-1 Visual Studio 2017 启动菜单

（2）在 Visual Studio 2017 集成开发环境中,选择"文件"|"新建"|"项目"菜单命令,弹出"新建项目"对话框。在左边窗口中选择 Visual C++,右边选择"MFC 应用"。在下边的"名称"文本框中输入项目名,这里输入 Test,在"位置"文本框中选择用于存放项目的根目录,这里设置为 D:\。其余保持默认值,如图 2-2 所示。单击"确定"按钮。

（3）在"MFC 应用程序"对话框中,在"应用程序类型"下拉列表框中选择"单个文档",在"项目样式"下拉列表框中选中 MFC standard,其余保持默认,如图 2-3 所示。单击"完成"按钮,结束应用程序向导。

（4）完成上述步骤后,Test 项目已经生成。此时的集成开发环境如图 2-4 所示。

（5）关闭图 2-4 中所示的"团队资源管理器",选择"视图|类视图"菜单命令,显示"类视图"。"类视图"标签页中显示所创建的类和成员函数;选择"视图"|"其他视图"|"资源视图"菜单命令,显示"资源视图"标签页,其中显示了所创建的资源;"解决方案资源管理器"标签页中显示类的源程序文件,主要包括程序源文件(*.cpp)、头文件(*.h)和资源文件(*.ico、*.bmp 等),如图 2-5 所示。

从"类视图"标签页可以看出,CTestApp 是应用的主函数类,用来处理消息。MFC 中

图 2-2 "新建项目"对话框

图 2-3 "MFC 应用程序"对话框

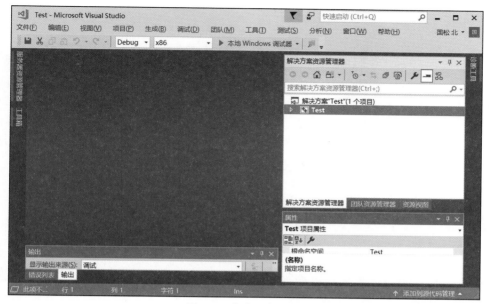

图 2-4　集成开发环境

| (a) 类视图 | (b) 资源视图 | (c) 解决方案资源管理器 |

图 2-5　Test 项目显示的 3 个标签页

的数据是存储在 CTestDoc 类文档中,而结果却显示在 CTestView 类中,即显示在 CMainFrame 类的客户区中。MFC 中的文档/视图结构用来将程序的数据本身和数据显示相互隔离,文档类负责管理和维护数据本身,视图类负责处理用户鼠标和键盘的操作。特别需要指出的是,本书后续的编程主要使用 CTestView 类的 TestView.h 头文件和 TestView.cpp 源文件。

在 CTestView 类的源文件 TestView.cpp 中可以找到 OnDraw( )函数。其内容如下:

```
void CTestView::OnDraw(CDC* /*pDC*/)
{
    CTestDoc* pDoc = GetDocument();
```

```
        ASSERT_VALID(pDoc);
    if (!pDoc)
        return;
    //TODO: 在此处为本机数据添加绘制代码
}
```

其中，pDC 定义为 CDC 类的指针。pDoc 是通过 GetDocument( ) 函数获得的指向文档类 CTestDoc 的指针。ASSERT_VALID( ) 函数使 pDoc 指针有效。如果 pDoc 为空，程序返回。编写程序时，要将自己编写的代码置于提示行："TODO：在此处为本机数据添加绘制代码"之下，以区别于系统自动生成的代码。

注意，此时的 OnDraw( ) 函数中的参数 pDC 已被系统注释了，但编译程序时并不发生错误。CTestView 公有继承于 CView 类，在 CView 类中可以查到 OnDraw( ) 函数原型的声明如下：

```
virtual void OnDraw(CDC * pDC) = 0;
```

OnDraw( ) 函数是一个纯虚函数。纯虚函数的声明形式与一般虚函数类似，只是最后加了个"＝0"。纯虚函数在 CView 类中不必给出函数实现，各个派生类可以根据自己的功能需求定义其实现。由于 CView 类包含有纯虚函数，所以是一个抽象类。纯虚函数不能被调用，即 CView 类不能用于建立对象，只能作为基类使用。

(6) 单击工具条上的"本地 Windows 调试器"按钮，如图 2-6 所示，就可以直接编译、运行程序。Test 项目运行结果如图 2-7 所示。至此，Test 项目已经形成一个可执行的应用程序框架了。以后的工作就是针对具体的设计任务，为该框架添加程序代码。

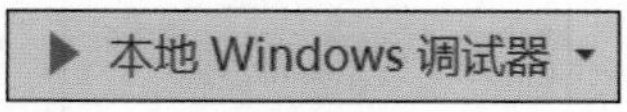

▶ 本地 Windows 调试器 ▾

图 2-6　执行按钮

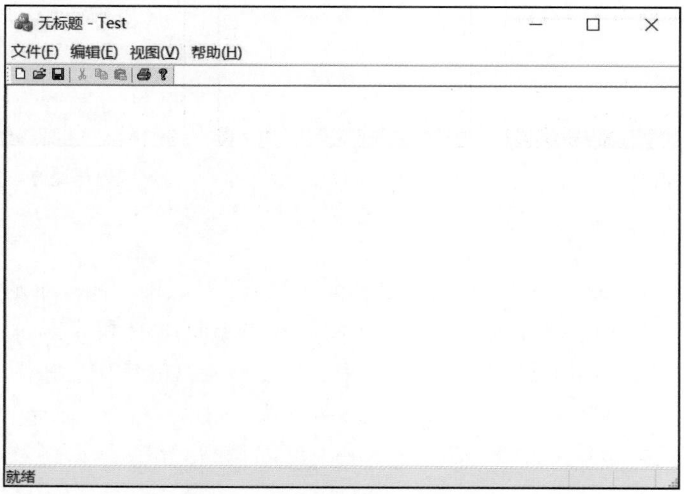

图 2-7　Test 项目运行效果图

2.2 MFC 绘图方法

MFC 不仅运算功能强大,而且拥有完备的绘图功能。在 Windows 平台上,应用程序的图形设备接口(graphics device interface,GDI)被抽象为设备上下文(device context,DC)。在 MFC 中,CDC 类是定义设备上下文对象的基类,当需要输出文字或图形时,就需要调用 CDC 类的成员函数。本节讲解的例程全部在 TestView.cpp 文件的 OnDraw()函数中编程。

2.2.1 CDC 类结构与 GDI 对象

1. CDC 类

CDC 类派生了 CClientDC 类、CMetaFileDC 类、CPaintDC 类和 CWindowDC 类,如图 2-8 所示。

(1) CClientDC 类:显示器客户区设备上下文类。CClientDC 只能在窗口的客户区(不包括边框、标题栏、菜单栏以及状态栏的空白区域)进行绘图,点(0,0)是客户区的左上角点。其构造函数自动调用 GetDC()函数,析构函数自动调用 ReleaseDC()函数。

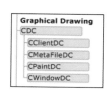

图 2-8　CDC 类

(2) CMetaFileDC 类:Windows 图元文件设备上下文类。CMetaFileDC 封装了在 Windows 中绘制图元文件的方法。图元文件(扩展名为 .WMF)是微软定义的一种 Windows 平台下的与设备无关的图形文件格式,其所占的磁盘空间比其他任何格式的图形文件都小得多。WMF 格式的文件通常用于存储一系列由绘图命令(如绘制直线、输出文本等)所描述的图形。在建立图元文件时,不能实现即绘即得,而是先将 GDI 调用记录在图元文件中,然后在 GDI 环境中重新执行图元文件,才可显示图形。

(3) CPaintDC 类:CPaintDC 对象只在响应 WM_PAINT 消息时使用。CPaintDC 类的构造函数会自动调用 BeginPaint()函数。CPaintDC 类的析构函数则会自动调用 EndPaint()函数。MFC 程序中使用 CPaintDC 类在视图窗口中绘图时,需要先添加 WM_PAINT 消息的映射函数 OnPaint(),然后在 OnPaint()函数中编写与 CPaintDC 类相关的代码,而不是编写在 OnDraw()中。注意,如果使用 OnPaint()函数响应了 WM_PAINT 消息,则 OnDraw()函数会被自动屏蔽。

(4) CWindowDC 类:整个屏幕区域的显示器设备上下文类,包括客户区(工具栏、状态栏和视图窗口的客户区)和非客户区(标题栏和菜单栏)。CWindowDC 允许在整个屏幕区域内进行绘图,其构造函数自动调用 GetWindowDC(),析构函数自动调用 ReleaseDC()函数。CWindowDC 中的点(0,0)位于屏幕的左上角,而 CClientDC 和 CPaintDC 中的点(0,0)位于窗口客户区的左上角。如果在 CTestView 类中使用 CWindowDC 类对象进行绘图,只有在使用 GetParent()函数获得 CWnd 指针后,才能在整个屏幕区域内绘图。

2. 简单数据类型

简单数据类型包括 CPoint、CRect、CSize 等，如图 2-9 所示。由于 CPoint、CRect 和 CSize 是对 Windows 的 POINT、RECT 和 SIZE 结构体的封装，因此可以直接使用其成员变量。

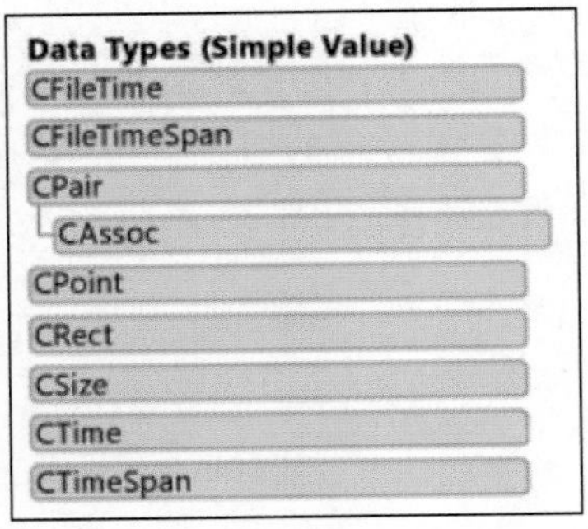

图 2-9　简单数据类型

CPoint 类：存放二维点坐标(x, y)。相应的 POINT 结构体定义为

```
typedef struct tagPOINT
{
  LONG x;                    //点的 x 坐标
  LONG y;                    //点的 y 坐标
} POINT, * PPOINT;
```

CRect 类：存放矩形左上角点和右下角点的坐标（left，top，right，bottom），其中（left，top）为矩形的左上角点，（right，bottom）为矩形的右下角点。相应的 RECT 结构体定义为

```
typedef struct _RECT
{
  LONG left;                 //矩形左上角点的 x 坐标
  LONG top;                  //矩形左上角点的 y 坐标
  LONG right;                //矩形右下角点的 x 坐标
  LONG bottom;               //矩形右下角点的 y 坐标
} RECT, * PRECT;
```

CSize 类：存放矩形 x 方向的长度和 y 方向的长度（cx，cy），其中 cx 为矩形 x 方向的宽度，cy 为矩形 y 方向的高度。相应的 SIZE 结构体定义为

```
typedef struct tagSIZE
{
  LONG cx;                   //矩形的宽度
  LONG cy;                   //矩形的高度
} SIZE, * PSIZE;
```

3. 绘图工具类

绘图工具类包括 CGdiObject、CBitmap、CBrush、CFont、CPalette、CPen、CRgn 等，如图 2-10 所示。

CGdiObject 类：GDI 绘图工具的基类，一般不能直接使用。

CBitmap：封装了一个 GDI 位图，提供位图操作的接口。

CBrush 类：封装了 GDI 画刷，可以选作设备上下文的当前画刷。画刷用于填充封闭图形内部。

CFont：封装了 GDI 字体，可以选作设备上下文的当前字体。

CPalette：封装了 GDI 调色板，提供应用程序和显示器之间的颜色接口。

CPen 类：封装了 GDI 画笔，可以选作设备上下文的当前画笔。画笔是用于绘制图形的边界线。

CRgn 类：CRgn 类封装了一个 Windows 的 GDI 区域。这一区域是某一窗口中的一个椭圆或多边形区域。

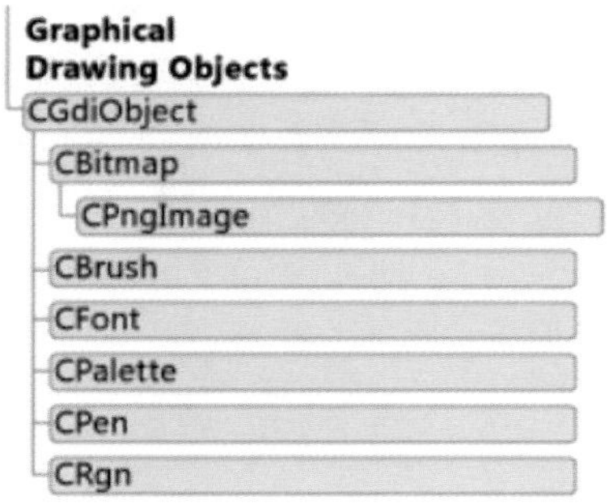

图 2-10　绘图工具类

2.2.2　映射模式

把图形显示在屏幕坐标系中的过程称为映射，根据映射模式的不同可以分为逻辑坐标和设备坐标，逻辑坐标的单位是物理量中的长度单位，设备坐标的单位是像素。MFC 提供了几种不同的映射模式，如表 2-1 所示。

表 2-1　映射模式

映射模式	宏定义值	坐标系特征
MM_TEXT	1	每个逻辑坐标被转换为 1 个设备坐标。正 x 向右，正 y 向下
MM_LOMETRIC	2	每个逻辑坐标被转换为 0.1mm。正 x 向右，正 y 向上
MM_HIMETRIC	3	每个逻辑坐标被转换为 0.01mm。正 x 向右，正 y 向上
MM_LOENGLISH	4	每个逻辑坐标被转换为 0.01inch。正 x 向右，正 y 向上
MM_HIENGLISH	5	每个逻辑坐标被转换为 0.001inch。正 x 向右，正 y 向上
MM_TWIPS	6	每个逻辑坐标被转换为 1/20 点或 1 缇（因为 1 个点是 1/72 inch，所以 1 缇是 1/1440inch）。正 x 向右，正 y 向上
MM_ISOTROPIC	7	在保持相等 x 和 y 轴相等比例的情况下，逻辑坐标单位和方向可以独立设置
MM_ANISOTROPIC	8	逻辑坐标的单位、方向和比例独立设置

在默认情况下，一般使用的是设备坐标模式 MM_TEXT，坐标系原点位于窗口客户区的左上角，x 轴水平向右，y 轴垂直向下，基本单位为一个像素。

1. 设置映射模式函数

类属：CDC::SetMapMode

原型：

```
virtual int SetMapMode(int nMapMode );
```

返回值：原映射模式。

参数：nMapMode 是表 2-1 的模式代码。

说明：SetMapMode()函数设置映射模式,定义了将逻辑坐标转换为设备坐标的度量单位,并定义了设备坐标系的 x 轴和 y 轴方向。

2. 设置窗口范围函数

类属：CDC::SetWindowExt

原型：

```
virtual CSize SetWindowExt ( int cx, int cy );
```

返回值：原窗口范围的 CSize 对象。

参数说明：cx 是窗口 x 方向宽度的逻辑坐标,cy 是窗口 y 方向高度的逻辑坐标。

3. 设置视区范围函数

类属：CDC::SetViewportExt

原型：

```
virtual CSize SetViewportExt( int cx, int cy );
```

返回值：原视区范围的 CSize 对象。

参数说明：cx 是视区 x 方向宽度的设备坐标,cy 视区 y 方向高度的设备坐标。

4. 设置视区坐标原点函数

类属：CDC::SetViewportOrg

原型：

```
virtual CPoint SetViewportOrg( int x, int y );
```

返回值：原视区原点的 CPoint 对象。

参数说明：参数 x 和 y 是视区的新原点坐标 (x,y)。

说明：

(1) 当使用各向同性的映射模式 MM_ISOTROPIC 和各向异性的映射模式 MM_ANISOTROPIC 时,需要调用 SetWindowExt()和 SetViewportExt()函数来改变窗口和视区的设置,其他模式不需要调用。各向同性的映射模式 MM_ISOTROPIC 要求 x 轴和 y 轴比例相等,以保持图形形状不发生变化,调用 SetWindowExt()和 SetViewportExt()函数仅能改变坐标系的单位和方向;各向异性的映射模式 MM_ANISOTROPIC 模式则可以改变坐标系的单位、方向和比例。

(2) MM_LOMETRIC、MM_HIMETRIC、MM_LOENGLISH、MM_HIENGLISH 和 MM_TWIPS 模式主要应用于使用长度单位(毫米或英寸)绘图的情况下,y 轴始终向上。

(3) "窗口"与"视区"的概念往往不容易理解。"窗口"可以理解为一种逻辑坐标系下的窗口,而"视区"是实际看到的那个屏幕窗口,也就是设备坐标系下的窗口。根据"窗口"和"视区"的大小就可以确定 x 和 y 的比例因子,它们的关系如下：x 比例因子＝视区 cx/窗口 cx,y 比例因子＝视区 cy/窗口 cy。如果设置 SetWindowExt(100,100),SetViewportExt(200,200),则 x 方向和 y 方向的比例因子都为 2,说明窗口的一个逻辑坐标映射为视区的 2 像素。在这种映射模式下,绘制 100×100 逻辑坐标的正方形,结果为 200×200 像素的正方形。如果设置 SetWindowExt(100,200),SetViewportExt(200,200),则 x 方向比例因子为 2，y 方向的比例因子为 1，说明窗口 x 方向的 1 个逻辑坐标映射为视区的 2 像素，窗口 y 方向的一个逻辑坐标映射为视区的 1 像素。绘制 100×100 逻辑坐标的正方形，结果为 200×100 像素的长方形。

（4）本书为了简化操作，以后假定窗口和视区的大小相同，即设置 x 方向的比例因子和 y 方向的比例因子都为 1。

例 2-1　使用用户自定义映射模式，设置窗口大小和视区大小相等的二维屏幕坐标系。坐标系原点位于窗口客户区中心，x 轴水平向右为正，y 轴垂直向上为正，如图 2-11 所示。

```
void CTestView::OnDraw(CDC * pDC)
{
    CTestDoc * pDoc =GetDocument();
    ASSERT_VALID(pDoc);
    if (!pDoc)
        return;
    //TODO:在此处为本机数据添加绘制代码
    CRect rect;                                         //声明客户区矩形
    GetClientRect(&rect);                               //获得客户区坐标
    pDC->SetMapMode(MM_ANISOTROPIC);                    //设置映射模式
    pDC->SetWindowExt(rect.Width(), rect.Height());     //设置窗口
    pDC->SetViewportExt(rect.Width(), -rect.Height());
                                                        //x轴水平向右,y轴垂直向上
    pDC->SetViewportOrg(rect.Width() / 2,rect.Height() / 2);
                                                        //客户区中心为坐标系原点
    rect.OffsetRect(-rect.Width() / 2, -rect.Height() / 2);
                                                        //将 rect 移动回到客户区内
    //绘制坐标轴
    pDC->MoveTo(rect.left, 0);
    pDC->LineTo(rect.right, 0);                         //绘制 x 坐标轴
    pDC->MoveTo(0, rect.bottom);
    pDC->LineTo(0, rect.top);                           //绘制 y 坐标轴
    pDC->TextOutW(-20, -20, CString("O"));
    pDC->TextOutW(200, 200, CString("第一象限"));        //在第一象限输出文字
    pDC->TextOutW(-200, 200, CString("第二象限"));       //在第二象限输出文字
    pDC->TextOutW(-200, -200, CString("第三象限"));      //在第三象限输出文字
    pDC->TextOutW(200, -200, CString("第四象限"));       //在第四象限输出文字
}
```

程序解释：蓝色部分代码的第 1 行语句声明 CRect 类矩形对象 rect。第 2 行语句使用 CWnd 类的成员函数 GetClientRect(LPRECT lpRect) 获得客户区坐标。第 3 行语句设置映射模式为 MM_ANISOTROPIC。第 4 行语句设置窗口范围，窗口的 cx 和 cy 参数取为客户区的宽度和高度且均为正值。第 5 行语句设置视区范围，视区的 cx 和 cy 参数取为客户区的宽度和高度，且 cx 为正值 cy 为负值。第 6 行语句设置客户区中心为设备坐标系原点。第 7 行语句将 rect 向客户区左下方平移半宽和半高，使得 rect 和客户区重合。第 9～17 行

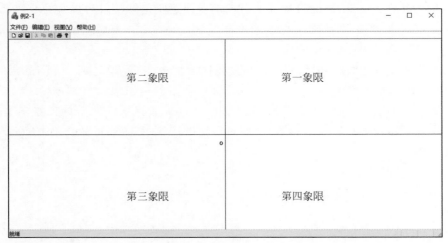

图 2-11 自定义坐标系

语句在窗口客户区内输出文字。通过设置自定义坐标系,将原先 x 坐标和 y 坐标全部为正值的客户区划分为 4 个象限。

说明:本书在以后的程序中约定,蓝色部分表示用户自己添加的代码,黑色部分是系统框架自动生成的代码,绿色部分是程序的注释。程序解释的语句编号从蓝色部分计起。

2.2.3　使用 GDI 对象

1. 创建画笔函数

画笔用来绘制直线、曲线或区域的边界线。画笔通常具有线形、宽度和颜色 3 种属性。画笔的线形有实线、虚线、点线、点画线、双点画线、不可见线和内框架线 7 种样式,画笔样式都是以"PS_"为前缀的预定义标识符,PS 代表 PenStyle。画笔的宽度是用像素表示的线条宽度。画笔的颜色是用 RGB 宏表示的线条颜色。默认的画笔是 1 像素宽度的黑色实线画笔。若要更换新画笔,可以在创建新画笔对象后,将其选入设备上下文,就可以使用新画笔进行绘图,使用完新画笔后要将设备上下文恢复原状。

类属:CPen::CreatePen

原型:

```
BOOL CreatePen(int nPenStyle,int nWidth,COLORREF crColor);
```

返回值:如果调用成功,返回"非 0";否则,返回"0"。

参数:nPenStyle 是画笔样式,如表 2-2 所示;nWidth 是画笔的宽度;crColor 是画笔的颜色。

说明:

(1)当画笔的宽度大于 1 像素时,画笔样式只能取 PS_SOLID、PS_NULL 和 PS_INSIDEFRAME。

(2)画笔也可以使用构造函数直接定义。原型为

```
CPen (intnPenStyle, int nWidth, COLORREF crColor );
```

表 2-2　画笔的样式

画笔样式	线型	宽度	画笔样式	线型	宽度
PS_SOLID	实心	任意指定	PS_DASHDOTDOT	双点画线	1 或者更小
PS_DASH	虚线	1 或者更小	PS_NULL	不可见线	任意指定
PS_DOT	点线	1 或者更小	PS_INSIDEFRAME	内框架线	任意指定
PS_DASHDOT	点画线	1 或者更小			

（3）COLORREF 是 32 位颜色数据类型，用双字表示。原型为

```
typedef DWORD COLORREF;
```

（4）COLORREF 也可以表示为十六进制形式：0xbbggrr。例如 0x0000ff 代表红色，0x00ff00 代表绿色，0xff0000 代表蓝色。

（5）可以使用 RGB 宏来创建 COLORREF 颜色。原型为

```
COLORREF RGB(BYTE byRed, BYTE byGreen, BYTE byBlue);
```

其中，byRed 是红色分量，byGreen 是绿色分量，byBlue 是蓝色分量，全部用字节表示。颜色分量可以表示为十六进制数，范围为 0x00～0xff，也可以表示为十进制数，范围为（0～255），0 代表无色，255 代表全色。

（6）可以使用 GetRValue()，GetGValue() 和 GetBValue() 宏从 COLORREF 颜色中获得红、绿、蓝分量。

2. 创建画刷函数

画刷用于对图形内部进行填充，默认的画刷是白色画刷。若要更换新画刷，可以在创建新画刷对象后，将其选入设备上下文，就可使用新画刷填充图形内部，使用完新画刷后要将设备上下文恢复原状。

类属：CBrush∷CreateSolidBrush

原型：

```
BOOL CreateSolidBrush(COLORREF crColor );
```

返回值：如果调用成功，返回"非 0"；否则，返回"0"。

参数：crColor 是画刷的颜色。

说明：

（1）实体画刷使用指定的颜色填充图形内部。

（2）实体画刷也可以使用构造函数直接定义。原型为

```
CBrush( COLORREF crColor );
```

3. 选入 GDI 对象

GDI 对象创建完毕后，只有选入当前设备上下文中才能使用。

类属：CDC∷SelectObject

原型：

```
CPen * SelectObject(CPen * pPen );
CBrush * SelectObject(CBrush * pBrush );
CBitmap * SelectObject(CBitmap * pBitmap );
```

返回值：如果成功，返回被替换对象的指针；否则，返回 NULL。

参数：pPen 是将要选择的画笔对象指针；pBrush 是将要选择的画刷对象指针；pBitmap 是将要选择的位图对象指针。

说明：本函数将设备上下文的原 GDI 对象更换为新对象，同时返回指向原对象的指针。

4. 删除 GDI 对象

GDI 对象使用完毕后，如果程序结束，会自动删除 GDI 对象。如果程序未结束，并重复创建同名 GDI 对象时，则需要先将已成自由状态的原 GDI 对象从系统内存中清除。

类属：CGdiObject::DeleteObject

原型：

```
BOOL DeleteObject();
```

返回值：如果成功删除 GDI 对象，返回"非 0"；否则，返回"0"。

参数：无。

说明：

（1）GDI 对象使用完毕后，如果程序结束，会自动删除 GDI 对象；

（2）不能使用 DeleteObject()函数删除正在被选入设备上下文中的 CGdiObject 对象。

5. 选入库对象

除了自定义的 GDI 对象外，Windows 系统中准备了一些使用频率较高的画笔和画刷，不需要创建就可以直接选用。同样，使用完库画笔和库画刷后也不需要调用 DeleteObject()函数从内存中删除。

类属：CDC::SelectStockObject

原型：

```
virtual CGdiObject * SelectStockObject(int nIndex);
```

返回值：如果调用成功，返回被替代的 CGdiObject 类对象的指针；否则返回 NULL。

参数：参数 nIndex 可以是表 2-3 给出的库画笔代码或表 2-4 给出的库画刷代码。

说明：库对象的返回类型是 CGDIObject *，使用时需要根据具体情况进行相应类型转换。

表 2-3　3 种常用库画笔

库画笔代码	含　义
BLACK_PEN	宽度为 1 像素的黑色实线画笔
NULL_PEN	透明画笔
WHITE_PEN	宽度为 1 像素的白色实线画笔

表 2-4 7 种常用库画刷

库画刷代码	含义	对应的 RGB
BLACK_BRUSH	黑色的实心画刷	RGB(0,0,0)
DKGRAY_BRUSH	暗灰色的实心画刷	RGB(64,64,64)
GRAY_BRUSH	灰色的实心画刷	RGB(128,128,128)
HOLLOW_BRUSH	空心画刷	—
LTGRAY_BRUSH	淡灰色的实心画刷	RGB(192,192,192)
NULL_BRUSH	透明画刷	—
WHITE_BRUSH	白色的实心画刷	RGB(255,255,255)

2.2.4 CDC 类的主要绘图成员函数

除绘制像素点外,绘制图形时通常是先创建画笔和画刷,然后再调用 CDC 类的绘图成员函数绘制直线、矩形、多边形、椭圆等。

1. 绘制像素点函数

类属:CDC::SetPixel 和 CDC::SetPixelV

原型:

```
COLORREF SetPixel(int x, int y, COLORREF crColor);
BOOL SetPixelV(int x, int y, COLORREF crColor);
```

返回值:SetPixel()函数如果调用成功,返回所绘制像素点的 RGB 值;否则,返回 -1。SetPixelV()函数如果调用成功,返回"非 0";否则,返回"0"。

参数:x 是像素点位置的 x 逻辑坐标;y 是像素点位置的 y 逻辑坐标;crColor 是像素点颜色。

2. 获取像素点颜色函数

类属:CDC::GetPixel

原型:

```
COLORREF GetPixel(int x, int y) const;
```

返回值:如果调用成功,返回指定像素的 RGB 值;否则,返回 -1。

参数:x 是像素点位置的 x 逻辑坐标;y 是像素点位置的 y 逻辑坐标。

说明:获得指定像素点的 RGB 颜色值,本函数是常成员函数。

例 2-2 在屏幕的 $P_0(20,20)$ 坐标位置处绘制一个绿色像素点,然后读出该像素点的颜色,水平平移 100 个像素绘制 P_1 点。效果如图 2-12 所示。

```
void CTestView::OnDraw(CDC * pDC)
```

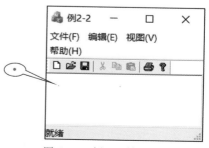

图 2-12 例 2-2 效果图

```
{
    CTestDoc * pDoc = GetDocument();
    ASSERT_VALID(pDoc);
    if (!pDoc)
        return;
    //TODO: 在此处为本机数据添加绘制代码
    COLORREF clr;
    int x=20, y =20;
    pDC->SetPixel(x, y, RGB(0, 255, 0));
    clr =pDC->GetPixel(x,y);
    pDC->SetPixel(x +100, y, clr);
}
```

程序解释：蓝色部分代码的第 1 行语句声明一个 COLORREF 变量 clr，用于存放像素点的颜色。第 2 行语句在屏幕的(20,20)位置处绘制一个绿色的像素点，这里采用了屏幕设备坐标系。第 3 行语句用变量 clr 保存该像素点的颜色。第 4 行语句在(120,20)位置处以颜色 clr 绘制了另一个绿色像素点。

3. 绘制直线函数

配合使用 MoveTo()和 LineTo()函数可以绘制直线或折线。直线的绘制过程中有一个称为"当前位置"的特殊位置。每次绘制直线都是以当前位置为起点，直线绘制结束后，直线的终点又成为当前位置。由于当前位置在不断更新，连续使用 LineTo()函数可以绘制折线。

（1）设置当前位置函数

类属：CDC::MoveTo

原型：

```
CPoint MoveTo( int x, int y );
CPoint MoveTo( POINT point );
```

返回值：先前位置的 CPoint 对象。

参数：新位置的点坐标(x,y)或 POINT 结构体变量 point。

说明：本函数只将画笔的当前位置移动到坐标(x,y)或 point 点，不绘制直线。

（2）绘制直线函数

类属：CDC::LineTo

原型：

```
BOOL LineTo( int x, int y );
```

返回值：如果画线成功，返回"非 0"；否则，返回"0"。

参数：直线段终点坐标(x,y)。

说明：

① 本函数从当前位置绘制直线，但不包括(x,y)点。不包括终点坐标是为了处理多段直线连接时的公共点，即采用起点闭区间，终点开区间的处理方法。公共点由下一段直线绘制。

② 绘制直线函数的参数不包含颜色，直线的颜色通过画笔来指定。

例 2-3　从起点 $P_0(100,50)$ 到终点 $P_1(200,300)$ 绘制一段 1 像素宽的绿色直线,效果如图 2-13 所示。

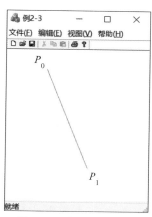

```
void CTestView::OnDraw(CDC * pDC)
{
    CTestDoc * pDoc = GetDocument();
    ASSERT_VALID(pDoc);
    if (!pDoc)
        return;
    //TODO: 在此处为本机数据添加绘制代码
    CPen NewPen, * pOldPen;
    NewPen.CreatePen(PS_SOLID, 1, RGB(0, 255, 0));
    pOldPen = pDC->SelectObject(&NewPen);
    pDC->MoveTo(100, 50);
    pDC->LineTo(200, 300);
    pDC->SelectObject(pOldPen);
    NewPen.DeleteObject();
}
```

图 2-13　例 2-3 效果图

程序解释:蓝色部分代码的第 1 行语句声明了一个 CPen 类的画笔对象 NewPen 和一个画笔对象指针 pOldPen。第 2 行语句调用 CreatePen() 函数,创建风格为实线、宽度为一个像素的绿色画笔。第 3 行语句调用 SelectObject() 函数,将新画笔选入系统,同时用 pOldPen 保存原画笔指针。第 4 行语句将当前位置移动到起点 $P_0(100,50)$。第 5 行语句从起点位置画直线到终点 $P_1(200,300)$。第 6 行语句在新画笔使用完毕后,调用 SelectObject() 函数将设备上下文恢复原状。第 7 行语句调用 DeleteObject() 函数将已成自由状态的新画笔从内存中清除。

4. 绘制矩形函数

矩形是计算机图形学中的一个重要概念,窗口是矩形,视区也是矩形。矩形可以通过定义左上角点坐标和右下角点坐标唯一定义。

类属:CDC::Rectangle

原型:

```
BOOL Rectangle( int x₁, int y₁, int x₂, int y₂ );
BOOL Rectangle( LPCRECT lpRect );
```

返回值:如果调用成功,返回"非 0";否则,返回"0"。

参数:(x_1,y_1) 是矩形的左上角点坐标,(x_2,y_2) 是矩形的右下角点坐标;lpRect 参数可以是 CRect 对象或 RECT 结构体变量的指针。

说明:

(1) 该函数使用当前画刷填充矩形内部,并使用当前画笔绘制矩形边界线。

(2) 矩形不包括右边界坐标和下边界坐标,即矩形宽度为 x_2-x_1,高度为 y_2-y_1。

例 2-4　绘制左上角点为 $P_0(100,100)$,右下角点为 $P_1(600,300)$ 的矩形。矩形边界线为 1 像素宽的蓝线,矩形内部填充为绿色,效果如图 2-14 所示。

```
void CTestView::OnDraw(CDC * pDC)
{
    CTestDoc * pDoc = GetDocument();
    ASSERT_VALID(pDoc);
    if (!pDoc)
        return;
    //TODO: 在此处为本机数据添加绘制代码
    CPen NewPen, * pOldPen;                          //声明新画笔对象和旧画笔指针
    NewPen.CreatePen(PS_SOLID, 1, RGB(0,0,255));     //创建1像素宽的蓝色实线画笔
    pOldPen = pDC->SelectObject(&NewPen);            //将新画笔选入设备上下文
    CBrush NewBrush, * pOldBrush;                    //声明新画刷对象和旧画刷指针
    NewBrush.CreateSolidBrush(RGB(0, 255, 0));       //创建绿色实体画刷
    pOldBrush = pDC->SelectObject(&NewBrush);        //将新画刷选入设备上下文
    pDC->Rectangle(100, 100, 600, 300);              //绘制矩形
    pDC->SelectObject(pOldBrush);                    //恢复旧画刷
    NewBrush.DeleteObject();                         //删除已成自由状态的新画刷
    pDC->SelectObject(pOldPen);                      //恢复旧画笔
    NewPen.DeleteObject();                           //删除已成自由状态的新画笔
}
```

程序解释：画刷和画笔的使用方法类似，可以参照注释理解。

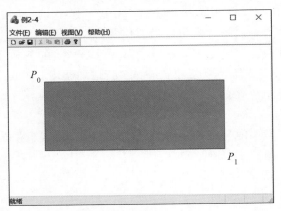

图 2-14   例 2-4 效果图

5. 绘制椭圆函数

类属：CDC::Ellipse

原型：

```
BOOL Ellipse( int x1, int y1, int x2, int y2);
BOOL Ellipse( LPCRECT lpRect );
```

返回值：如果调用成功，返回"非 0"；否则，返回"0"。

参数：(x_1, y_1)是限定椭圆范围的外切矩形左上角点的坐标，(x_2, y_2)是限定椭圆范围的外切矩形右下角点的坐标；lpRect 是确定椭圆范围的外接矩形，可以是 CRect 对象或 RECT 结构体。

说明:

(1) 该函数使用当前画刷填充椭圆内部,并用当前画笔绘制椭圆边界线。

(2) MFC 中没有专门的画圆函数,只是把圆绘制为外切矩形为正方形的椭圆。

例 2-5 在窗口客户区内绘制内切椭圆,椭圆的形状依据客户区形状而改变。椭圆边 界为 1 像素宽的蓝线,内部填充为绿色,效果如图 2-15 所示。

```
void CTestView::OnDraw(CDC * pDC)
{
    CTestDoc * pDoc = GetDocument();
    ASSERT_VALID(pDoc);
    if (!pDoc)
        return;
    //TODO:在此处为本机数据添加绘制代码
    CRect rect;
    GetClientRect(&rect);
    CPen NewPen, * pOldPen;
    NewPen.CreatePen(PS_SOLID, 1, RGB(0, 0, 255));
    pOldPen = pDC->SelectObject(&NewPen);
    CBrush NewBrush, * pOldBrush;
    NewBrush.CreateSolidBrush(RGB(0, 255, 0));
    pOldBrush = pDC->SelectObject(&NewBrush);
    pDC->Ellipse(rect.left, rect.top, rect.right, rect.bottom);      //绘制椭圆
    pDC->SelectObject(pOldBrush);
    NewBrush.DeleteObject();
    pDC->SelectObject(pOldPen);
    NewPen.DeleteObject();
}
```

程序解释:蓝色部分代码的第 1 行语句声明 CRect 类的矩形对象 rect。第 2 行语句获得当前窗口的客户区坐标。第 3~5 行语句将蓝色画笔选入设备上下文。第 6~8 行语句将绿色画刷选入设备上下文。第 9 行语句绘制客户区内切椭圆。第 10~13 行语句将设备上下文恢复原状。

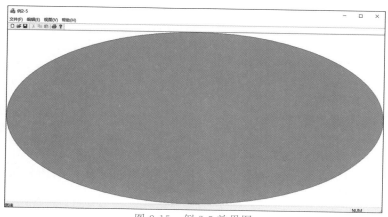

图 2-15　例 2-5 效果图

6. 绘制多边形函数

类属：CDC∷Polygon

原型：

BOOL Polygon(LPPOINT lpPoints,int nCount);

返回值：如果调用成功,返回"非 0";否则,返回"0"。

参数：lpPoints 指定多边形顶点数组指针,数组中的每个顶点是一个 POINT 结构或 CPoint 对象;nCount 指定多边形顶点数组中的顶点个数。

说明：

(1) 该函数使用当前画刷填充多边形内部,并使用当前画笔绘制多边形边界线。

(2) 多边形自动闭合。

例 2-6　绘制 4 个顶点分别位于窗口客户区左部中点、上部中点、右部中点和下部中点的多边形。多边形边界线为 3 像素宽的蓝线,内部填充为绿色,效果如图 2-16 所示。

```
void CTestView::OnDraw(CDC * pDC)
{
    CTestDoc * pDoc =GetDocument();
    ASSERT_VALID(pDoc);
    if (!pDoc)
        return;
    //TODO: 在此处为本机数据添加绘制代码
    CRect rect;
    GetClientRect(&rect);
    CPen NewPen, * pOldPen;
    NewPen.CreatePen(PS_SOLID, 3, RGB(0, 0, 255));
    pOldPen=pDC->SelectObject(&NewPen);
    CBrush NewBrush, * pOldBrush;
    NewBrush.CreateSolidBrush(RGB(0, 255, 0));
    pOldBrush =pDC->SelectObject(&NewBrush);
    CPoint P[4];                                                //定义多边形顶点数组
    P[0].x =rect.left, P[0].y =rect.top+rect.Height() / 2;      //计算左部中点
    P[1].x =rect.left +rect.Width() / 2, P[1].y =rect.top;      //计算顶部中点
    P[2].x =rect.right, P[2].y=rect.top+rect.Height() / 2;      //计算右部中点
    P[3].x =rect.left +rect.Width() / 2, P[3].y =rect.bottom;   //计算下部中点
    pDC->Polygon(P, 4);                                         //绘制多边形
    pDC->SelectObject(pOldBrush);
    NewBrush.DeleteObject();
    pDC->SelectObject(pOldPen);
    NewPen.DeleteObject();
}
```

程序解释：蓝色部分代码的第 9 行语句声明包含 4 个顶点的 CPoint 类数组 P。第 10～13 行语句计算多边形的顶点坐标,顶点位于窗口客户区边界上。第 14 行语句绘制多边形。

7. 填充矩形函数

类属：CDC∷FillSolidRect

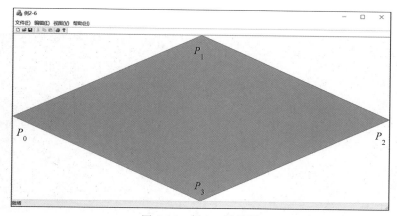

图 2-16　例 2-6 效果图

原型：

```
void FillSolidRect( LPCRECT lpRect, COLORREF clr );
void FillSolidRect( int x, int y, int cx, int cy, COLORREF clr );
```

返回值：无。

参数：lpRect 是指向矩形的指针，或是一个 RECT 结构或 CRect 对象；(x,y) 指定矩形的左上角点坐标，cx、cy 指定矩形的宽度和高度；clr 指定填充颜色。

说明：

（1）该函数使用当前画刷填充整个矩形，包括左边界和上边界，但不包括右边界和下边界。

（2）当前画笔对该函数不起作用。

例 2-7　使用 FillRect 函数将窗口客户区填充为黑色，效果如图 2-17 所示。

```
void CTestView::OnDraw(CDC * pDC)
{
    CTestDoc * pDoc =GetDocument();
    ASSERT_VALID(pDoc);
    if (!pDoc)
        return;
    //TODO：在此处为本机数据添加绘制代码
    CRect rect;
    GetClientRect(&rect);
    pDC->FillSolidRect(rect, RGB(0, 0, 0));
}
```

程序解释：在绘制真实感图形时，为了更好地表示光照及纹理的效果，常将屏幕背景色填充为黑色，本例提供了一种改变屏幕背景色的方法，第 3 行语句使用黑色填充窗口客户区。改变 RGB 宏表示的颜色，可以更换屏幕的背景色。

8．路径层函数

设备上下文提供了路径层（Path Bracket）的概念，可以在路径层内进行绘图。比如使用

图 2-17　例 2-7 效果图

MoveTo()函数和 LineTo()可以绘制一个闭合的多边形,那么如何对该多边形填充颜色呢?
这里需要使用路径层来实现。MFC 提供了 BeginPath()和 EndPath()两个函数来定义路径
层。BeginPath()的作用是在设备上下文中打开一个路径层,然后利用 CDC 类的成员函数
可以进行绘图操作。绘图操作完成之后,调用 EndPath()函数关闭当前路径层。

(1) 打开路径层

类属:CDC::BeginPath

原型:

```
BOOL BeginPath();
```

返回值:如果调用成功,返回"非 0";否则,返回"0"。

参数:无。

说明:打开一个路径层。

(2) 关闭路径层

类属:CDC::EndPath

原型:

```
BOOL EndPath();
```

返回值:如果调用成功,返回"非 0";否则,返回"0"。

参数:无。

说明:关闭当前路径层,并将该路径层选入设备上下文。

(3) 填充路径层

类属:CDC::FillPath

原型:

```
BOOL FillPath();
```

返回值:如果调用成功,返回"非 0";否则,返回"0"。

参数:无。

说明：

① 使用当前画刷和填充模式填充路径层内部,同时关闭已经打开的路径层。路径层填充完毕后,将被设备上下文废弃。

② 该函数不绘制路径层轮廓。

（4）绘制并填充路径层

类属：CDC∷StrokeAndFillPath

原型：

```
BOOL StrokeAndFillPath();
```

返回值：如果调用成功,返回"非 0";否则,返回"0"。

参数：无。

说明：使用当前画笔绘制路径层的轮廓,并使用当前画刷填充路径层内部,同时关闭已经打开的路径层。

例 2-8　绘制 3 个相同的多边形。第一个和第二个多边形使用 MoveTo( )函数和 LineTo( )函数绘制,分别使用 FillPath( )函数和 StrokeAndFillPath( )函数填充;第三个多边形使用 Polygon( )函数绘制。多边形边界线为 1 像素宽的蓝线,内部填充为绿色,试观察 3 种填充效果的异同,如图 2-18 所示。

```
void CTestView::OnDraw(CDC * pDC)
{
    CTestDoc * pDoc =GetDocument();
    ASSERT_VALID(pDoc);
    if (!pDoc)
        return;
    //TODO:在此处为本机数据添加绘制代码
    //绘制第一个多边形,用 FillPath()函数填充
    CPoint P[7];                                    //声明多边形顶点数组
    P[0] =CPoint(220, 140), P[1] =CPoint(140,60);
    P[2] =CPoint(100, 160), P[3] =CPoint(140,270);
    P[4] =CPoint(200, 200), P[5] =CPoint(240,270), P[6] =CPoint(320,120);
    CPen NewPen, * pOldPen;
    NewPen.CreatePen(PS_SOLID, 1, RGB(0,0,255));
    pOldPen =pDC->SelectObject(&NewPen);
    CBrush NewBrush, * pOldBrush;
    NewBrush.CreateSolidBrush(RGB(0, 255, 0));
    pOldBrush =pDC->SelectObject(&NewBrush);
    pDC->BeginPath();
    pDC->MoveTo(P[0]);
    for(inti =1; I <7; i++)
        pDC->LineTo(P[i]);
    pDC->LineTo(P[0]);
    pDC->EndPath();
    pDC->FillPath();
```

```
//绘制第二个多边形,用 StrokeAndFillPath()函数填充
P[0] =CPoint(520, 140), P[1] =CPoint(440, 60);
P[2] =CPoint(400, 160), P[3] =CPoint(440, 270);
P[4] =CPoint(500, 200), P[5] =CPoint(540, 270), P[6] =CPoint(620, 120);
pDC->BeginPath();
pDC->MoveTo(P[0]);
for(I =1; i <7; i++)
    pDC->LineTo(P[i]);
pDC->LineTo(P[0]);
pDC->EndPath();
pDC->StrokeAndFillPath();
//绘制第三个多边形,用画刷填充
P[0] =CPoint(820,140), P[1] =CPoint(740, 60);
P[2] =CPoint(700,160), P[3] =CPoint(740, 270);
P[4] =CPoint(800,200), P[5] =CPoint(840, 270), P[6] =CPoint(920, 120);
pDC->Polygon(P, 7);
pDC->SelectObject(pOldBrush);
NewBrush.DeleteObject();
pDC->SelectObject(pOldPen);
NewPen.DeleteObject();
}
```

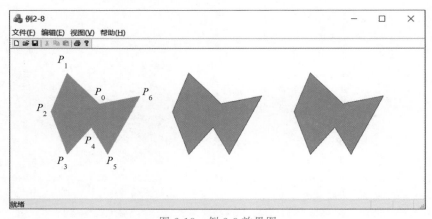

图 2-18　例 2-8 效果图

　　程序解释：本例通过将第一个多边形的顶点连续两次向右平移 300 个像素绘制第二个和第三个多边形。路径层方法可以填充使用 MoveTo()函数和 LineTo()函数绘制的多边形,如果填充函数选择为 FillPath(),将不绘制多边形边界线;如果填充函数选择为 StrokeAndFillPath(),则将绘制边界线。Polygon()函数绘制的多边形默认为绘制边界线,绘制效果与 StrokeAndFillPath()函数的填充效果一致。

　　9. 绘制 Bezier 样条函数
　　类属：CDC::PolyBezier
　　原型：

```
BOOL PolyBezier(const POINT * lpPoints, int nCount );
```

返回值：如果调用成功，返回"非 0"；否则，返回"0"。

参数：lpPoints 是样条的终止点和控制点组成的 POINT 结构数组指针；nCount 表示 lpPoints 数组中的数组元素个数。

说明：

（1）每段 Bezier 样条要求 2 个中间控制点和 1 个终止控制点。第一段 Bezier 样条还要求 1 个起始控制点。

（2）PolyBezier() 函数可以绘制一段或多段 Bezier 样条。绘制多段 Bezier 样条时，除第一段样条使用 4 个控制点外，其余各段样条仅使用 3 个控制点，因为后面一段样条总把前一段样条的终止控制点作为自己的起始控制点。只绘制一段 Bezier 样条时，参数 lpPoints 应为 4。绘制 n 段 Bezier 样条时，参数 lpPoints 应为 $3n+1$。

（3）PolyBezier 函数使用当前画笔绘制，并且一般不闭合，因此不填充内部。

（4）PolyBezier() 函数不更新当前点位置。

（5）绘制两段 Bezier 样条时，存在第二段 Bezier 样条与第一段 Bezier 样条的连接问题，称为 Bezier 样条的拼接。拼接两段 Bezier 样条时，需要满足一定的连续条件。如果第二段 Bezier 样条任意给定，那么两段 Bezier 样条只能在拼接点处满足端点连续，两段 Bezier 样条不能光滑过渡；如果需要两段样条光滑过渡，则要求第一段 Beizer 样条的最后两个控制点和第二段 Bezier 样条的第 1 个控制点共线。

例 2-9　给定图 2-19 所示 7 个控制点 $P_0(200,400)$、$P_1(300,200)$、$P_2(600,100)$、$P_3(650,300)$、$P_5(1100,400)$、$P_6(900,120)$。使用黑色画笔绘制控制多边形，使用红色画笔绘制两段 Bezier 样条。要求两段 Bezier 样条光滑连接，也就是说 P_4 控制点与 P_2、P_3 控制点共线。设 P_4 点的 x 坐标为 600，请根据直线方程计算 P_4 点的 y 坐标并绘制光滑拼接的两段 Bezier 样条。

```
void CTestView::OnDraw(CDC * pDC)
{
    CTestDoc * pDoc =GetDocument();
    ASSERT_VALID(pDoc);
    if (!pDoc)
        return;
    //TODO: 在此处为本机数据添加绘制代码
    CPoint p[7];
    p[0] =CPoint(100, 400), p[1] =CPoint(200, 200);
    p[2] =CPoint(500, 100), p[3] =CPoint(550, 300);
    double k = (p[3].y -p[2].y) / (p[3].x -p[2].x);
    double x =600, y =k * (x -p[3].x) +p[3].y;
    p[4] =CPoint(ROUND(x), ROUND(y)); p[5] =CPoint(900, 400);
    p[6] =CPoint(800, 120);
    for(int i =0; i <7; i++)
    {
        if (0 ==i)
        {
```

```
        pDC->MoveTo(p[i]);
    }
    else
    {
        pDC->LineTo(p[i]);
    }
    pDC->Ellipse(p[i].x-5,p[i].y-5, p[i].x +5, p[i].y +5);//椭圆绘制控制点
}
CPen NewPen, * pOldPen;
NewPen.CreatePen(PS_SOLID, 1, RGB(255, 0, 0));              //创建红色画笔
pOldPen =pDC->SelectObject(&NewPen);
pDC->PolyBezier(p,7);                                      //绘制 Bezier 样条
pDC->SelectObject(pOldPen);
}
```

程序解释：蓝色部分代码的第 3～8 行语句定义控制多边形，ROUND 宏用于四舍五入。第 7 行语句计算共线控制点 P_4 的坐标。第 18 行语句使用半径为 5 个像素的圆点代表控制点。第 23 行语句绘制两段光滑拼接的 Bezier 样条。绘制控制多边形时未创建画笔，使用的是系统默认的一像素宽的黑色画笔。在绘制 Bezier 样条时，创建了一像素宽的红色画笔。绘制完 Bezier 样条后，系统恢复为默认画笔。

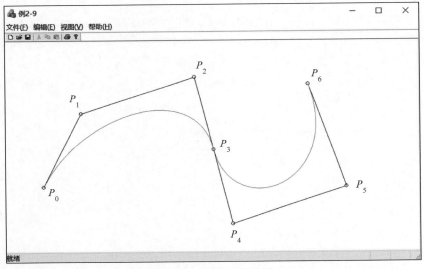

图 2-19　例 2-9 效果图

10. 位图操作函数

位图一般用作设置屏幕背景，可以通过 MFC 的资源标签页导入一幅位图，显示在窗口客户区内。

（1）创建位图函数

类属：CBitmap∷CreateCompatibleBitmap

原型：

```
BOOL CreateCompatibleBitmap( CDC * pDC, int nWidth, int nHeight );
```

返回值：如果调用成功，返回"非 0"；否则，返回"0"。

参数：pDC 是显示设备上下文指针，nWidth 是位图宽度，nHeight 是位图高度。

说明：

① CreateCompatibleBitmap()函数为指定的显示设备上下文创建一幅指定宽度与高度的兼容位图，该位图可以选为与指定的显示设备上下文兼容的内存设备上下文的当前位图。

② 本函数创建的是黑色单色位图，可以使用 FillSolidRect()函数修改填充色。

（2）导入位图函数

类属：CBitmap∷LoadBitmapW

原型：

```
BOOL LoadBitmapW(UINT nIDResource );
```

返回值：如果调用成功，返回"非 0"；否则，返回"0"。

参数：nIDResource 是位图资源的 ID 编号。

说明：该函数将资源中以 nIDResource 标识的位图加载给 CBitmap 对象。

（3）创建与指定设备兼容的内存设备上下文函数

类属：CDC∷CreateCompatibleDC

原型：

```
virtual BOOL CreateCompatibleDC( CDC * pDC );
```

返回值：如果调用成功，返回"非 0"；否则，返回"0"。

参数：pDC 是显示设备上下文的指针。

说明：

① 显示设备上下文支持光栅操作。内存设备上下文是一块内存区域，用于存放待显示的位图。在向显示器复制位图之前，内存设备上下文必须与显示设备上下文兼容。

② 当内存设备上下文被创建时，是标准的 1×1 个单色像素位图。使用内存设备上下文之前，必须先创建或选入一幅宽度与高度都合适的位图。

（4）检索位图信息函数

类属：CBitmap∷GetBitmap

原型：

```
int GetBitmap( BITMAP * pBitMap );
```

返回值：如果调用成功，返回"非 0"；否则，返回"0"。

参数：pBitMap 是指向 BITMAP 结构体的指针。BITMAP 结构体定义了逻辑位图的高度、宽度、颜色格式和位图的字节数据。

```
typedef struct tagBITMAP {
    int   bmType;              //位图类型
    int   bmWidth;             //位图宽度
    int   bmHeight;            //位图高度
    int   bmWidthBytes;        //每行扫描线上的字节数
```

```
        BYTE    bmPlanes;                  //颜色位面数
        BYTE    bmBitsPixel;               //每个位面上定义一个像素的颜色数
        LPVOID  bmBits;                    //位图数据指针
} BITMAP;
```

说明：

本函数使用 BITMAP 结构体变量从 CBitmap 对象中检索位图信息。

（5）传送位图函数

类属：CDC∷BitBlt

原型：

```
BOOL BitBlt( int x, int y, int nWidth, int nHeight, CDC * pSrcDC, int xSrc, int
ySrc, DWORD dwRop );
```

返回值：如果调用成功，返回"非 0"；否则，返回"0"。

参数：(x,y) 是目标矩形区域的左上角点坐标，nWidth 和 nHeight 是目标区域和源位图的宽度和高度，pSrcDC 是源设备上下文的指针，xSrc 和 ySrc 是源位图的左上角点坐标，dwRop 是光栅操作码，光栅操作码有多种，最常用的是 SRCCOPY，表示将源位图直接复制到目标设备上下文中。

说明：

① 该函数将指定的源设备上下文中的像素进行位块转换以传送到目标设备上下文中。

② BitBlt（）函数对位图不进行缩放。当位图小于客户区时，可以使用 StretchBlt（）函数充满客户区。原型为

```
BOOL StretchBlt( int x, int y, int nWidth, int nHeight, CDC * pSrcDC, int xSrc, int
ySrc, int nSrcWidth, int nSrcHeight, DWORD dwRop );
```

参数 nSrcWidth 和 nSrcHeight 是源位图的宽度与高度。

例 2-10　石瓢壶是一种著名的紫砂壶款式，名称取自"弱水三千，只取一瓢"。假定图 2-20 所示"石瓢壶"位图已经复制到 Test 项目的 res 文件夹中，名称为 teapot.bmp。试在窗口客户区内居中显示石瓢壶，效果如图 2-21 所示。

```
void CTestView::OnDraw(CDC * pDC)
{
    CTestDoc * pDoc =GetDocument();
    ASSERT_VALID(pDoc);
    if (!pDoc)
        return;
    //TODO:在此处为本机数据添加绘制代码
    CRect rect;                              //声明客户区
    GetClientRect(&rect);                    //获得客户区坐标
    CDC memDC;                               //声明一个内存设备上下文对象
    memDC.CreateCompatibleDC(pDC);           //创建与 pDC 兼容的 memDC
    CBitmap NewBitmap, * pOldBitmap;         //定义一个 CBitmap 对象和一个 CBitmap 对象指针
    NewBitmap.LoadBitmapW(IDB_BITMAP1);      //为 NewBitmap 对象加载资源位图
    pOldBitmap =memDC.SelectObject(&NewBitmap); //在内存设备上下文中选入位图图像
```

```
    BITMAP bmp;                                          //声明位图结构体对象
    NewBitmap.GetBitmap(&bmp);                           //获得位图数据
    intnX = rect.left + (rect.Width() - bmp.bmWidth) / 2;//位图居中显示的左上角点
    int nY = rect.top + (rect.Height() - bmp.bmHeight) / 2;
    pDC->BitBlt(nX, nY, rect.Width(), rect.Height(), &memDC, 0, 0, SRCCOPY);
                                                         //将 memDC 中的位图复制到 pDC
    memDC.SelectObject(pOldBitmap);                      //将内存设备上下文恢复原状
}
```

图 2-20   "石瓢壶"位图

图 2-21   例 2-10 效果图

选择菜单"视图"|"其他窗口"|"资源视图"来显示资源视图标签页。在资源视图标签页里选中 Test 并右击,在弹出的菜单里选择"添加"|"资源",打开添加资源对话框。选中 Bitmap,单击"导入"按钮,如图 2-22 所示。在"导入"对话框中,将文件类型选择为"所有文件(* . *)",选择 res 文件夹内的"石瓢壶"位图,如图 2-23 所示。保持其资源 ID 号 IDB_BITMAP1 不变。

程序解释:蓝色部分代码的第 3 行语句声明一个内存设备上下文对象。第 4 行语句是创建与显示设备上下文 pDC 兼容的内存设备上下文 memDC。第 5 行语句声明新位图对象和旧位图对象指针。第 6 行语句将资源中的位图加载给 NewBitmap 对象。第 7 行语句将 NewBitmap 对象所代表的位图选入内存设备上下文。第 8 行语句声明位图结构体变量。第 9 行语句将 NewBitmap 中的位图转储到 bmp 中。第 10～11 行语句计算位图在窗口客户区内居中显示的左上角点坐标(nX,nY),如图 2-24 所示。第 12 行语句将内存设备上下文中的位图传送到显示设备上下文。第 13 行语句将内存设备上下文中的位图恢复原状。

图 2-22　资源视图标签页中选择位图

图 2-23　导入位图对话框

图 2-24　计算窗口客户区内居中显示的位图左上角点

以上介绍了最常用的本绘图函数,更多绘图函数的介绍请读者参阅 MSDN(Microsoft Developer Network, MSDN)。

2.3　设备上下文的调用与释放

在 MFC 框架中输出图形和文本时,如果不在 OnDraw()函数中输出(比如在鼠标消息响应函数中),则首先需要先获得设备上下文,然后才能调用相应的 CDC 类的成员函数绘图。由于在任何时刻只能最多获得 5 个设备上下文,不释放设备上下文会影响其他应用程序的访问,因此绘图完成后应释放所获得的设备上下文。

1. 获得设备上下文
类属:CWnd::GetDC( )
原型:

```
CDC * GetDC( );
```

返回值:如果调用成功,返回当前窗口客户区的设备上下文指针;否则,返回 NULL。
参数:无。
2. 释放设备上下文
类属:CWnd::ReleaseDC
原型:

```
int ReleaseDC(CDC * pDC);
```

返回值:如果调用成功,返回"非 0";否则,返回"0"。
参数:pDC 是被释放的设备上下文指针。

2.4　双缓冲机制

双缓冲是一种基本的动画技术。创建一个与屏幕显示设备上下文兼容的内存设备上下文,先将图形绘制到内存设备上下文中,然后调用 BitBlt()函数将内存位图复制到屏幕上,可实现平滑动画,消除了单缓冲动画由于擦除屏幕而导致的屏幕闪烁现象。

例 2-11　将图 2-25 所示的一幅火焰动画位图 flame.bmp 加载到 MFC 的资源中。 flame.bmp 位图的大小为 1560×140 像素,由 26 幅小位图组成,每幅小位图的大小为 60× 140 像素。使用双缓冲机制逐幅读入小位图,间隔 20ms 依次显示在客户区中心,后一幅小位图取代前一幅小位图产生火焰动画。效果如图 2-26 所示。

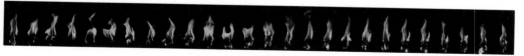

图 2-25　火焰动画位图

(1)设计思路
首先将 flame.bmp 位图加载到资源中,取 ID 为 IDB_FLAME。然后在 OnDraw()函数

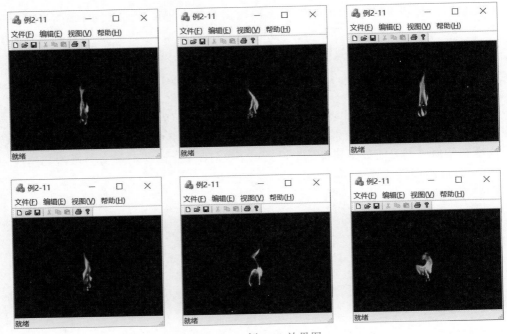

图 2-26　例 2-11 效果图

中创建双缓冲，一个缓冲器为内存设备上下文，另一个缓冲器为显示设备上下文。将 flame. bmp 位图沿宽度方向按 60×140 像素大小依次读出小位图，在定时器的作用下绘制到屏幕中心(位图中心取为窗口客户区中心)，后一幅小位图取代前一幅小位图形成火焰动画。

(2) 定义双缓冲函数

```
void CTestView::DoubleBuffer(CDC * pDC)
{
    CRect rect;
    GetClientRect(&rect);
    CDC memDC;
    memDC.CreateCompatibleDC(pDC);
    CBitmap NewBitmap, * pOldBitmap;
    NewBitmap.LoadBitmapW(IDB_FLAME);        //为 NewBitmap 对象加载资源位图
    pOldBitmap=memDC.SelectObject(&NewBitmap);
    BITMAP bmp;
    NewBitmap.GetBitmap(&bmp); //从 NewBitmap 对象中读出位图信息,存放到结构体变量中
    int nBmpWidth =bmp.bmWidth / (m_TotalBmps);            //计算小位图的宽度
    intnX =rect.left +(rect.Width() -nBmpWidth) / 2;        //位图居中显示的左上角点
    int nY =rect.top +(rect.Height() -bmp.bmHeight) / 2;
    pDC->BitBlt(nX, nY, nBmpWidth,rect.Height(),
            &memDC,m_Num * bmp.bmWidth/m_TotalBmps,0,SRCCOPY);        //块传送
    memDC.SelectObject(pOldBitmap);
}
```

　　程序解释：蓝色部分代码的第 10 行语句计算小位图的宽度，bmp.bmWidth 是位图 flame.bmp 的总宽度，m_TotalBmps 是小位图总数，这里取为 26。第 11～12 行语句计算小

位图的左上角点坐标。第 13 行语句按照定时器所设定的时间间隔,依次将小位图从内存设备上下文复制到显示设备上下文中,由于屏幕上显示的是内存的像,所以不需要删除屏幕就可以形成连续动画。

（3）初始化

在 CTestView 类的构造函数内进行初始化。

```
CTestView::CTestView() noexcept
{
    //TODO: 在此处添加构造代码
    m_TotalBmps = 26;
    m_Num = 0;
}
```

程序解释：蓝色部分代码的第 1 行语句初始化小位图总数 m_TotalBmps 为 26 幅。第 2 行语句初始化小位图序号 m_Num 为 0。

（4）设置定时器

为了使小位图能进行连续的更新,需要使用系统时钟来触发,为此在 OnDraw()函数中安装了系统定时器。

```
void CTestView::OnDraw(CDC * pDC)
{
    CTestDoc * pDoc = GetDocument();
    ASSERT_VALID(pDoc);
    if (!pDoc)
    return;
    //TODO: 在此处为本机数据添加绘制代码
    SetTimer(1, 20, NULL);                    //设置定时器
    DoubleBuffer(pDC);                        //调用双缓冲函数
}
```

程序解释：蓝色部分代码的第 1 行语句设置定时器的编号为 1,每隔 20ms 给消息队列发送一个 WM_TIMER 消息。

（5）映射时钟触发器消息

在 CTestView 类内映射 WM_TIMER 消息,响应系统定时器的消息。

```
void CTestView::OnTimer(UINT nIDEvent)
{
    //TODO: 在此添加消息处理程序代码和/或调用默认值
    m_Num = ++m_Num % (m_TotalBmps);
    Invalidate(FALSE);
    CView::OnTimer(nIDEvent);
}
```

程序解释：蓝色部分代码的第 1 行语句累加小幅位图,求余运算符％使得小幅位图序号 m_Num 构成 0～25 的循环。第 2 行语句使得整个客户区无效,系统自动调用 OnDraw()函数绘图。

2.5　MFC 绘图的几种方法

2.5.1　使用 OnDraw()成员函数直接绘图

　　前面介绍的例程都是在 CTestView 类的 OnDraw()成员函数内绘图,此时可以直接使用 pDC 指针。特点是程序一运行,客户区内即自动绘出图形,这种方法常用于绘制三维场景。

　　例 2-12　在窗口客户区中心绘制 1 个半径为 1/10 客户区宽度的红色圆。要求在 OnDraw()函数中实现,效果如图 2-27 所示。

```
void CTestView::OnDraw(CDC * pDC)
{
    CTestDoc * pDoc = GetDocument();
    ASSERT_VALID(pDoc);
    if (!pDoc)
        return;
    //TODO: 在此处为本机数据添加绘制代码
    CRect rect;
    GetClientRect(&rect);
    CPen * pOldPen = (CPen * )pDC->SelectStockObject(NULL_PEN);     //不绘制圆的边界线
    CBrush NewBrush(RGB(255, 0, 0));
    CBrush * pOldBrush = pDC->SelectObject(&NewBrush);
    CPoint pt = CPoint(0, 0);                                       //圆心坐标
    int r = rect.Width() / 10;                                     //圆的半径
    pDC->Ellipse(pt.x + rect.Width()/2 - r, pt.y + rect.Height()/2 - r,
                pt.x + rect.Width()/2 + r, pt.y + rect.Height()/2 + r);     //绘制圆
    pDC->SelectObject(pOldBrush);
    pDC->SelectObject(pOldPen);
}
```

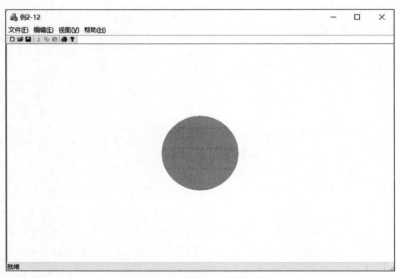

图 2-27　例 2-12 效果图

程序解释：蓝色部分代码的第 3 行语句选入"空"画笔，不绘制球体边界线。第 4 行语句用构造函数创建红色新画刷。第 8 行语句使用椭圆函数绘制圆。

2.5.2 使用菜单绘图

有时并不需要运行程序就立即绘图，而是等待选择某项菜单后才开始绘图。这需要执行如下的步骤：

（1）在 ResourceView 标签页双击 Menu 项中的 IDR_MAINFRAME，打开菜单编辑器，修改弹出菜单项为"文件""绘图"和"帮助"，为"绘图"菜单项添加子菜单"图形"结果如图 2-28 所示。"图形"菜单属性如图 2-29 所示，资源标识符为 ID_GRAPH。

图 2-28　菜单编辑器

图 2-29　"绘图"菜单属性

（2）选择"项目"|"类向导"菜单，弹出"类向导"对话框，为 CTestView 类添加"绘图"菜单命令消息的映射函数，菜单资源标识符选择 ID_GRAPH，"消息"选择 COMMAND，映射函数名默认为 OnGraph。菜单资源标识符仍然选择 ID_GRAPH，"消息"选择 UPDATE_COMMAND_UI，映射函数名默认为 OnUpdateGraph，如图 2-30 所示。

（3）"消息"选择 COMMAND，从"编辑代码"按钮进入 OnGraph()函数的定义，添加绘图代码。

（4）"消息"选择 UPDATE_COMMAND_UI，单击"编辑代码"按钮进入 OnUpdateGraph()函数的定义，添加对菜单项显示状态的控制代码。

（5）从资源视图的标签页中选择 Toolbar 下的 IDR_MAINFRAME，打开工具栏，如图 2-31(a)所示。将工具栏上的图标拖到空白处删除(注意：不要一次性删除所有图标，那样会删除整个工具栏。最好留一个图标占位，制作新图标后再删除占位图标)。使用图像编辑器，制作图 2-31(b)所示的"播放"图标。

（6）设置"播放"图标的 ID 号为 ID_GRAPH，即将图标与菜单项绑定到一起，如图 2-32 所示。

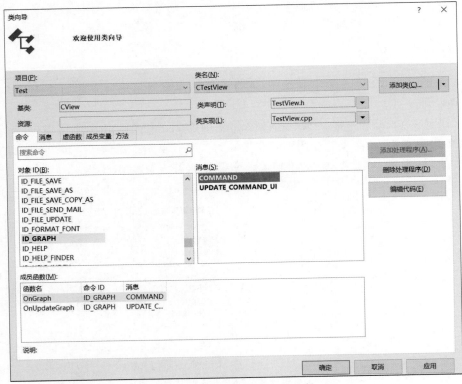

图 2-30　菜单命令消息的映射

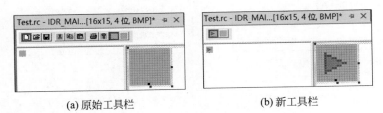

(a) 原始工具栏　　　　　　　　　(b) 新工具栏

图 2-31　修改工具栏

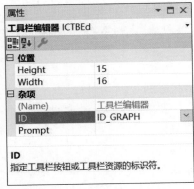

图 2-32　设置工具栏图标的 ID

例 2-13   在窗口客户区中心绘制 1 个半径为 1/10 客户区宽度的红色圆。要求在菜单映射函数中实现。启动 Test 项目后,窗口客户区为空白。选择"图形"菜单项,在客户区中心显示红色圆,效果同图 2-27 所示。

```
void CTestView::OnGraph()
{
    //TODO: 在此添加命令处理程序代码
    CDC * pDC =GetDC();
    例 2-12 的蓝色代码段
    ReleaseDC(pDC);
}
```

程序解释:按下"播放"按钮才绘制图形。

2.5.3   使用自定义函数绘图

制作动画时,并不直接在 OnDraw()函数或菜单响应函数 OnGraph()中直接绘图,而是在双缓冲函数中通过自定义函数绘图。

(1) 在 ClassView 标签页,选择 CTestView 类并右击,弹出如图 2-33 所示的快捷菜单,选择"添加"|"添加函数"命令,弹出添加函数对话框。添加公有绘图成员函数 DrawObject (CDC * pDC),如图 2-34 所示。

图 2-33   添加成员函数

(2) 在 TestView.cpp 文件中找到 DrawObject(CDC * pDC)函数的定义,添加绘图代码。

图 2-34　添加 DrawObject()成员函数

（3）在 OnDraw()函数中调用双缓冲函数 DoubleBuffer()制作动画，DoubleBuffer()函数再调用 DrawObject()函数绘图。

例 2-14　在黑色背景的窗口客户区中心绘制 1 个半径为 1/10 客户区宽度的红色圆代表小球。选择"图形"菜单播放/停止动画。请使用双缓冲机制实现红色球与客户区边界碰撞的动画，效果如图 2-35 所示。

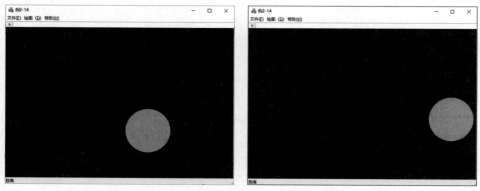

图 2-35　小球与客户区边界碰撞动画

（1）构造函数。在 CTestView 的构造函数内初始化圆的中心点与运动方向，以及"播放"按钮状态。

```
CTestView::CTestView() noexcept
{
    //TODO: 在此处添加构造代码
    bPlay =FALSE;
```

```
        pt =CPoint(200, 200);
        direction =CPoint(1, 1);
    }
```

(2) OnDraw()函数。采用双缓冲技术来实现无闪烁帧动画。OnDraw()函数调用 DoubleBuffer()函数。DoubleBuffer()函数调用 DrawObject()函数绘制小球。 DoubleBuffer()函数调用 BorderTest()函数检测小球与边界的碰撞情况。

```
    void CTestView::OnDraw(CDC * pDC)
    {
        CTestDoc * pDoc =GetDocument();
        ASSERT_VALID(pDoc);
        if (!pDoc)
            return;
        //TODO: 在此处为本机数据添加绘制代码
        DoubleBuffer(pDC);
    }
    void CTestView::DoubleBuffer(CDC * pDC)                      //双缓冲函数
    {
        CRect rect;
        GetClientRect(&rect);
        nWidth =rect.Width()                                    //客户区宽度
        nHeight =rect.Height()                                  //客户区高度
        CDC memDC;
        memDC.CreateCompatibleDC(pDC);
        CBitmap NewBitmap, * pOldBitmap;
        NewBitmap.CreateCompatibleBitmap(pDC, rect.Width(), rect.Height());
        pOldBitmap =memDC.SelectObject(&NewBitmap);
        DrawObject(&memDC);                                     //绘制小球
        BorderTest();                                          //碰撞检测
        pDC->BitBlt(0, 0, rect.Width(), rect.Height(), &memDC, 0, 0, SRCCOPY);
        memDC.SelectObject(pOldBitmap);
        NewBitmap.DeleteObject();
    }
    void CTestView::DrawObject(CDC * pDC)                       //绘图函数
    {
        CPen * pOldPen = (CPen * )pDC->SelectStockObject(NULL_PEN);
        CBrush NewBrush(RGB(255, 0, 0));
        CBrush * pOldBrush=pDC->SelectObject(&NewBrush);
        r =nWidth / 5;                              //小球半径为客户区宽度的 1/10
        pDC->Ellipse(pt.x - r, pt.y - r, pt.x + r, pt.y + r);   //绘制小球
        pDC->SelectObject(pOldBrush);
        pDC->SelectObject(pOldPen);
    }
```

(3) 菜单映射函数。在菜单响应函数中播放或停止动画,每隔10ms发送一个时钟脉冲来触发动画。

```
void CTestView::OnGraph()                          //菜单命令函数
{
    //TODO: 在此添加命令处理程序代码
    bPlay = !bPlay;
    if (bPlay)                                     //设置定时器
        SetTimer(1, 10, NULL);                     //播放动画
    else
        KillTimer(1);                              //停止动画
}
void CTestView::OnUpdateGraph(CCmdUI * pCmdUI)      //菜单状态函数
{
    //TODO: 在此添加命令更新用户界面处理程序代码
    if (bPlay)
    {
        pCmdUI->SetCheck(TRUE);                     //设置菜单项选中,图标按下
        pCmdUI->SetText(_T("停止"));               //菜单提示下一次按下会停止
    }
    else
    {
        pCmdUI->SetCheck(FALSE);                    //设置菜单项未选中,图标弹起
        pCmdUI->SetText(_T("播放"));               //菜单提示下一次按下会播放
    }
}
```

(4) 碰撞检测函数。检测球体与客户区上下左右边界发生的碰撞,碰撞后小球改变运动方向。

```
void CTestView::BorderTest()                        //碰撞检测函数
{
    if (pt.x + r > nWidth)                          //与右边界发生碰撞
        direction.x = -1;
    if (pt.x - r < 0)                              //与左边界发生碰撞
        direction.x = 1;
    if (pt.y + r > nHeight)                         //与下边界发生碰撞
        direction.y = -1;
    if (pt.y - r < 0)                              //与上边界发生碰撞
        direction.y = 1;
}
```

(5) WM_TIMER消息映射函数。在WM_TIMER消息映射函数中,根据球体的运动方向改变小球中心位置。

```
void CTestView::OnTimer(UINT_PTR nIDEvent)         //定时器函数
```

```
{
    //TODO：在此添加消息处理程序代码和/或调用默认值
    pt +=direction;         //pt 为圆的中心，direction 为圆的运动方向，数据类型为 Cpoint
    Invalidate(FALSE);
    CView::OnTimer(nIDEvent);
}
```

2.6 本 章 小 结

本章介绍了 MFC 建立 Test 项目的上机操作步骤，为以后的案例设计提供一个程序框架；重点讲解了 CDC 类的常用基本绘图函数，综合应用这些函数，可以完成一些简单图形的绘制。基于内存缓冲区与设备缓冲区的双缓冲技术解决了屏幕动态刷新的问题，可以绘制无闪烁动画。

习 题 2

1. 在屏幕上使用 SetPixel（）函数将 crColor 参数设置为随机颜色，用像素点画出对角点为（100，300）和（100，300）的正方形。然后使用 GetPixel（）函数依次读出该正方形内各像素点的颜色，沿 x 轴正向平移 300 个像素重新绘制该正方形，效果如图 2-36 所示。

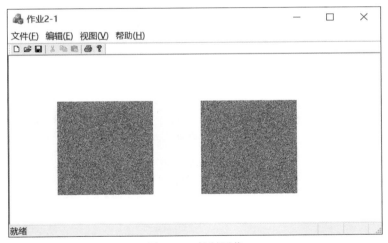

图 2-36 复制图像

2. 把一个半径为 R 的圆 40 等份，以每个等分点为圆心，以 r 为半径画圆。假定 $R=r$，试编程绘制图 2-37 所示的环。

3. 以窗口客户区中心为二维坐标系原点，绘制如图 2-38 所示的五边形与五角星的嵌套结构。试取递归深度 n 为 3，请在 OnDraw（）函数中编程实现。

4. 请将图 2-39 所示单幅位图导入资源中，使用 BitBlt（）函数依次截取 10 个球体中间的每一个，并在屏幕中心显示，则会出现球体旋转动画，效果如图 2-40 所示，请编程实现。

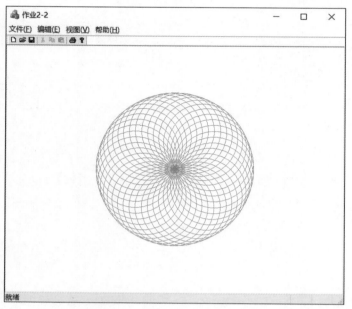

图 2-37　环

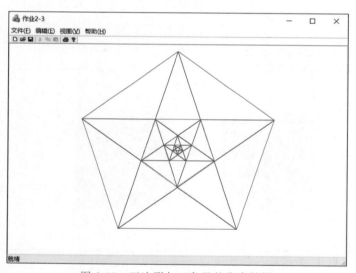

图 2-38　五边形与五角星的嵌套结构

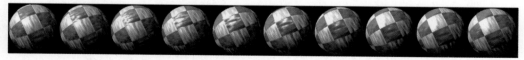

图 2-39　球体旋转位图

图 2-40　球体旋转动画

第 3 章　基本图元的扫描转换

直线是三维场景的基本图元,复杂物体的线框模型常用成千上万条直线表示。尽管 MFC 的 CDC 类中已有绘制直线的成员函数,但是真实感图形技术要求逐点绘制直线,例如反走样直线需要逐点改变直线的颜色。光栅扫描显示器不能绘制一段连续的理想直线,只能选取离这段直线最近的像素点集进行近似地表示。在像素点阵中,确定最佳逼近于理想图形的像素点集并用指定颜色显示这些像素点集的过程,称为图形的光栅化。当光栅化与按扫描线顺序绘制图形的过程结合在一起时,就称为扫描转换。本章从像素的角度讲解直线的光栅化算法,重点讲解直线的中点算法以及使用中点算法对圆和椭圆进行光栅化。

3.1　直线的扫描转换

直线的扫描转换就是在屏幕像素点阵中确定逼近于理想直线的最佳像素点集的过程,如图 3-1 所示。由于计算机图形学对直线的绘制速度要求较高,因此要尽量使用加减法,避免使用乘、除、开方、三角函数等复杂运算。有许多算法可以实现直线的扫描转换,如 DDA 算法、Bresenham 算法、中点算法等。

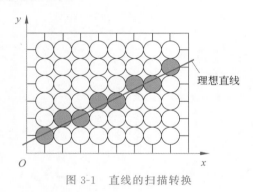

图 3-1　直线的扫描转换

给定理想直线的起点坐标为 $P_0(x_0,y_0)$,终点坐标为 $P_1(x_1,y_1)$,用斜截式表示的直线方程为

$$y = kx + b \tag{3-1}$$

其中,直线的斜率为 $k = \dfrac{\Delta y}{\Delta x} = \dfrac{y_1 - y_0}{x_1 - x_0}$,$\Delta x = x_1 - x_0$ 为水平方向位移,$\Delta y = y_1 - y_0$ 为垂直方向位移,b 为 y 轴上的截距。

常根据 Δx 和 Δy 的大小来确定直线的主位移方向。在主位移方向上,执行的是 ± 1 的操作。如果 $\Delta x \geqslant \Delta y$,则取 x 方向为主位移方向;如果 $\Delta x = \Delta y$,取 x 方向为主位移方向或取 y 方向为主位移方向皆可;如果 $\Delta x < \Delta y$,则取 y 方向为主位移方向。以下讲解的直线光栅化算法,均假定斜率满足 $0 \leqslant k \leqslant 1$,此时主位移方向为 x 方向;对于其他斜率的直线,可以

根据对称性进行推导。

3.1.1 DDA 算法

DDA(digital differential analyzer)算法是用数值分析求解微分方程的一种方法。式(3-1)用微分方程表示为

$$\frac{\mathrm{d}y}{\mathrm{d}x}=\frac{\Delta y}{\Delta x}=k \tag{3-2}$$

其有限差分近似解为

$$\begin{cases} x_{i+1}=x_i+\Delta x \\ y_{i+1}=y_i+\Delta y=y_i+k\Delta x \end{cases} \tag{3-3}$$

式(3-3)表示了直线上的像素 P_{i+1} 与像素 P_i 的递推关系。可以看出，x_{i+1} 和 y_{i+1} 的值可以根据 x_i 和 y_i 的值推算出来。在一个迭代算法中，如果每一步的 x,y 值使用前一步的值加上一个增量来获得，那么，这种算法就称为增量算法。DDA 算法是一种增量算法。

图 3-2 中，$P_i(x_i,y_i)$ 为理想直线的起点扫描转换后的像素点。$Q(x_i+1,y_i+k)$ 为理想直线与下一列垂直网格线 $x_{i+1}=x_i+1$ 的交点。从 P_i 像素出发，沿主位移 x 方向上每递增一个单位，下一列上的候选像素为 $P_u(x_i+1,y_i+1)$ 或 $P_d(x_i+1,y_i)$。最终选择哪个像素，可以使用斜率 k 来决定。当 $0\leqslant k\leqslant 1$ 时，取 $\Delta x=1$，有 $\Delta y=k$。式(3-3)表示为

$$\begin{cases} x_{i+1}=x_i+1 \\ y_{i+1}=y_i+k \end{cases} \tag{3-4}$$

式(3-4)中，x 是整型变量，y 和 k 是浮点型变量。

定义带参数的宏命令为：♯ define ROUND(d) int($d+0.5$)。假定整型变量 $a=$ROUND(d)。当 $d=5.1,a=5$；当 $d=5.7,a=6$。

DDA 算法的核心是使用 ROUND(y_i+k)来决定选择像素 $P_d(y_{i+1}=y_i)$，或者选择像素 $P_u(y_{i+1}=y_i+1)$ 来表示 Q 点。这里，下标"u"代表 up，下标"d"代表 down。

DDA 算法中的斜率涉及浮点数运算，不利于硬件实现。为此 Bresenham 提出了一种只使用整数运算就能完成直线光栅化的经典算法。

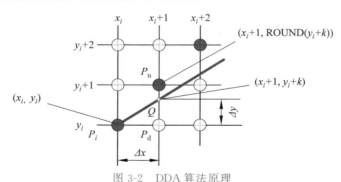

图 3-2　DDA 算法原理

3.1.2 Bresenham 算法

1965 年，Bresenham 为数字绘图仪开发了一种绘制直线的算法[9]。该算法同样适用于

光栅扫描显示器,被称为 Bresenham 算法。

1. Bresenham 算法原理

从起点 $P_0(x_0 < x_1)$ 出发,Bresenham 算法的原理为:在主位移方向上每次递增一个单位;另一个方向的增量是取 0 或取 1,取决于像素点与理想直线的距离。这一距离称为误差项,用 d 表示。

图 3-3 中,$P_i(x_i, y_i)$ 点为当前像素。$Q(x_i+1, d)$ 为直线与下一列垂直网格线的交点。假定直线的起点为 $P_i(i=0)$,该点位于网格点上,所以 d 的初始值为 0。

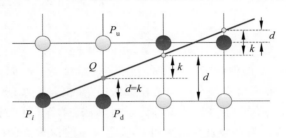

图 3-3　Bresenham 算法原理

沿 x 方向递增一个单位,即 $x_{i+1} = x_i + 1$。下一个候选像素是 $P_d(x_i+1, y_i)$ 或 $P_u(x_i+1, y_i+1)$。选择 P_u 还是 P_d,取决于交点 Q 的位置,而 Q 点的位置是由直线的斜率决定的。Q 点与像素 P_d 的误差项为 $d=k$。当 $d < 0.5$ 时,像素 P_d 距离 Q 点近,下一个像素选取 P_d;当 $d > 0.5$ 时,像素 P_u 距离 Q 点近,下一个像素选取 P_u;当 $d = 0.5$ 时,像素 P_d 与 P_u 到 Q 点的距离相等,任选 P_u 或 P_d 均可,约定选取 P_u。

因此

$$y_{i+1} = \begin{cases} y_i + 1, & d \geqslant 0.5 \\ y_i, & d < 0.5 \end{cases} \qquad (3\text{-}5)$$

算法的关键在于递推计算误差项 d,误差项初始值 $d_0=0$。沿 x 方向递增一个单位,有 $d_{i+1} = d_i + k$。一旦 y 方向上走了一步,就将 d 减 1。由于只需要检查误差项的符号,令 $e_{i+1} = d_{i+1} - 0.5$,以消除小数的影响。式(3-5)改写为

$$y_{i+1} = \begin{cases} y_i + 1, & e \geqslant 0 \\ y_i, & e < 0 \end{cases} \qquad (3\text{-}6)$$

取 e 的初始值为 $e_0 = -0.5$。沿 x 方向每递增一个单位,有 $e_{i+1} = e_i + k$。当 $e_{i+1} \geqslant 0$ 时,下一像素更新为 (x_i+1, y_i+1),同时将 e_{i+1} 更新为 $e_{i+1}-1$;否则,下一像素更新为 (x_i+1, y_i)。

2. 整数 Bresenham 算法原理

上面讲解的算法中,虽然当前点的 x 坐标和 y 坐标均使用了加 1 或减 1 的整数运算,但在递推计算误差项 e 时,仍然使用了浮点数 k。应对算法进行修正,以避免除法运算。由于 Bresenham 算法中只用到误差项的符号,而 Δx 在 $0 \leqslant k \leqslant 1$ 内恒为正,可以做如下替换 $e = 2\Delta x \times e$[10],以实现整数运算。改进的整数 Bresenham 算法为

e 的初值为 $e_0 = -\Delta x$,沿 x 方向每递增一个单位,有 $e_{i+1} = e_i + 2\Delta y$。当 $e_{i+1} \geqslant 0$ 时,下一像素选取 (x_i+1, y_i+1),同时将 e_{i+1} 更新为 $e_{i+1} - 2\Delta x$;否则,下一像素选取 (x_i+1, y_i)。

3.1.3 中点算法

中点算法是基于隐函数方程设计的,使用像素网格中点来判断如何选取距离理想直线最近的像素点。直线的中点算法不仅与 Bresenham 算法产生同样的像素点集,而且还可以推广至对圆和椭圆进行扫描转换。

1. 中点算法原理

从起点 $P_0(x_0 < x_1)$ 出发,中点算法的原理:每次沿主位移方向上递增一个单位,另一个方向上增量是取 0 或取 1,取决于中点误差项的值。

由式(3-1)得到理想直线的隐函数方程为

$$F(x,y) = y - kx - b = 0 \tag{3-7}$$

理想直线将平面划分成三个区域:对于直线上的点,$F(x,y)=0$;对于直线上方的点,$F(x,y)>0$;对于直线下方的点,$F(x,y)<0$。

假定直线上的当前像素为 $P_i(x_i, y_i)$,Q 点是直线与网格线的交点。沿着主位移方向递增一个单位,即执行 $x_{i+1}=x_i+1$,下一像素点将从 $P_d(x_i+1, y_i)$ 或 $P_u(x_i+1, y_i+1)$ 两个候选像素中选取。连接像素 P_d 和像素 P_u 的网格中点为 $M(x_i+1, y_i+0.5)$,如图 3-4 所示。显然,若中点 M 位于直线的下方,则像素 P_u 距离直线近;否则,像素 P_d 点距离直线近。

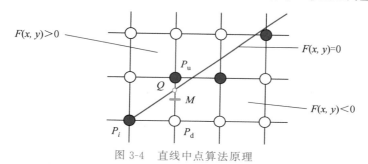

图 3-4 直线中点算法原理

2. 构造中点误差项

从 $P_i(x_i, y_i)$ 像素出发,沿主位移方向选取直线上的下一像素时,需要将中点 M 代入隐函数方程(3-7),构造中点误差项 d

$$d_i = F(x_i+1, y_i+0.5) = y_i + 0.5 - k(x_i+1) - b \tag{3-8}$$

当 $d<0$ 时,M 位于直线的下方,像素 P_u 距离直线近,下一像素应选取 P_u,即 y 方向上增量为 1;当 $d>0$ 时,M 位于直线的上方,像素 P_d 距离直线近,下一像素应选取 P_d,即 y 方向上增量为 0;当 $d=0$ 时,M 位于直线上,像素 P_u、P_d 与直线的距离相等,选取任一个像素均可,约定选取 P_d,如图 3-5 所示。

因此

$$y_{i+1} = \begin{cases} y_i + 1, & d < 0 \\ y_i, & d \geqslant 0 \end{cases} \tag{3-9}$$

3. 递推公式

根据当前像素 P_i 确定下一像素是选取 P_d 还是选取 P_u 时,使用了中点误差项 d 进行判断。为了能够继续光栅化直线上的后续像素,需要给出中点误差项的递推公式与初始值。

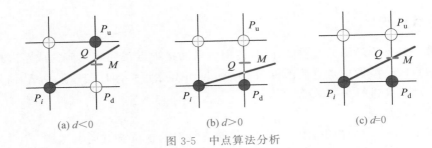

(a) $d<0$ (b) $d>0$ (c) $d=0$

图 3-5　中点算法分析

1）中点误差项的递推公式

在主位移方向上已递增一个单位的情况下,考虑再递增一个单位,应该选择哪个中点来计算误差项,分两种情况讨论。

当 $d<0$ 时,下一步进行判断的中点为 $M_u(x_i+2,y_i+1.5)$,如图 3-6(a)所示。中点误差项的递推公式为

$$d_{i+1}=F(x_i+2,y_i+1.5)=y_i+1.5-k(x_i+2)-b$$
$$=y_i+0.5-k(x_i+1)-b+1-k=d_i+1-k \qquad (3\text{-}10)$$

所以,上一步选择 P_u 后,中点误差项的增量为 $1-k$。

当 $d\geqslant0$ 时,下一步进行判断的中点为 $M_d(x_i+2,y_i+0.5)$,如图 3-6(b)所示。中点误差项的递推公式为

$$d_{i+1}=F(x_i+2,y_i+0.5)=y_i+0.5-k(x_i+2)-b$$
$$=y_i+0.5-k(x_i+1)-b-k=d_i-k \qquad (3\text{-}11)$$

所以,上一步选择 P_d 后,中点误差项的增量为 $-k$。

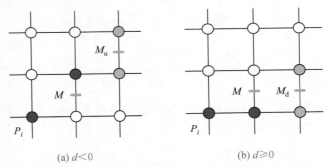

(a) $d<0$ (b) $d\geqslant0$

图 3-6　中点的递推

2）中点误差项的初始值

假定,直线的起点坐标 $P_0(x_0,y_0)$ 位于网格点上。从 P_0 出发沿主位移方向递增一个单位,第一个参与判断的中点是 $M(x_0+1,y_0+0.5)$。代入中点误差项公式(3-8),d 的初始值为

$$d_0=F(x_0+1,y_0+0.5)=y_0+0.5-k(x_0+1)-b$$
$$=y_0-kx_0-b-k+0.5$$

其中,因为 $P_0(x_0,y_0)$ 位于直线上,所以 $y_0-kx_0-b=0$,则

$$d_0=0.5-k \qquad (3\text{-}12)$$

4. 中点算法整数化

中点算法在计算中点误差项 d 时,其初始值与递推公式中包含有小数 0.5 和斜率 k。由于中点算法只用到 d 的符号,可以使用正整数 $2\Delta x$ 乘以 d 来摆脱小数运算。

$$e_i = 2\Delta x d_i$$

整数化处理后,中点误差项的初始值为

$$e_0 = \Delta x - 2\Delta y \tag{3-13}$$

当 $e < 0$ 时,中点误差项的递推公式为

$$e_{i+1} = e_i + 2\Delta x - 2\Delta y \tag{3-14}$$

时,中点误差项的增量为 $2\Delta x - 2\Delta y$。

当 $e \geqslant 0$ 时,中点误差项的递推公式为

$$e_{i+1} = e_i - 2\Delta y \tag{3-15}$$

时,中点误差项的增量为 $-2\Delta y$。

需要说明的是,20 世纪 70 年代,由于计算机运算速度受限,完全整数的光栅化算法是计算机图形学研究者追求的一个目标。研究已经证明,也可以直接采用浮点数算法对直线进行光栅化,因为现在的 CPU 可以按照与处理整数同样的速度处理浮点数。绘图时,常直接使用浮点数的中点算法来光栅化直线。

直线光栅化算法常用于多边形。例如使用红绿蓝三段直线构成三角形,如图 3-7 所示。为了解决共享顶点的着色问题,直线的两个端点一般采用"起点闭区间、终点开区间"的规则处理,即一段直线终点处的颜色由下一段直线起点处的颜色来提供。光栅化直线 $P_0 P_1$ 时,P_0 点取红色,P_1 点不填充;光栅化直线 $P_1 P_2$ 时,P_1 点取绿色,P_2 点不填充;光栅化直线 $P_2 P_0$ 时,P_2 点取蓝色,P_0 点不填充,保持红色,效果如图 3-8 所示。光栅化多边形的边时应采用有向直线算法,而不是简单地通过交换两端点参数(坐标和颜色等)后,使用同一算法处理。

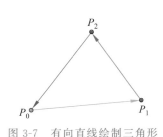

图 3-7　有向直线绘制三角形　　　　　图 3-8　像素级效果图

3.2　圆的扫描转换

圆的扫描转换是在屏幕像素点阵中确定最佳逼近于理想圆的像素点集的过程。绘制圆可以使用简单方程画圆算法或极坐标画圆算法,但这些算法涉及开方运算或三角运算,效率很低。本节主要讲解仅包含加减运算的顺时针绘制 1/8 圆弧的中点算法,根据对称性可以光栅化整圆。

1. 八分圆弧

圆心在原点、半径为 R 的隐函数方程为

$$F(x,y)=x^2+y^2-R^2=0 \tag{3-16}$$

圆将平面划分成 3 个区域：对于圆上的点，$F(x,y)=0$；对于圆外的点，$F(x,y)>0$；对于圆内的点，$F(x,y)<0$，如图 3-9 所示。

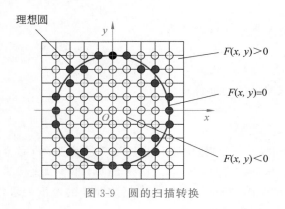

图 3-9　圆的扫描转换

根据圆的对称性，可以用 4 条对称轴 $x=0,y=0,x=y,x=-y$ 将 8 等分圆，如图 3-10 所示。只要绘制出第一象限内编号为②的八分圆弧，根据对称性就可以生成其他 7 个八分圆弧，这称为八分法画圆算法。假定圆弧②上的任意点为 (x,y)，可以顺时针方向确定另外 7 个点：(y,x)、$(y,-x)$、$(x,-y)$、$(-x,-y)$、$(-y,-x)$、$(-y,x)$、$(-x,y)$。

2. 中点算法原理

从图 3-10 中所示的圆弧②可以看出，y 是 x 的单调递减函数。假设圆弧起点 $x=0$，$y=R$ 精确地落在像素点上，中点算法要从 $x=0$ 绘制到 $x=y$，顺时针方向确定最佳逼近于圆弧的像素点集。此段圆弧上各个点的切线斜率 k 处处满足 $|k|<1$，即 $|\Delta x|>|\Delta y|$，所以 x 方向为主位移方向。中点算法原理表述为：x 方向上每次加 1，y 方向上减不减 1 取决于中点误差项的值。

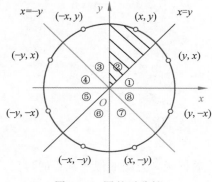

图 3-10　圆的对称性

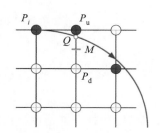

图 3-11　圆的中点算法原理

假定圆弧上当前像素是 $P_i(x_i,y_i)$，Q 点是圆弧与网格线的交点。下一像素将从

$P_d(x_i+1, y_i-1)$ 和 $P_u(x_i+1, y_i)$ 两个候选像素中选取,如图 3-11 所示。连接像素 P_d 和像素 P_u 的网格中点为 $M(x_i+1, y_i-0.5)$。显然,若 M 点位于理想圆弧的下方,则像素 P_u 离圆弧近;若 M 点位于理想圆弧的上方,则像素 P_d 离圆弧近。

3. 构造中点误差项

从 $P_i(x_i, y_i)$ 像素出发选取下一像素时,需将 P_d 和 P_u 两个候选像素连线的网格中点 $M(x_i+1, y_i-0.5)$ 代入隐函数方程,构造中点误差项 d

$$d_i = F(x_i+1, y_i-0.5) = (x_i+1)^2 + (y_i-0.5)^2 - R^2 \tag{3-17}$$

当 $d<0$ 时,M 位于圆弧内,下一像素应选取 P_u,即 y 方向上不减 1;当 $d>0$ 时,M 位于圆弧外,下一像素应选取 P_d,即 y 方向上减 1;当 $d=0$ 时,M 位于圆弧上,像素 P_u、P_d 与圆弧的距离相等,选取任一个像素均可,约定选取 P_d,如图 3-12 所示。

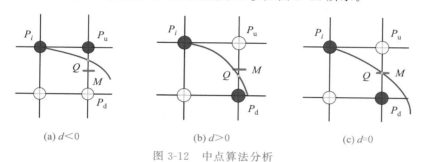

图 3-12 中点算法分析

因此

$$y_{i+1} = \begin{cases} y_i, & d < 0 \\ y_i - 1, & d \geqslant 0 \end{cases} \tag{3-18}$$

4. 递推公式

根据当前点 P_i 确定了下一像素是选取 P_d 还是 P_u 时,使用了中点误差项 d。为了能够继续判断圆弧上的后续像素点,需要给出中点误差项的递推公式和初始值。

1)中点误差项的递推公式

在主位移 x 方向上已递增一个单位的情况下,考虑沿主位移方向上再递增一个单位,应该选择哪个中点来计算误差项,以判断下一步要选取的像素,分两种情况讨论。

当 $d<0$ 时,下一步的中点坐标为 $M_u(x_i+2, y_i-0.5)$,如图 3-13(a)所示。中点误差项的递推公式为

$$d_{i+1} = F(x_i+2, y_i-0.5) = (x_i+2)^2 + (y_i-0.5)^2 - R^2$$
$$= (x_i+1)^2 + (y_i-0.5)^2 - R^2 + 2x_i + 3 = d_i + 2x_i + 3 \tag{3-19}$$

当 $d \geqslant 0$ 时,下一步的中点坐标为 $M_d(x_i+2, y_i-1.5)$,如图 3-13(b)所示。中点误差项的递推公式为

$$d_{i+1} = F(x_i+2, y_i-1.5) = (x_i+2)^2 + (y_i-1.5)^2 - R^2$$
$$= (x_i+1)^2 + (y_i-0.5)^2 - R^2 + 2x_i + 3 + (-2y_i+2)$$
$$= d_i + 2(x_i-y_i) + 5 \tag{3-20}$$

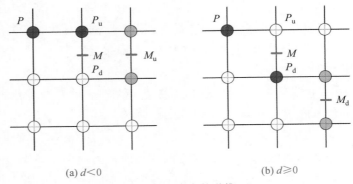

(a) $d<0$ (b) $d \geqslant 0$

图 3-13   中点的递推

2) 中点误差项的初始值

圆弧的起点为 $P_0(0,R)$。若沿主位移 x 方向递增一个单位,第一个参与判断的中点为 $M(1,R-0.5)$,相应的中点误差项 d 的初始值为

$$d_0 = F(1,R-0.5) = 1 + (R-0.5)^2 - R^2 = 1.25 - R \tag{3-21}$$

5. 整数中点画圆算法

在此基础上,只需做适当的修正,就可以得到整数画圆算法。由于使用的只是 d 的符号,定义 $e_i = d_i - 0.25$,则初始值 $d_0 = 1.25 - R$ 对应于 $e_0 = 1 - R$。误差项 $d < 0$ 对应于 $e < -0.25$。由于 e 始终是整数,可以将 $e < -0.25$ 等价为 $e < 0$。基于整数中点画圆算法扫描转换 $R = 20$ 的圆,效果如图 3-14 所示。

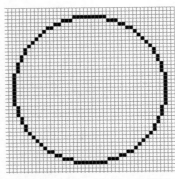

图 3-14   中点画圆算法效果图

3.3   椭圆的扫描转换

椭圆的扫描转换是在屏幕像素点阵中选取最佳逼近于理想椭圆的像素点集的过程。椭圆是长半轴与短半轴不相等的圆。椭圆的扫描转换与圆的扫描转换虽然有相似之处,主要区别是椭圆弧上存在改变主位移方向的临界点。本节主要讲解顺时针绘制四分椭圆弧的中点算法,根据对称性可以光栅化完整椭圆。

1. 四分椭圆弧

中心在原点、长半轴为 a、短半轴为 b 的轴对称椭圆方程为

$$\frac{x^2}{a^2} + \frac{y^2}{b^2} = 1 \tag{3-22}$$

隐函数方程为

$$F(x,y) = b^2 x^2 + a^2 y^2 - a^2 b^2 = 0 \tag{3-23}$$

椭圆将平面划分成 3 个区域：对于椭圆上的点 $F(x,y)=0$；对于椭圆外的点 $F(x,y)>0$；对于椭圆内的点 $F(x,y)<0$，如图 3-15 所示。

考虑到椭圆的对称性，可以用对称轴 $x=0,y=0$，将椭圆四等分。只要绘制出第一象限内的四分椭圆弧，如图 3-16 绿色阴影区域所示，根据对称性就可以生成其他 3 个四分椭圆，这称为四分法画椭圆算法。已知第一象限内的一点 (x,y)，可以顺时针确定另外 3 个对称点：$(x,-y)$，$(-x,-y)$ 和 $(-x,y)$。

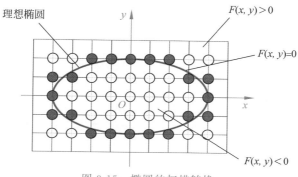

图 3-15　椭圆的扫描转换

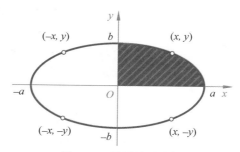

图 3-16　椭圆的对称性

2. 临界点分析

在处理第一象限的四分椭圆弧时，进一步以法矢量的两个分量相等的点将其划分为区域 Ⅰ 和区域 Ⅱ，该点称为临界点，如图 3-17 所示。特别地，在临界点处，曲线的斜率为 -1。

椭圆上任一点 (x,y) 处的法矢量 $N(x,y)$ 为

$$N(x,y) = \frac{\partial F}{\partial x} i + \frac{\partial F}{\partial y} j = 2b^2 x i + 2a^2 y j \tag{3-24}$$

式中，法矢量的 x 方向的分量为 $\boldsymbol{N}_x = 2b^2 x$，法矢量的 y 方向的分量为 $\boldsymbol{N}_y = 2a^2 y$，$i$ 和 j 是沿 x 轴向和沿 y 轴向的标准单位矢。

从曲线上一点的法矢量角度看，在区域 Ⅰ 内，$\boldsymbol{N}_x < \boldsymbol{N}_y$；在临界点处，$\boldsymbol{N}_x = \boldsymbol{N}_y$；在区域 Ⅱ 内，$\boldsymbol{N}_x > \boldsymbol{N}_y$。显然，在临界点处，法矢量分量的大小发生了变化。

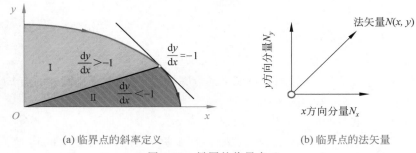

(a) 临界点的斜率定义   (b) 临界点的法矢量

图 3-17　椭圆的临界点 C

从曲线上的斜率角度看,在临界点处,斜率为 -1。区域 I 内,有 $\dfrac{\mathrm{d}y}{\mathrm{d}x} > -1$,即 $\mathrm{d}x > \mathrm{d}y$,所以 x 方向为主位移方向;在临界点处,有 $\mathrm{d}x = \mathrm{d}y$;在区域 II 内,有 $\dfrac{\mathrm{d}y}{\mathrm{d}x} < -1$,即 $\mathrm{d}y > \mathrm{d}x$,所以 y 方向为主位移方向。显然,在临界点处,主位移方向发生了改变。

3. 中点算法原理

在区域 I,x 方向上每次递增一个单位,y 方向上减 1 或减 0 取决于中点误差项的值;在区域 II,y 方向上每次递减一个单位,x 方向上加 1 或加 0 取决于中点误差项的值。

先考虑图 3-18 所示区域 I 的 AC 段椭圆弧。此时中点算法要从起点 $A(0,b)$ 到临界点 $C(a^2/\sqrt{a^2+b^2}, b^2/\sqrt{a^2+b^2})$ 顺时针方向确定最佳逼近于该段椭圆弧的像素点集。由于 x 方向为主位移方向,假定当前点是 $P_i(x_i, y_i)$,下一步将从正右方的像素 $P_u(x_i+1, y_i)$ 和右下方的像素 $P_d(x_i+1, y_i-1)$ 两个候选像素中选取。

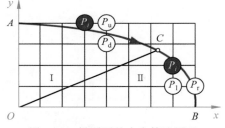

图 3-18　椭圆弧的中点算法原理

再考虑图 3-18 所示区域 II 的 CB 段椭圆弧。此时中点画椭圆算法要从临界点 $C(a^2/\sqrt{a^2+b^2}, b^2/\sqrt{a^2+b^2})$ 到终点 $B(a,0)$ 顺时针确定最佳逼近于该段椭圆弧的像素点集。由于 y 方向为主位移方向,假定当前点是 $P_i(x_i, y_i)$,下一步将从正下方的像素 $P_l(x_i, y_i-1)$ 和右下方的像素 $P_r(x_i+1, y_i-1)$ 两个候选像素中选取。这里,下标"l"代表 left,下标"r"代表 right。

4. 构造区域 I 的中点误差项

从当前点 P_i 出发选取下一像素时,需将 P_u 和 P_d 两个候选像素连线的网格中点 $M(x_i+1, y_i-0.5)$ 代入隐函数方程,构造中点误差项 d

$$d_{1i} = F(x_i+1, y_i-0.5) = b^2(x_i+1)^2 + a^2(y_i-0.5)^2 - a^2b^2 \tag{3-25}$$

当 $d < 0$ 时,M 位于椭圆弧内,下一像素应选取 P_u,即 y 方向上不减 1;当 $d > 0$ 时,M 位于椭圆弧外,下一像素应选取 P_d,即 y 方向上减 1;当 $d = 0$ 时,M 位于椭圆上,像素 P_u 和 P_d 与椭圆弧的距离相等,选取任一个像素均可,约定选取 P_d,如图 3-19 所示。

因此

$$y_{i+1} = \begin{cases} y_i, & d < 0 \\ y_i-1, & d \geqslant 0 \end{cases} \tag{3-26}$$

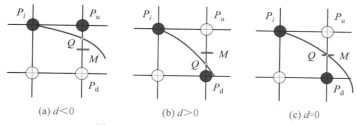

(a) $d<0$ (b) $d>0$ (c) $d=0$

图 3-19   区域 Ⅰ 内像素点的选取

5. 区域 Ⅰ 内中点误差项的递推

图 3-19 中,根据当前点 P_i 选取 P_u 还是 P_d 时,使用了中点误差项 d。为了能够继续选取椭圆弧上的后续像素,需要给出中点误差项 d 的递推公式和初始值。

1) 中点误差项 d 的递推公式

在主位移 x 方向上已递增一个单位的情况下,考虑沿主位移方向再递增一个单位,应该选取哪个中点来计算误差项,以判断下一步要选取的像素,分两种情况讨论。

当 $d<0$ 时,下一步的中点坐标为 $M_u(x_i+2, y_i-0.5)$,如图 3-20(a)所示。中点误差项的递推公式为

$$
\begin{aligned}
d_{1(i+1)} &= F(x_i+2, y_i-0.5) = b^2(x_i+2)^2 + a^2(y_i-0.5)^2 - a^2b^2 \\
&= b^2(x_i+1)^2 + a^2(y_i-0.5)^2 - a^2b^2 + b^2(2x_i+3) \\
&= d_{1i} + b^2(2x_i+3)
\end{aligned}
\tag{3-27}
$$

当 $d \geqslant 0$ 时,下一步的中点坐标为 $M_d(x_i+2, y_i-1.5)$,如图 3-20(b)所示。中点误差项的递推公式为

$$
\begin{aligned}
d_{1(i+1)} &= F(x_i+2, y_i-1.5) = b^2(x_i+2)^2 + a^2(y_i-1.5)^2 - a^2b^2 \\
&= b^2(x_i+1)^2 + a^2(y_i-0.5)^2 - a^2b^2 + b^2(2x_i+3) + a^2(-2y_i+2) \\
&= d_{1i} + b^2(2x_i+3) + a^2(-2y_i+2)
\end{aligned}
\tag{3-28}
$$

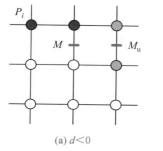 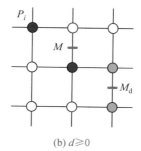

(a) $d<0$ (b) $d \geqslant 0$

图 3-20   区域 Ⅰ 内中点的递推

2) 中点误差项 d 的初始值

在区域 Ⅰ 内,椭圆弧的起点扫描转换后的像素为 $P_0(0, b)$。沿主位移 x 方向递增一个单位,第一个参与判断的中点为 $M(1, b-0.5)$,相应的中点误差项 d 的初始值为

$$
\begin{aligned}
d_{10} &= F(1, b-0.5) = b^2 + a^2(b-0.5)^2 - a^2b^2 \\
&= b^2 + a^2(-b+0.25)
\end{aligned}
\tag{3-29}
$$

6. 构造区域Ⅱ的中点误差项

在区域Ⅱ内,主位移方向发生变化,由 x 方向转变为 y 方向。从区域Ⅰ椭圆弧的终止点 $P_i(x_i, y_i)$ 出发选取下一像素时,需将 $P_1(x_i, y_i-1)$ 和 $P_r(x_i+1, y_i-1)$ 的中点 $M(x_i+0.5, y_i-1)$ 代入隐函数方程,构造中点误差项 d

$$d_{2i} = F(x_i+0.5, y_i-1) = b^2(x_i+0.5)^2 + a^2(y_i-1)^2 - a^2b^2 \tag{3-30}$$

当 $d < 0$ 时,M 位于椭圆弧内,下一像素点应选取 P_r,即 x 方向上加1;当 $d > 0$ 时,M 位于椭圆弧外,下一像素点应选取 P_1,即 x 方向上不加1;当 $d = 0$ 时,M 位于椭圆弧上,P_1、P_r 与椭圆弧的距离相等,选取任一个像素均可,约定选取 P_1,如图3-21所示。

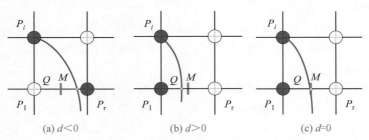

(a) $d < 0$ (b) $d > 0$ (c) $d = 0$

图 3-21 下半部分像素点的选取

因此

$$x_{i+1} = \begin{cases} x_i+1, & d < 0 \\ x_i, & d \geqslant 0 \end{cases} \tag{3-31}$$

7. 区域Ⅱ内中点误差项的递推

根据 P_i 确定下一像素是选取 P_1 还是 P_r 时,使用了中点误差项 d。为了能够继续选取椭圆弧上的后续像素,需要给出中点误差项 d 的递推公式和初始值。

1)中点误差项 d 的递推公式

在主位移 y 方向上已递增一个单位的情况下,考虑沿主位移方向上再递增一个单位,应该选择哪个中点来计算误差项,以判断下一步要选取的像素,分两种情况讨论。

当 $d < 0$ 时,下一步的中点坐标为 $M_r(x_i+1.5, y_i-2)$,如图3-22(a)所示。中点误差项的递推公式为

$$\begin{aligned} d_{2(i+1)} &= F(x_i+1.5, y_i-2) = b^2(x_i+1.5)^2 + a^2(y_i-2)^2 - a^2b^2 \\ &= b^2(x_i+0.5)^2 + a^2(y_i-1)^2 - a^2b^2 + b^2(2x_i+2) + a^2(-2y_i+3) \\ &= d_{2i} + b^2(2x_i+2) + a^2(-2y_i+3) \end{aligned} \tag{3-32}$$

当 $d \geqslant 0$ 时,下一步的中点坐标为 $M_1(x_i+0.5, y_i-2)$,如图3-22(b)所示。中点误差项的递推公式为

$$\begin{aligned} d_{2(i+1)} &= F(x_i+0.5, y_i-2) = b^2(x_i+0.5)^2 + a^2(y_i-2)^2 - a^2b^2 \\ &= b^2(x_i+0.5)^2 + a^2(y_i-1)^2 - a^2b^2 + a^2(-2y_i+3) \\ &= d_{2i} + a^2(-2y_i+3) \end{aligned} \tag{3-33}$$

2)中点误差项 d 的初始值

假定图3-23中 $P_i(x_i, y_i)$ 点为区域Ⅰ内椭圆弧上的最后一个像素,$M_{\mathrm{I}}(x_i+1, y_i-0.5)$ 是 P_u 和 P_d 像素的中点。满足 x 方向分量小于 y 方向分量

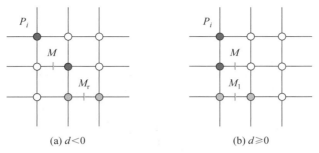

(a) $d<0$ (b) $d\geq0$

图 3-22 区域 II 内中点的递推

$$b^2(x_i+1)<a^2(y_i-0.5) \tag{3-34}$$

而在下一个中点处，不等号改变方向，则说明椭圆弧处于临界点。在区域 II 内，中点转换为 $M_{\mathrm{II}}(x_i+0.5,y_i-1)$，用于判断选取 P_1 和 P_r 像素，所以区域 II 内椭圆弧中点误差项 d 的初始值为

$$d_{20}=b^2(x+0.5)^2+a^2(y-1)^2-a^2b^2 \tag{3-35}$$

基于中点画椭圆算法对 $a=30,b=20$ 的椭圆扫描转换，效果如图 3-24 所示。

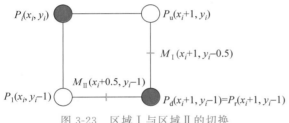

图 3-23 区域 I 与区域 II 的切换

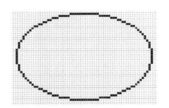

图 3-24 中点画椭圆算法效果图

3.4 反走样技术

3.4.1 反走样现象

扫描转换算法在处理非水平、非垂直且非 45°的直线时会出现锯齿边界，如图 3-25 所示。这是由于光栅扫描显示器上显示的图像是由一系列亮度相同而面积不为零的离散像素构成。这种由离散量表示连续量而引起的失真称为走样(aliasing)。用于减轻走样现象的技术称为反走样(anti-aliasing，AA)，游戏中也称为抗锯齿。走样是连续图形离散为图像后引起的失真，是数字化的必然产物。走样现象只能减轻，不能消除。

图 3-25 锯齿形边界

理想直线扫描转换后得到一组距离直线最近的黑色像素点集。每当前一列选取的像素和后一列所选的像素位于不同行时，在显示器上就会出现一个锯齿，发生了走样，如图 3-26 所示。显然，只有绘制水平线、垂直线和 45°斜线时，才不会发生走样。

Windows 的附件"画图"软件绘制直线时没有进行反走样处理，如图 3-27 所示。Microsoft Word 软件绘制直线时使用了反走样技术，如图 3-28 所示。可以看出，Word 软件使用了两行像素来绘制斜线,并且相邻像素的亮度等级发生了变化,而"画图"软件只使用一行像素来绘制斜线,并且像素的亮度等级保持不变。

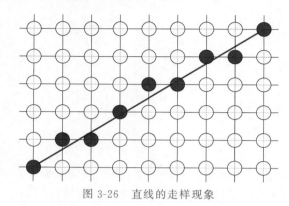

图 3-26　直线的走样现象

图 3-27　"画图"软件绘制的斜线

图 3-28　Word 中绘制的斜线

3.4.2　反走样技术分类

反走样技术可以分为硬件反走样和软件反走样。从硬件角度把显示器的分辨率提高了一倍,由于每个锯齿在 x 方向和 y 方向只有原分辨率的一半,所以走样现象有所减弱。尽管如此,硬件反走样技术依然受到制造工艺与生产成本的限制,不可能将分辨率做得很高,很难达到理想的反走样效果。通常讲的反走样技术主要指软件反走样。

软件反走样的实质是利用人眼视觉特性,调节多个像素的亮度等级以产生模糊的边界,从而达到较好地消除"锯齿"的视觉效果。加权参数可以选择距离、面积[11]和体积[12]等。

3.5　Wu 反走样算法

Wu Xiaolin 于 1991 年提出了一种使用较广泛的反走样算法,称为 Wu 算法[13],该算法属于距离加权反走样算法范畴。

3.5.1　算法原理

Wu 反走样算法是采用空间混色原理来对走样现象进行修正。空间混色原理指出,人眼对某一区域颜色的识别是取这个区域颜色的平均值。图 3-29 所示的理想直线与每一列的交点,光栅化后可用与交点距离最近的上下两个像素共同显示,但分别设置为不同的亮度。假定背景色为白色,直线的颜色为黑色。若像素距离交点越近,该像素的颜色就越接近直线的颜色,其亮度就越小;若像素距离交点越远,该像素的颜色就越接近背景色,其亮度就越大,但上下像素的亮度之和应等于 1。

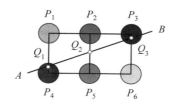

P_1与Q_1的距离为0.8像素，亮度为80%　　P_2与Q_2的距离为0.45像素，亮度为45%　　P_3与Q_3的距离为0.1像素，亮度为10%

P_4与Q_1的距离为0.2像素，亮度为20%　　P_5与Q_2的距离为0.55像素，亮度为55%　　P_6与Q_3的距离为0.9像素，亮度为90%

图 3-29　Wu 反走样算法示意图

对于每一列而言,可以将下方像素 P_d 与交点 Q 之间的距离 e 作为加权参数,对上下像素的亮度等级进行调节。由于上下像素的间距为 1 个单位,容易知道,上方的像素 P_u 与交点的距离为 $1-e$。例如,像素 P_1 距离 Q_1 点 0.8 个像素远,该像素的亮度等级为 80%;像素 P_4 距离 Q_1 点 0.2 像素,该像素的亮度等级为 20%。同理,像素 P_2 距离 Q_2 点 0.45 像素,该像素的亮度等级为 45%;像素 P_5 距离 Q_2 点 0.55 像素,该像素的亮度等级为 55%;像素 P_3 距离 Q_3 点 0.1 像素,该像素的亮度等级为 10%;像素 P_6 距离 Q_3 点 0.9 像素,该像素的亮度等级为 90%。

Wu 算法是用两个相邻像素共同显示来表示理想直线上的一个点,并依据每个像素到理想直线的距离调节其亮度,使所绘制的直线达到视觉上消除锯齿的效果。实际应用中,两个像素宽度的直线反走样效果较好,视觉效果上直线的宽度也会有所减小,看起来好像是一个像素宽度的直线。

3.5.2　构造距离误差项

设理想直线上的当前像素为 $P_i(x_i,y_i)$,沿主位移 x 方向上递增一个单位,下一像素只能从 $P_d(x_i+1,y_i)$ 和 $P_u(x_i+1,y_i+1)$ 两个候选像素中选取。理想直线与 P_d 和 P_u 像素中心连线的网格交点为 $Q(x_i+1,e)$,e 为 Q 点到像素 P_d 的距离,如图 3-30 所示。设像素 $P_d(x_i+1,y_i)$ 的亮度为 e。由于像素 $P_u(x_i+1,y_i+1)$ 到 Q 点的距离为 $1-e$,则像素 P_u 的亮度为 $1-e$。

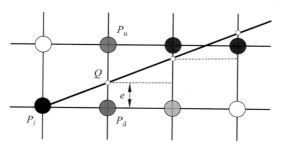

图 3-30　Wu 反走样算法原理

3.5.3　Wu 反走样算法

沿着主位移方向递增一个像素单位时,在直线与垂直网格线交点的上下方,同时绘制两个像素来表示交点处理想直线的颜色,但两个像素的亮度等级不同。距离交点远的像素亮度值大,接近背景色(白色);距离交点近的像素亮度值小,接近直线的颜色(黑色)。编程的关键在于递推计算误差项。e 的初值为 0。主位移方向上每递增一个单位,即 $x_{i+1}=x_i+1$ 时,有 $e_{i+1}=e_i+k$。当 $e \geqslant 1.0$ 时,相当于 y 方向上走了一步,即 $y_{i+1}=y_i+1$,此时需将 e 减 1,即 $e_{i+1}=e_i-1$。

3.5.4　彩色直线的反走样算法

反走样算法与背景色相关,直线的边界趋向背景色。设直线的颜色(foreground color,前景色)为 $c_f(r_f, g_f, b_f)$,窗口客户区的颜色(background color,背景色)为 $c_b(r_b, g_b, b_b)$。取 e 为 Q 到 P_d 的距离,则下方像素 P_d 的亮度等级为 $c_d=(c_b-c_f) \times e+c_f$,上方像素 P_u 亮度等级为 $c_u=(c_b-c_f) \times (1-e)+c_f$。从图 3-31 可以看出,在黑色和白色两种不同的背景色下,直线反走样都能得到了正确的效果。

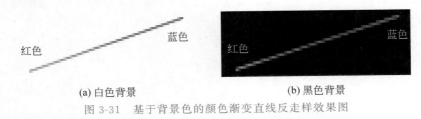

(a) 白色背景　　　　　　　　　　　(b) 黑色背景

图 3-31　基于背景色的颜色渐变直线反走样效果图

3.6　本章小结

本章从像素级角度讲解了基本图元的扫描转换算法,重点讲解了中点算法,并将中点算法从直线拓展到光栅化圆和椭圆。Wu 反走样算法使用了基于浮点数的距离加权算法,有效地平滑了直线的锯齿效果。

习　题　3

1. 计算起点坐标为 $(0,0)$,终点坐标 $(12,9)$ 直线段的中点算法的每一步坐标值以及中点误差项 d 的值,填入表 3-1 中,并用黑色点亮图 3-32 中的直线像素。

表 3-1　x,y 和 d 的值

x	y	d	x	y	d
0			7		
1			8		
2			9		
3			10		
4			11		
5			12		
6					

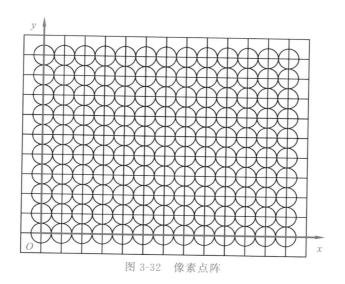

图 3-32　像素点阵

2. 使用 DDA 算法绘制任意斜率的直线,需要考虑斜率 k 的两种情况。当 $|k| \leqslant 1$ 时,x 方向为主位移方向。有

$$\begin{cases} x_{i+1} = x_i + 1 \\ y_{i+1} = y_i + k \end{cases}$$

当 $|k| > 1$ 时,y 方向为主位移方向。有

$$\begin{cases} x_{i+1} = x_i + \dfrac{1}{k} \\ y_{i+1} = y_i + 1 \end{cases}$$

试编程实现绘制任意斜率直线的通用 DDA 算法。

3. 将中点算法推广到为通用直线算法。试以屏幕中心为二维坐标系原点,使用鼠标绘制任意斜率的直线。要求编制 CLine 类,成员函数为 MoveTo( ) 和 LineTo( ),对边界像素的处理原则是"起点闭区间、终点开区间",即要求所绘直线达到 CDC 类的 MoveTo( ) 和 LineTo( ) 函数的效果。

4. 基于 Wu 算法设计通用的反走样直线算法。以屏幕中心为二维坐标系原点,使用鼠标绘制任意斜率的反走样直线。

5. 在屏幕上绘制 40×30 的网格(模拟屏幕宽高比为 4∶3),每个网格为边长为 20 个像素的正方形。设定虚拟网格坐标系的原点为左上角第一个网格中点,虚拟网格坐标系的 x 轴水平向右,y 轴垂直向下。请参考直线中点算法,填充每个代表像素的网格正方形来实现 $0 \leqslant k \leqslant 1$ 的直线像素级绘制。屏幕网格如图 3-33 所示,绘制效果如图 3-34 所示。

6. 使用对话框输入直线的起点坐标和终点坐标,以屏幕中心为二维坐标系原点,给定直线的起点颜色(如红色),终点颜色(如蓝色)。请使用中点算法绘制任意斜率的颜色渐变直线,如图 3-35 所示。

7. 图 3-36(a)和(b)的左侧为指针走样的时钟,右侧为指针反走样的时钟。时针、分针和秒针的颜色从红、绿、蓝过渡到黄色。试对指针进行反走样处理,分别绘制白色表盘反走样时钟,如图 3-36(a)所示;绘制黑色表盘的反走样时钟,效果如图 3-36(b)所示。

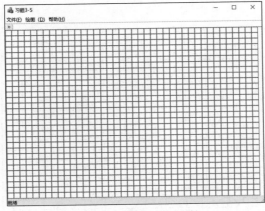

图 3-33　屏幕网格划分

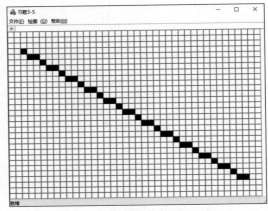

图 3-34　直线的像素级绘制效果图

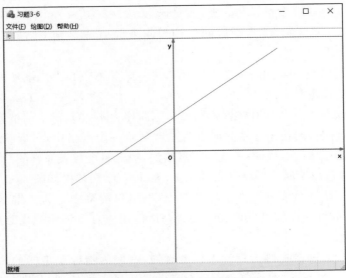

图 3-35　颜色渐变直线效果图

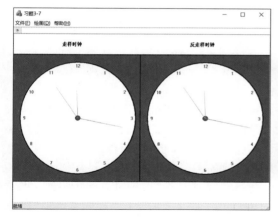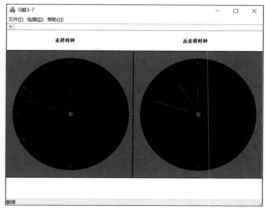

(a) 白色表盘黑色指针的反走样时钟   (b) 黑色表盘白色指针的反走样时钟

图 3-36   基于背景色的指针走样与反走样时钟

第4章 多边形填充

在第3章中,讲解了直线段扫描转换的中点算法。多段直线彼此连接并且闭合就构成了多边形。多面体的每个表面就是一个多边形,曲面体的连续表面一般被离散为三角形小面或四边形小面。每个表面(小面)均需要按照顶点颜色进行着色,而顶点颜色可以直接指定也可以是材质、纹理、光照等条件交互作用的结果。解决了多边形的填充问题就解决了物体的表面着色问题。多边形的边界线可根据需要选择绘制或者不绘制,如图4-1所示。真实感图形的绘制中,一般不绘制多边形的边界线。本章基于图4-2所示的"示例多边形"讲解多边形填充算法。

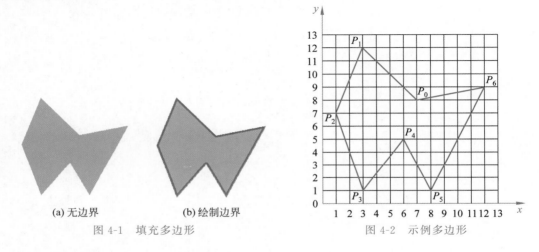

(a) 无边界　　　(b) 绘制边界

图 4-1　填充多边形

图 4-2　示例多边形

4.1　多边形的扫描转换

多边形的扫描转换就是对多边形内部进行填充,主要用于绘制物体的表面模型。多边形内部一般可以使用平面着色模式或光滑着色模式进行填充。无论使用哪种着色模式,都意味着要使用指定颜色为多边形边界内的每一个像素着色。

4.1.1　多边形的定义

多边形是由折线段组成的封闭图形。它由有序顶点的点集 $P_i(i=0,1,\cdots,n-1)$ 及有向边的线集 $E_i(i=0,1,\cdots,n-1)$ 定义,n 为多边形的顶点数或边数,且 $E_i=P_iP_{i+1}(i=0,1,\cdots,n-1)$。这里 $P_n=P_0$,用以保证了多边形的封闭性。多边形可以分为凸多边形、凹多边形以及环,如图4-3所示。

1. 凸多边形

多边形上任意两顶点间的连线都在多边形之内,凸点对应的内角小于 $180°$,只具有凸点的多边形称为凸多边形。

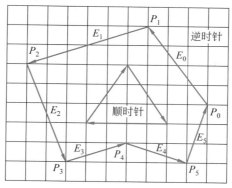

图 4-3　多边形的定义

2. 凹多边形

多边形上任意两顶点间的连线有不在多边形内部的部分,凹点对应的内角大于 $180°$,至少有一个凹点的多边形称为凹多边形。

3. 环

多边形内包含有另外的多边形。如果规定每条有向边的左侧为其内部区域。则当观察者沿着边界行走时,内部区域总在其左侧,也就是说多边形外轮廓线的环行方向为逆时针,内轮廓线的环行方向为顺时针。这种定义了环行方向的多边形称为环。

4.1.2　多边形的表示

在计算机图形学中,多边形有两种表示方法:顶点表示法与点阵表示法。

1. 顶点表示法

多边形的顶点表示法是用多边形的顶点序列来描述。特点是直观、占用内存少,易于进行几何变换,但由于没有明确指出哪些像素在多边形内,所以不能直接进行填充,需要对多边形进行扫描转换,顶点表示法如图 4-4 所示。

2. 点阵表示法

多边形的点阵表示法是用多边形覆盖的像素点集来描述。这种表示方法虽然失去了顶点、边界等许多重要的几何信息,但便于确定多边形内部每个像素点的颜色,是填充多边形所需要的表示形式,如图 4-5 所示。

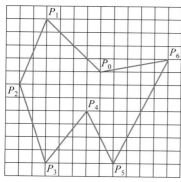

图 4-4　多边形的顶点表示法

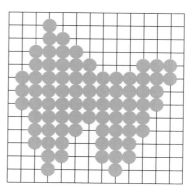

图 4-5　多边形的点阵表示法

3. 多边形的扫描转换

将多边形的描述从顶点表示法变换到点阵表示法的过程,称为多边形的扫描转换。即从多边形的顶点信息出发,求出位于多边形内部及其边界上的各个像素点信息。

4.1.3　多边形着色模式

多边形可以使用平面着色模式(flat shading mode)或光滑着色模式(smooth shading mode)填充。平面着色是指使用多边形第一个顶点的颜色填充,多边形内部具有单一颜色。光滑着色是指多边形的填充颜色是由 3 个顶点的颜色进行线性插值得到。假定三角形 3 个顶点的颜色分别为红色、绿色和蓝色。图 4-6 所示为三角形的平面着色,三角形填充为三角形第一个顶点的颜色红色。图 4-7 所示为三角形的光滑着色,三角形上任意一点的颜色为 3 个顶点颜色的光滑过渡。图 4-8 所示的图形是采用平面着色模式填充的不同灰度的矩形块,被称为马赫带(Mach band)。观察明暗变化的边界,可以看出边界处亮度对比加强,使得边界表现得非常明显,称为马赫带效应。马赫带效应不是一种物理现象,而是一种心理现象,夸大了平面着色的渲染效果,使得人眼感知到的亮度变化比实际的亮度变化要大,如图 4-9 所示。

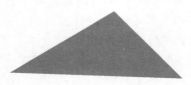

图 4-6　三角形的平面着色

图 4-7　三角形的光滑着色

图 4-8　马赫带

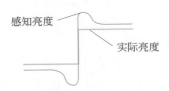

感知亮度

实际亮度

图 4-9　边界位置的实际亮度与感知亮度

4.1.4　多边形填充算法

这里的多边形是用顶点法表示的多边形。多边形的填充是指从多边形的顶点信息出发,求出其覆盖的每个像素点,取为填充色,而将多边形外部的像素点保留为背景色。多边形填充的主要工作是确定穿越多边形扫描线的覆盖区间,然后将其着色。首先确定多边形覆盖的扫描线条数($y_{min} \sim y_{max}$),对每一条扫描线,计算扫描线与多边形边界的交点区间($x_{min} \sim x_{max}$),然后再将该区间内的像素赋予指定的颜色。在扫描线从多边形顶点的最小值 y_{min} 向多边形顶点的最大值 y_{max} 的移动过程中,重复上述工作,就可以完成多边形的填充任务。

4.1.5　区域填充算法

区域是指一组相邻而又具有相同属性的像素,可以理解为图形的内部。区域一般由封闭边界定义。区域的边界色和填充色不一致,区域一般采用种子算法进行填充。种子填充算法是从区域内给定的种子位置开始,按填充颜色填充种子的相邻像素直到颜色不同的边界像素为止。种子填充算法主要有 4 邻接点算法和 8 邻接点算法。

4.2　有效边表填充算法

4.2.1　填充原理

多边形的有效边表填充算法的基本原理是按照扫描线从小到大的移动顺序,计算当前扫描线与多边形各边的交点,然后把这些交点按 x 值递增的顺序进行排序、配对,以确定填充区间,然后用指定颜色填充区间内的每个像素,即完成填充工作。有效边表填充算法通过访问多边形覆盖区间内的每个像素,可以填充凸多边形、凹多边形和环,已成为目前最为有效的多边形填充算法。

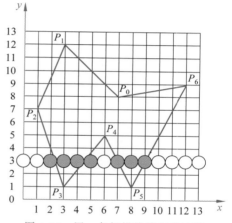

图 4-10　用一条扫描线填充多边形

在图 4-10 中,多边形覆盖了 12 条扫描线。扫描线 $y=3$ 与多边形有 4 个交点,分别为 (2.3,3)、(4.5,3)、(7,3) 和 (9,3)。对交点进行圆整处理后的结果为 (2,3)、(5,3)、(7,3) 和 (9,3)。按 x 值递增的顺序对交点进行排序、配对后的填充区间为 [2,5] 和 [7,9],共有 7 个像素点需要着色。

4.2.2　边界像素的处理原则

在实际填充过程中,需要考虑共享边界像素的影响问题。图 4-11 中正方形 $P_0P_1P_2P_3$ 被等分为 4 个小正方形。假定小正方形 $P_0P_5P_8P_6$ 被填充为绿色,$P_5P_1P_7P_8$ 被填充为黄色,$P_8P_7P_2P_4$ 被填充为绿色,$P_6P_8P_4P_3$ 被填充为黄色。4 个小正方形的公共边为 P_6P_8、P_8P_7、P_8P_4 和 P_5P_8。考虑到公共边 P_6P_8 既是正方形 $P_0P_5P_8P_6$ 的上边界,又是正方形 $P_6P_8P_4P_3$ 的下边界;考虑到 P_5P_8 既是正方形 $P_0P_5P_8P_6$ 的右边界,又是正方形 $P_5P_1P_7P_8$ 的左边界,那么 P_6P_8 和 P_5P_8 应该填充为绿色还是黄色?同理,P_8P_7 和 P_8P_4 应该填充为哪一个小正方形的颜色呢?对于相邻多边形的公共边,如果不做处理,可能公共边上的像素先设置为一个多边形的颜色,然后又设置为另一个多边形的颜色,一条边界绘制两次会导致混乱的视觉效果。

在实际应用中,有时也需要考虑到像素面积大小的影响问题。对左下角为 (1,1),右上角为 (3,3) 的正方形进行填充时,若边界上的所有像素全部填充,就得到图 4-12 所示的结果。所填像素覆盖的面积为 3×3 个单位,而正方形的面积实际只有 2×2 个单位。

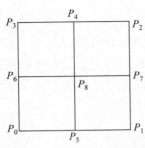

图 4-11　边界像素的问题

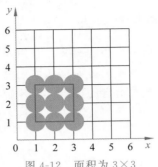

图 4-12　面积为 3×3

为了解决这些问题,在多边形填充过程中,常采用"下闭上开"和"左闭右开"的原则对边界像素进行处理。图 4-11 的填充结果如图 4-13 所示,每个小正方形的右边界像素和上边界像素都没有填充,即 P_6P_8 和 P_5P_8 填充为黄色,P_8P_7 和 P_8P_4 填充为绿色。图 4-12 的填充结果如图 4-14 所示,没有填充上面一行像素和右面一列像素,保证正方形的面积是 2×2 个单位。

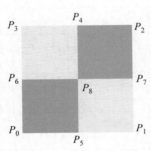

图 4-13　边界像素的处理

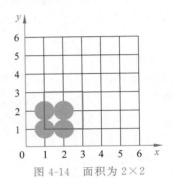

图 4-14　面积为 2×2

图 4-2 中的顶点可以分为 3 类。局部最高点 P_1、P_6 和 P_4,共享顶点的两条边落在扫描线的下方;普通连接点 P_2,共享顶点的两条边分别落在扫描线两侧;局部最低点 P_0、P_3 和 P_5,共享顶点的两条边落在扫描线的上方。常根据共享顶点的两条边的另一端的 y 值大于扫描线 y 值的个数来将这 3 类顶点个数分别取为 0、1 和 2。事实上,有效边表算法能自动处理这 3 类顶点。

1. 普通连接点的处理原则

图 4-2 中 P_2 点是 P_3P_2 边的终点,同时也是 P_2P_1 边的起点,属于普通连接点的顶点个数计数为 1。按照"下闭上开"的原则,P_2 点作为 P_3P_2 边的终点不填充,但作为 P_2P_1 边的起点被填充。

2. 局部最低点的处理原则

P_0 点、P_3 点和 P_5 点是局部最低点,如果处理不当,扫描线 $y=1$ 会填充区间[3,8],结果填充了 P_3 点和 P_5 点之间的像素,如图 4-15 所示。将局部最低点的顶点个数计数为 2。$y=1$ 的扫描线填充时,共享顶点 P_3 的 P_3P_2 边与 P_3P_4 边加入有效边表,所以 P_3 点被填充两次,同理,P_5 点

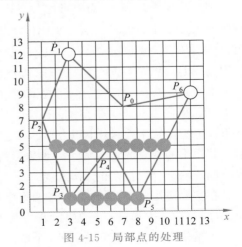

图 4-15　局部点的处理

也被填充两次。

3. 局部最高点的处理原则

局部最高点的顶点个数计数为 0，扫描线会自动填充 P_4 点，根据"下闭上开"原则会自动放弃 P_1 点、P_4 点和 P_6 点。P_1 点与 P_6 点将不再填充，P_4 点被扫描线 $y=5$ 填充，如图 4-15 所示。

4.2.3 有效边和有效边表

1. 有效边

多边形内与当前扫描线相交的边称为有效边（active edge，AE）。在处理一条扫描线时仅对有效边进行求交运算，可以避免与多边形的所有边求交，提高了算法效率。有效边交点之间具有相关性，如果知道当前扫描线与有效边的交点坐标，很容易使用增量法计算出来下一条扫描线与有效边的交点坐标。交点的 y 坐标就是扫描线，执行的是加 1 操作，交点的 x 坐标可以按如下方法推导。

设有效边的斜率为 k。假定有效边与当前扫描线 y_i 的交点为 (x_i, y_i)，则有效边与下一条扫描线 y_{i+1} 的交点为 (x_{i+1}, y_{i+1})，其中 $x_{i+1} = x_i + \dfrac{1}{k} = x_i + \dfrac{\Delta x}{\Delta y}$，$y_{i+1} = y_i + 1$，如图 4-16 所示。这说明随着扫描线的移动，扫描线与有效边交点的 x 坐标从边的起点坐标开始可以按增量 $1/k$ 计算出来。

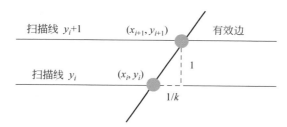

图 4-16　有效边交点之间的相关性

2. 有效边表

将有效边按照与扫描线交点的 x 坐标递增的顺序存放在一个链表中，称为有效边表（active edge table，AET）。有效边表的结点如图 4-17 所示。

x	y_{max}	$1/k$	next

图 4-17　有效边表结点

图 4-17 中，x 是当前扫描线与有效边的交点；y_{max} 是边所在的扫描线最大值，用于判断该边何时扫描完毕后被抛弃而成为无效边。

对于图 4-2 所示的多边形，顶点表示法为 $P_0(7,8)$、$P_1(3,12)$、$P_2(1,7)$、$P_3(3,1)$、$P_4(6,5)$、$P_5(8,1)$ 和 $P_6(12,9)$。扫描线的最大值为 $y_{min}=12$，最小值为 $y_{min}=1$。共有 12 条扫描线，扫描线之间间隔 1 个像素单位。每条扫描线的有效边表如图 4-18～图 4-22 所示。

扫描线 $y=1\sim y=3$ 的有效边表如图 4-18 所示。

$y=4$ 的扫描线处理完毕后对于 P_3P_4 和 P_4P_5 两条边，因为下一条扫描线 $y=5$ 与 y_{max} 相等，根据"下闭上开"的原则予以删除，如图 4-19 所示。

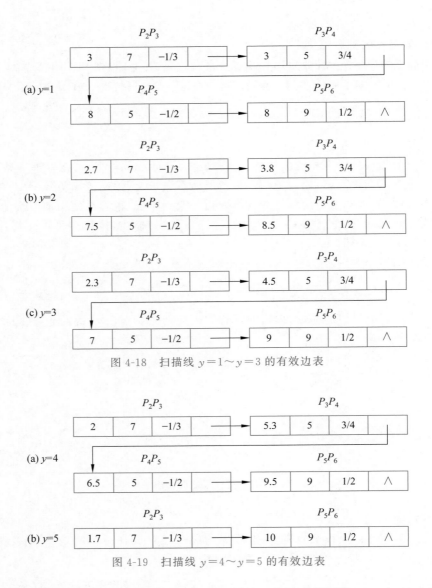

图 4-18　扫描线 $y=1 \sim y=3$ 的有效边表

图 4-19　扫描线 $y=4 \sim y=5$ 的有效边表

$y=6$ 的扫描线处理完毕后，对于 P_2P_3 边，因为下一条扫描线 $y=7$ 与 y_{max} 相等，根据"下闭上开"的原则予以删除。当 $y=7$ 时，添加上新边 P_1P_2，如图 4-20 所示。

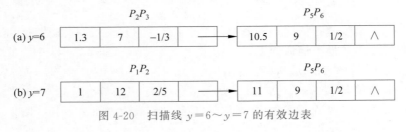

图 4-20　扫描线 $y=6 \sim y=7$ 的有效边表

当 $y=8$ 时，添加上新边 P_0P_1 和 P_0P_6，如图 4-21 所示。这条扫描线处理完毕后，对于 P_5P_6 边和 P_0P_6 边，因为下一条扫描线 $y=9$ 与 y_{max} 相等，根据"下闭上开"的原则予以删除，如图 4-22 所示。

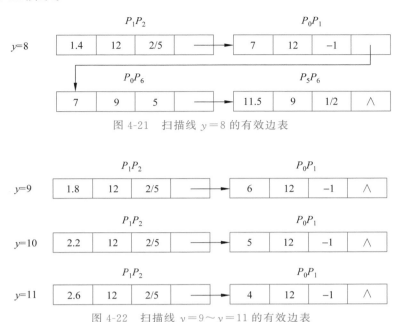

图 4-21　扫描线 $y=8$ 的有效边表

图 4-22　扫描线 $y=9 \sim y=11$ 的有效边表

$y=11$ 的扫描线处理完毕后对于 P_1P_2 边和 P_0P_1 边，因为下一条扫描线 $y=12$ 与 y_{max} 相等，根据“下闭上开”的原则予以删除。至此，示例多边形的有效边表已经全部给出。

4.2.4　桶表与边表

从有效边表的建立过程可以看出，有效边表给出了扫描线与有效边交点坐标的增量计算方法，但并没有给出新边出现的位置坐标。为了确定新边从哪条扫描线上开始插入，就需要构造一个边表(edge table，ET)，用以存放多边形各条边出现在扫描线上的信息。因为水平边的 $1/k$ 趋于∞，并且水平边本身就是一条扫描线，在建立边表时可以不予考虑。

1. 桶表与边表的表示法

(1) 桶表是按照扫描线顺序管理边出现情况的一个数据结构。首先，构造一个纵向扫描线链表，链表的长度为多边形所覆盖的最大扫描线数，链表的每个结点称为桶(bucket)，对应多边形覆盖的每一条扫描线。

(2) 将每条边的信息链到与该边最小 y 坐标(y_{min})相对应的桶结点。也就是说，若某边的较低端点为 y_{min}，则该边就存放到相应扫描线的桶中。

(3) 对于一条扫描线，如果新增多条边，则按 $x|y_{min}$ 坐标递增的顺序存放在一个链表中，若 $x|y_{min}$ 相等，则按照 $1/k$ 由小到大排序，这样就形成边表，如图 4-23 所示。

$x\|y_{min}$	y_{max}	$1/k$	next

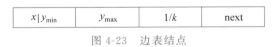

图 4-23　边表结点

图 4-23 中，x 为新增边低端的 $x|y_{min}$ 值，用于确定边表在桶中出现的顺序；y_{max} 是该边所在的最大扫描线，用于判断该边何时成为无效边。$1/k$ 是边在 x 方向的变化量与 y 方向

的变化量的比值,即 $\Delta x / \Delta y$。对照图 4-16 可以看出,边表是有效边表的特例,即该边最小 y 坐标处的有效边表。有效边表和边表可以使用同一个类来表示。

2. 桶表与边表示例

对于图 4-2 的示例多边形,给出桶表与边表结构,如图 4-24 所示。

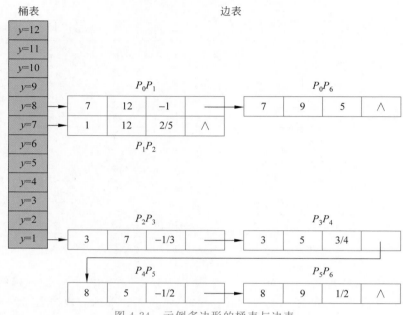

图 4-24 示例多边形的桶表与边表

4.3 边缘填充算法

4.3.1 填充原理

边缘填充算法是先求出多边形的每条边与扫描线的交点,然后将交点右侧的所有像素颜色全部取为补色。按任意顺序处理完多边形的所有边后,就完成了多边形的填充任务。边缘填充算法利用了图像处理中的求"补"的概念,对于黑白图像,求补就是把颜色为 $RGB(255,255,255)$(白色)的像素置为 $RGB(0,0,0)$(黑色),反之亦然;对于彩色图像,求补就是将背景色置为填充色,反之亦然。求补的一条基本性质是一个像素求补两次就恢复为原色。如果多边形内部的像素被求补偶数次,将保持为填充色;如果被求补奇数次,显示为背景色。

4.3.2 填充过程

假定边的访问顺序为 E_0、E_1、E_2、E_3、E_4、E_5 和 E_6,如图 4-25 所示。示例多边形的填充过程如图 4-26 所示。

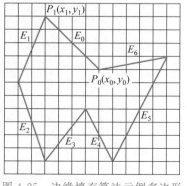

图 4-25 边缘填充算法示例多边形

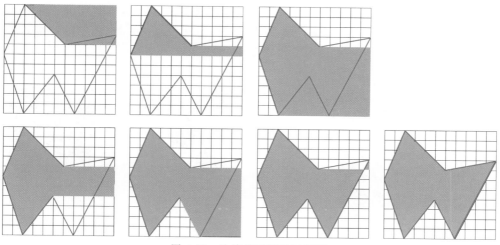

图 4-26　边缘填充算法示意图

对于 E_0 边,起点为 $P_0(x_0,y_0)$,终点为 $P_1(x_1,y_1)$。该边扫描线的最小值为 $y_{min}=y_0$,最大值为 $y_{max}=y_1$,斜率为 $k=\dfrac{\Delta y}{\Delta x}$。假定边上当前扫描线的坐标为 x_i,则边上下一条扫描线的坐标为 $x_{i+1}=x_i+1/k$。在扫描线沿着该边从 y_0 移动到 y_1 的过程中,将该边右侧边界内的所有像素的颜色全部取补,即如果右侧像素的颜色为填充色,则置为背景色,反之亦然。

边缘填充算法的效率受到交点右侧像素的数量影响,右侧像素越多,需要取补的像素也就越多。为了提高填充效率,可以在图 4-27 所示多边形的包围盒内进行像素取补,或者如图 4-28 所示,在多边形内再添加一条栅栏,为了方便,栅栏位置通常取多边形顶点之一。处理每条边与扫描线的交点时,只将交点与栅栏之间的像素取补。若交点位于栅栏左侧,将交点之右,栅栏之左的所有像素取补;若交点位于栅栏右侧,将栅栏之右,交点之左的所有像素取补。

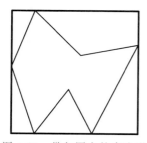

图 4-27　带包围盒的多边形

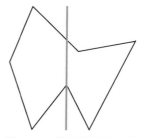

图 4-28　带栅栏的多边形

4.4　区域填充算法

4.4.1　填充原理

对于用点阵方法表示的区域,如果其内部像素具有同一种颜色,而边界像素具有另一种颜色,如图 4-29 所示,可以使用种子算法进行填充。种子填充算法是从区域内任意一个种子像素位置开始,由内向外将种子像素的颜色扩散到整个区域内的填充过程。种子填充算法基于连通域内像素的连贯性,以递归方式确定区域内部点与边界点,而不涉及区域外部的点,从而有效地提高了算法的效率。

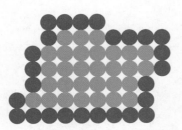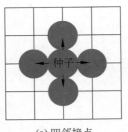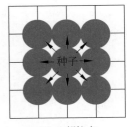

(a) 四邻接点   (b) 八邻接点

图 4-29   区域内部表示与边界表示   图 4-30   邻接点定义

4.4.2   四邻接点与八邻接点

1. 四邻接点定义

对于区域内部任意一个种子像素,其左、上、右、下这 4 个像素称为四邻接点,如图 4-30(a)所示。

2. 八邻接点定义

对于区域内部任意一个种子像素,其左、上、右、下以及左上、右上、右下、左下这 8 个像素称为八邻接点,如图 4-30(b)所示。

从定义可以看出采用八邻接点算法比四邻接点算法可以填充更为复杂的区域。

4.4.3   四连通域与八连通域

种子填充算法要求区域内部必须是连通的,因为只有在连通区域中,才能将种子像素的颜色扩展到区域内部的其他像素点,一般将区域划分为四连通域与八连通域两种。

1. 四连通域定义

从区域内部任意一个种子像素点出发,通过访问其左、上、右、下这 4 个邻接点可以遍历区域内的所有像素点,该区域称为四连通域,如图 4-31 和图 4-32 所示。其中图 4-31 的四连通域具有四连通约束边界,图 4-32 的四连通域具有八连通约束边界。对于四连通域,其边界既可以使用四连通约束边界也可以使用八连通约束边界。

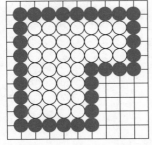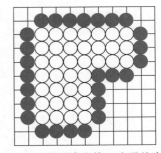

图 4-31   四连通域及其四连通约束边界   图 4-32   四连通域及其八连通约束边界

2. 八连通域定义

从区域内部任意一个种子像素点出发,通过访问其左、左上、上、右上、右、右下、下、左下这 8 个邻接点可以遍历区域内的所有像素,该区域称为八连通域,如图 4-33 和图 4-34 所示。其中图 4-33 的八连通域具有四连通约束边界,图 4-34 的八连通域具有八连通约束边界。对于八连通域,其边界必须使用四连通约束边界,而不能使用八连通约束边界。

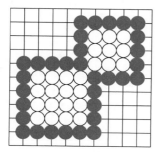

图 4-33　八连通域及其四连通约束边界

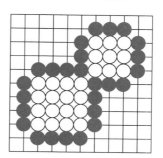

图 4-34　八连通域及其八连通约束边界

对于图 4-34 所示的八连通域,假定种子像素位于多边形区域的左下部区域内,则四邻接点算法只能填充其左下部区域,而不能进入其右上部区域,如图 4-35 所示。八邻接点算法则可以从其左下部区域进入右上部区域,最终填充完整个多边形区域,如图 4-36 所示。

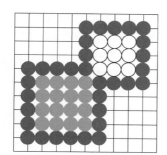

图 4-35　四邻接点种子算法填充八连通域

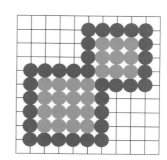

图 4-36　八邻接点种子算法填充八连通域

4.4.4　种子填充算法

1. 算法定义

从种子像素点开始,使用四邻接点方式搜索下一像素点的填充算法称为四邻接点种子填充算法。

从种子像素点开始,使用八邻接点方式搜索下一像素点的填充算法称为八邻接点种子填充算法。

四邻接点种子填充算法的缺点是不能通过狭窄区域,即不能填充八连通域。八邻接点种子填充算法既可以填充四连通域,也可以填充八连通域。八邻接点种子填充算法的设计与四邻接点种子填充算法基本相似,只要把搜索方式由四邻接点修改为八邻接点即可。

2. 算法原理

种子填充算法一般要求区域边界色与内部填充色不同,输入参数只有种子坐标位置和种子颜色(填充色)。种子填充算法一般需要使用堆栈数据结构来实现。

算法原理为：先将种子像素入栈,种子像素为栈底像素,如果栈不为空,执行如下3步操作:

(1) 栈顶像素出栈。

(2) 按填充色绘制出栈像素。

(3) 按左、上、右、下(或左、左上、上、右上、右、右下、下、左下)顺序搜索与出栈像素相邻的4(或8)个像素,若该像素的颜色不是边界色并且未置成填充色,则把该像素入栈;否则,丢弃该像素。

3. 扫描线种子填充算法

种子填充算法会把大量的像素压入堆栈,有些像素甚至入栈多次,不但降低了算法的效率,而且占用了大量的存储空间。有效的改进方法是使用扫描线种子填充算法。

算法原理为,先将种子像素入栈,种子像素为栈底像素。如果栈不为空,执行如下3步操作:

(1) 栈顶像素出栈。

(2) 沿扫描线对出栈像素的左右像素进行搜索,直到遇到边界像素为止。同时记录并填充该区间,其最左端像素记为 x_l,最右端像素记为 x_r。下标 l 代表 left,r 代表 right。

(3) 在区间 $[x_l, x_r]$ 上,检查与当前扫描线相邻的上下两条扫描线的有关像素是否全为边界色或填充色。若存在非边界色且未填充的像素,则把未填充区间的最右端像素取作种子像素入栈。

扫描线种子填充算法在每一填充区间内,只保留其最右端像素作为种子像素入栈,极大地减小了栈空间,有效地提高了填充速度。对于图 4-37 所示的空心汉字区域,使用扫描线种子填充算法填充时,可以获得比四邻接点或八邻接点种子填充算法快得多的填充速度。空心汉字填充效果如图 4-38 所示。

图 4-37　空心汉字

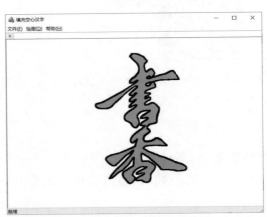

图 4-38　扫描线种子填充算法效果图

4.5　本章小结

本章重点讲解了有效边表填充算法,该算法是后续章节中一直使用的多边形填充算法。由于可以访问多边形内的每一个像素,有效边表填充算法可以使用平面着色模式或光滑着色模式填充物体表面多边形,这成为光照模型的基础着色算法。有效边表表示的是扫描线在一条边上的连贯性,边表表示的是新边在扫描线上的出现的位置。边表是有效边表的特例。区域填充算法主要包括四邻接点种子填充算法与八邻接点种子填充算法,请读者注意区分四连通域和八连通域。由于未考虑像素间的相关性,四邻接点与八邻接点种子填充算法只是孤立地对单个像素进行测试,填充效率不高。有效的改进方法是扫描线种子填充算法。

习　题　4

1. 写出如图 4-39 所示多边形的边表和扫描线 $y=4$ 的有效边表。

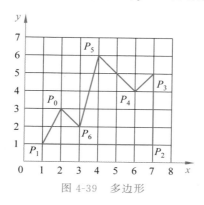

图 4-39　多边形

2. 图 4-40 所示三角形三个顶点的颜色分别为红、绿、蓝。使用有效边表算法填充三角形,效果如图 4-41 所示。

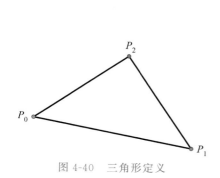

图 4-40　三角形定义

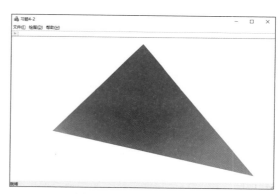

图 4-41　光滑着色三角形

3. 图 4-42 所示为两个三角形组成的四边形,4 个顶点的颜色分别为红、绿、黄、蓝。使用有效边表算法分别填充两个三角形,效果如图 4-43 所示。

4. 图 4-44 所示为四边形,顶点的颜色分别为红、绿、黄、蓝。使用有效边表算法填充四边形,效果如图 4-45 所示。

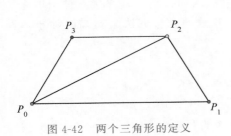

图 4-42 两个三角形的定义

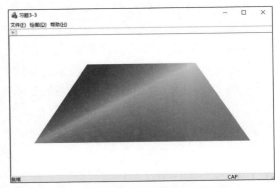

图 4-43 两个三角形拼接四边形

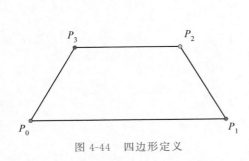

图 4-44 四边形定义

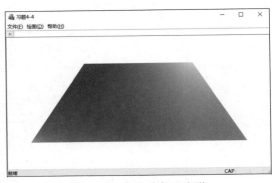

图 4-45 光滑着色四边形

5. 图 4-46 所示正六边形的顶点颜色分别为红、黄、绿、青、蓝、品红。试基于有效边表算法填充光滑着色六边形。一种方案为使用 6 个顶点颜色直接填充,忽略中心的白色点,效果如图 4-47 所示。另一种方案是将六边形划分为 6 个三角形,中心点的颜色为白色。填充 6 个三角形拼接正六边形,效果如图 4-48 所示。

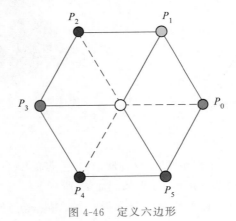

图 4-46 定义六边形

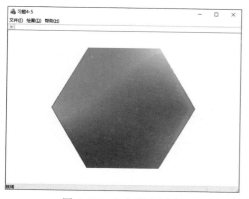

图 4-47　六个顶点填充

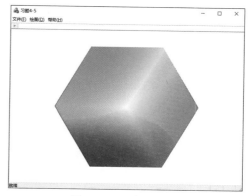

图 4-48　三角形填充

6. 绘制一个正方形,把正方形四等分,如图 4-49 所示,使用红、绿、黄、蓝 4 种颜色填充每个四边形小面,填充效果如图 4-50 所示,使用有效边表算法编程实现。

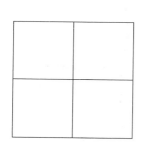

图 4-49　四边形面片填充正方形

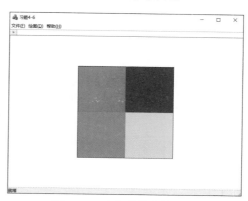

图 4-50　正方形填充效果图

7. 边缘填充算法中,像素的取补范围为每条边到屏幕整个客户区的右边界。设置如图 4-51 所示的外接矩形包围盒,并使用边缘填充算法填充多边形。填充效果如图 4-52 所示。

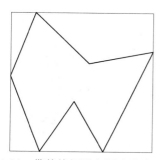

图 4-51　带外接矩形包围盒的多边形

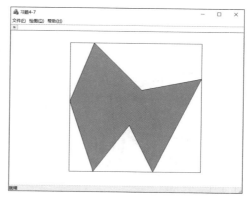

图 4-52　多边形填充效果图

8. 边缘填充算法的最大缺点是填充过程中,每一个像素可能被多次访问。为此,常在多边形外接矩形包围盒的中心设置栅栏,将多边形分成两部分,如图 4-53 所示。在处理每条扫描线时,只将交点与栅栏间的像素取补,编程实现。填充效果如图 4-54 所示。

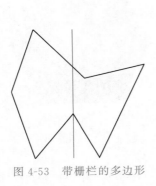

图 4-53　带栅栏的多边形

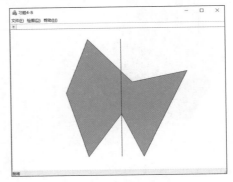

图 4-54　多边形填充效果图

9. 设定图 4-55 所示的八连通域边界色为黑色,填充色为蓝色,使用八邻接点算法编程填充八连通域。注意图中两个四边形区域的连接处的放大效果如图 4-56 所示。

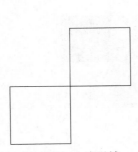

图 4-55　八连通域

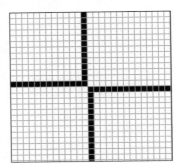

图 4-56　八连通域连接点局部放大效果图

10. 扫描线种子填充算法是借助扫描线来填充多边形内的水平像素段,处理每条扫描线时仅需将其最右端像素入栈,可以有效提高填充效率。使用扫描线种子填充算法填充图 4-57 所示的空心体汉字(四连通域),填充效果如图 4-58 所示。

图 4-57　四连通域空心汉字

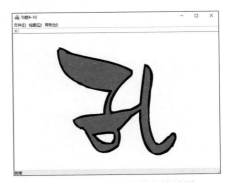

图 4-58　空心汉字填充效果图

第5章　二维变换与裁剪

图形的几何变换（geometric transformation）包括对图形进行平移（translation）、比例（scaling）、旋转（rotation）、反射（reflection）和错切（shear）5 种变换。通过对图形进行几何变换，可以由简单图形构造复杂图形。图 5-1 演示了使用二维平移变换与二维旋转变换，将一块地板砖铺设在九宫格内来展示人行道的真实铺设效果。图形的几何变换可以分为二维图形几何变换和三维图形几何变换，而二维图形几何变换又是三维图形几何变换的基础。

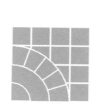 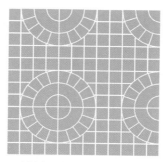

(a) 单块地板砖图案　　　(b) 地板砖图案九宫格内铺设效果图

图 5-1　九宫格内铺设地板砖

5.1　图形几何变换基础

5.1.1　二维变换矩阵

二维几何变换矩阵 T 是一个 3×3 的方阵，简称为二维变换矩阵。

$$T = \begin{bmatrix} a & b & p \\ c & d & q \\ l & m & s \end{bmatrix} \tag{5-1}$$

从功能上可以把二维变换矩阵 T 分为 4 个子矩阵。其中 $T_1 = \begin{bmatrix} a & b \\ c & d \end{bmatrix}$ 是对图形进行比例变换、旋转变换、反射变换和错切变换；$T_2 = \begin{bmatrix} l & m \end{bmatrix}$ 是对图形进行平移变换；$T_3 = \begin{bmatrix} p \\ q \end{bmatrix}$ 是对图形进行投影变换；$T_4 = [s]$ 是对图形进行整体比例变换。

5.1.2　规范化齐次坐标

假设变换前的二维点为 $P(x, y)$，变换后的该点为 $P'(x', y')$。二维点可以使用行矢量矩阵表示。出现的问题是 1×2 的行矩阵无法与 3×3 的二维变换矩阵相乘。为此引入了规范化齐次坐标。

所谓齐次坐标就是用 $n+1$ 维矢量表示 n 维矢量。例如,在二维平面中,点 $P(x,y)$ 的齐次坐标表示为 (wx,wy,w)。类似地,在三维空间中,点 $P(x,y,z)$ 的齐次坐标表示为 (wx,wy,wz,w)。这里,w 为任一不为 0 的比例系数。点的齐次坐标表示具有不唯一性,例如,二维点 $(2,3)$ 的齐次坐标可以表示为 $(2,3,1)$、$(4,6,2)$、$(6,9,3)$ 等。为了保证唯一性,需要采用规范化的齐次坐标表示。如果 $w=1$,就称为规范化齐次坐标。二维点 $P(x,y)$ 的规范化齐次坐标为 $(wx/w,wy/w,w/w)$,即 $(x,y,1)$。三维点 $P(x,y,z)$ 的规范化齐次坐标为 $(wx/w,wy/w,wz/w,w/w)$,即 $(x,y,z,1)$。

定义了规范化齐次坐标以后,图形的几何变换可以表达为图形顶点集合的规范化齐次坐标矩阵与某一变换矩阵相乘的形式。

5.1.3 矩阵相乘

二维图形顶点表示为规范化齐次坐标后,其图形顶点集合矩阵一般为 $n\times3$ 的矩阵,其中 n 为顶点数,变换矩阵为 3×3 的矩阵。在进行图形几何变换时需要用到线性代数里的矩阵相乘运算。例如,对于 $n\times3$ 的矩阵 $\boldsymbol{P}$ 和 3×3 的矩阵 $\boldsymbol{T}$,令 $m=n-1$,则矩阵相乘公式如下

$$
\boldsymbol{P}\cdot\boldsymbol{T}=
\begin{bmatrix}
p_{00} & p_{01} & p_{02} \\
p_{10} & p_{11} & p_{12} \\
p_{20} & p_{21} & p_{22} \\
\vdots & \vdots & \vdots \\
p_{m0} & p_{m1} & p_{m2}
\end{bmatrix}
\cdot
\begin{bmatrix}
t_{00} & t_{01} & t_{02} \\
t_{10} & t_{11} & t_{12} \\
t_{20} & t_{21} & t_{22}
\end{bmatrix}
$$

$$
=
\begin{bmatrix}
p_{00}t_{00}+p_{01}t_{10}+p_{02}t_{20} & p_{00}t_{01}+p_{01}t_{11}+p_{02}t_{21} & p_{00}t_{02}+p_{01}t_{12}+p_{02}t_{22} \\
p_{10}t_{00}+p_{11}t_{10}+p_{12}t_{20} & p_{10}t_{01}+p_{11}t_{11}+p_{12}t_{21} & p_{10}t_{02}+p_{11}t_{12}+p_{12}t_{22} \\
p_{20}t_{00}+p_{21}t_{10}+p_{22}t_{20} & p_{20}t_{01}+p_{21}t_{11}+p_{22}t_{21} & p_{20}t_{02}+p_{21}t_{12}+p_{22}t_{22} \\
\vdots & \vdots & \vdots \\
p_{m0}t_{00}+p_{m1}t_{10}+p_{m2}t_{20} & p_{m0}t_{01}+p_{m1}t_{11}+p_{m2}t_{21} & p_{m0}t_{02}+p_{m1}t_{12}+p_{m2}t_{22}
\end{bmatrix}
\tag{5-2}
$$

由线性代数知道,矩阵乘法不满足交换律,只有左矩阵的列数等于右矩阵的行数时,两个矩阵才可以相乘。特别地,对于二维变换的两个 3×3 的方阵 $\boldsymbol{P}$ 和 $\boldsymbol{T}$,如对三角形实施二维几何变换,矩阵相乘公式为

$$
\boldsymbol{P}\cdot\boldsymbol{T}=
\begin{bmatrix}
x_0 & y_0 & 1 \\
x_1 & y_1 & 1 \\
x_2 & y_2 & 1
\end{bmatrix}
\cdot
\begin{bmatrix}
a & b & p \\
c & d & q \\
l & m & s
\end{bmatrix}
$$

$$
=
\begin{bmatrix}
ax_0+cy_0+l & bx_0+dy_0+m & px_0+qy_0+s \\
ax_1+cy_1+l & bx_1+dy_1+m & px_1+qy_1+s \\
ax_2+cy_2+l & bx_2+dy_2+m & px_2+qy_2+s
\end{bmatrix}
$$

式中,(x_0,y_0)、(x_1,y_1)、(x_2,y_2) 是三角形的顶点坐标。$(x_0,y_0,1)$、$(x_1,y_1,1)$、$(x_2,y_2,1)$ 是三角形的顶点的规范化齐次坐标。

类似地,可以处理三维变换的两个 4×4 矩阵相乘问题。

5.1.4 二维几何变换

二维几何变换的基本方法是把变换矩阵作为一个算子,作用到变换前的图形顶点集合

的规范化齐次坐标矩阵上,得到变换后新的图形顶点集合的规范化齐次坐标矩阵。连接变换后的新图形顶点,就可以绘制出变换后的二维图形。

设变换前图形顶点集合的规范化齐次坐标矩阵 $\boldsymbol{P}$ 为
$\begin{bmatrix} x_0 & y_0 & 1 \\ x_1 & y_1 & 1 \\ x_2 & y_2 & 1 \\ \vdots & \vdots & \vdots \\ x_{n-1} & y_{n-1} & 1 \end{bmatrix}$,变换后图形顶

点集合的规范化齐次坐标矩阵 $\boldsymbol{P}'$ 为 $\begin{bmatrix} x_0' & y_0' & 1 \\ x_1' & y_1' & 1 \\ x_2' & y_2' & 1 \\ \vdots & \vdots & \vdots \\ x_{n-1}' & y_{n-1}' & 1 \end{bmatrix}$,二维变换矩阵 $\boldsymbol{T}$ 为 $\begin{bmatrix} a & b & p \\ c & d & q \\ l & m & s \end{bmatrix}$。

则二维几何变换公式为 $\boldsymbol{P}' = \boldsymbol{P} \cdot \boldsymbol{T}$,可以写成

$$\begin{bmatrix} x_0' & y_0' & 1 \\ x_1' & y_1' & 1 \\ x_2' & y_2' & 1 \\ \vdots & \vdots & \vdots \\ x_{n-1}' & y_{n-1}' & 1 \end{bmatrix} = \begin{bmatrix} x_0 & y_0 & 1 \\ x_1 & y_1 & 1 \\ x_2 & y_2 & 1 \\ \vdots & \vdots & \vdots \\ x_{n-1} & y_{n-1} & 1 \end{bmatrix} \cdot \begin{bmatrix} a & b & p \\ c & d & q \\ l & m & s \end{bmatrix} \qquad (5\text{-}3)$$

5.2 二维基本几何变换矩阵

二维图形的基本几何变换是指相对于坐标原点和坐标轴进行的几何变换,包括平移、比例、旋转、反射和错切 5 种变换。本节以点的二维基本几何变换为例进行讲解。二维坐标点的基本几何变换可以表示为 $\boldsymbol{P}' = \boldsymbol{P} \cdot \boldsymbol{T}$ 的形式,其中,$P(x, y)$ 为变换前的二维坐标点,$P'(x', y')$ 为变换后的二维坐标点,$\boldsymbol{T}$ 为 3×3 的变换矩阵。

5.2.1 平移变换矩阵

平移变换是指将坐标点从 $P(x, y)$ 位置移动到 $P'(x', y')$ 位置的过程,如图 5-2 所示。

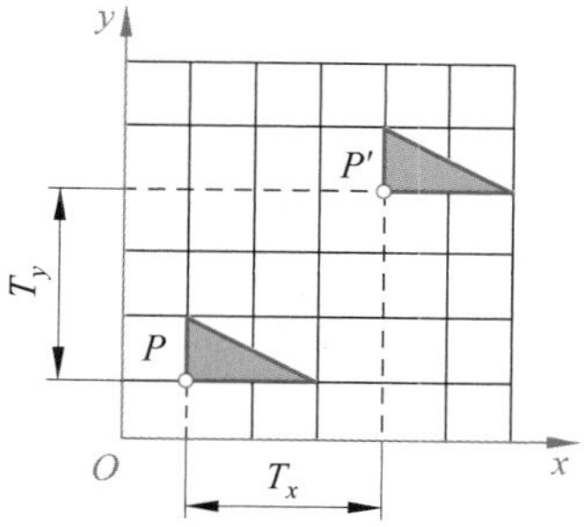

平移变换的坐标表示为 $\begin{cases} x' = x + T_x \\ y' = y + T_y \end{cases}$。

图 5-2 平移变换

相应的齐次坐标矩阵表示为

$$[x' \quad y' \quad 1] = [x + T_x \quad y + T_y \quad 1] = [x \quad y \quad 1] \cdot \begin{bmatrix} 1 & 0 & 0 \\ 0 & 1 & 0 \\ T_x & T_y & 1 \end{bmatrix}$$

因此,二维平移变换矩阵

$$\boldsymbol{T} = \begin{bmatrix} 1 & 0 & 0 \\ 0 & 1 & 0 \\ T_x & T_y & 1 \end{bmatrix} \qquad (5\text{-}4)$$

式中,T_x、T_y 为平移参数。

5.2.2 比例变换矩阵

比例变换是指坐标点 $P(x,y)$ 相对于坐标原点 O，沿 x 方向缩放 S_x 倍，沿 y 方向缩放 S_y 倍，得到 $P'(x',y')$ 点的过程，如图 5-3 所示。

比例变换的坐标表示为 $\begin{cases} x' = xS_x \\ y' = yS_y \end{cases}$。

相应的齐次坐标矩阵表示为

$$[x' \quad y' \quad 1] = [xS_x \quad yS_y \quad 1] = [x \quad y \quad 1] \cdot \begin{bmatrix} S_x & 0 & 0 \\ 0 & S_y & 0 \\ 0 & 0 & 1 \end{bmatrix}$$

因此，二维比例变换矩阵

$$T = \begin{bmatrix} S_x & 0 & 0 \\ 0 & S_y & 0 \\ 0 & 0 & 1 \end{bmatrix} \tag{5-5}$$

式中，S_x、S_y 为比例系数。

比例变换可以改变图形的形状。当 $S_x = S_y$ 且 S_x、S_y 大于 1 时，图形等比放大；当 $S_x = S_y$ 且 S_x、S_y 小于 1 大于 0 时，图形等比缩小；当 $S_x \neq S_y$ 时，图形发生形变。前面介绍过，变换矩阵的子矩阵 $T_4 = [s]$ 是对图形作整体比例变换，关于这一点读者可以令 $S_x = S_y = S$ 导出。注意，这里 $s = 1/S$，即 $s > 1$ 时，图形整体缩小；$0 < s < 1$ 时，图形整体放大。

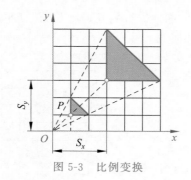

图 5-3 比例变换

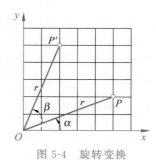

图 5-4 旋转变换

5.2.3 旋转变换矩阵

旋转变换是将坐标点 $P(x,y)$ 相对于坐标原点 O 旋转一个角度 β，逆时针（counter clock wise,CCW）为正，顺时针（clock wise,CW）为负，得到 $P'(x',y')$ 点的过程，如图 5-4 所示。

$P(x,y)$ 点的坐标表示为

$$\begin{cases} x = r\cos\alpha \\ y = r\sin\alpha \end{cases}$$

$P'(x',y')$ 点的坐标表示为

$$\begin{cases} x' = r\cos(\alpha + \beta) = x\cos\beta - y\sin\beta \\ y' = r\sin(\alpha + \beta) = x\sin\beta + y\cos\beta \end{cases}$$

相应的齐次坐标矩阵表示为

$$[x' \quad y' \quad 1] = [x \cdot \cos\beta - y\sin\beta \quad x\sin\beta + y\cos\beta \quad 1]$$

$$= [x \quad y \quad 1] \cdot \begin{bmatrix} \cos\beta & \sin\beta & 0 \\ -\sin\beta & \cos\beta & 0 \\ 0 & 0 & 1 \end{bmatrix}$$

因此，二维旋转变换矩阵

$$T = \begin{bmatrix} \cos\beta & \sin\beta & 0 \\ -\sin\beta & \cos\beta & 0 \\ 0 & 0 & 1 \end{bmatrix} \tag{5-6}$$

式中，α 为起始角，β 为旋转角。

式(5-6)为绕原点逆时针旋转的变换矩阵，若旋转方向为顺时针，β 取为负值。

顺时针旋转变换矩阵

$$T = \begin{bmatrix} \cos(-\beta) & \sin(-\beta) & 0 \\ -\sin(-\beta) & \cos(-\beta) & 0 \\ 0 & 0 & 1 \end{bmatrix} = \begin{bmatrix} \cos\beta & -\sin\beta & 0 \\ \sin\beta & \cos\beta & 0 \\ 0 & 0 & 1 \end{bmatrix}$$

5.2.4 反射变换矩阵

反射变换也称为对称变换，是将坐标点 $P(x,y)$ 关于原点或某个坐标轴反射得到 $P'(x',y')$ 点的过程。具体可以分为关于原点反射、关于 x 轴反射、关于 y 轴反射等几种情况，如图 5-5 所示。

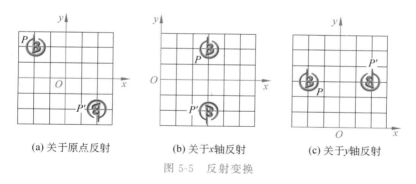

(a) 关于原点反射　　　　(b) 关于x轴反射　　　　(c) 关于y轴反射

图 5-5　反射变换

关于原点反射的坐标表示为 $\begin{cases} x' = -x \\ y' = -y \end{cases}$。

相应的齐次坐标矩阵表示为

$$[x' \quad y' \quad 1] = [-x \quad -y \quad 1] = [x \quad y \quad 1] \cdot \begin{bmatrix} -1 & 0 & 0 \\ 0 & -1 & 0 \\ 0 & 0 & 1 \end{bmatrix}$$

因此，关于原点的二维反射变换矩阵

$$T = \begin{bmatrix} -1 & 0 & 0 \\ 0 & -1 & 0 \\ 0 & 0 & 1 \end{bmatrix} \tag{5-7}$$

同理可得,关于 x 轴的二维反射变换矩阵

$$T = \begin{bmatrix} 1 & 0 & 0 \\ 0 & -1 & 0 \\ 0 & 0 & 1 \end{bmatrix} \qquad (5\text{-}8)$$

同理可得,关于 y 轴的二维反射变换矩阵

$$T = \begin{bmatrix} -1 & 0 & 0 \\ 0 & 1 & 0 \\ 0 & 0 & 1 \end{bmatrix} \qquad (5\text{-}9)$$

5.2.5 错切变换矩阵

错切变换也称为剪切变换,是将坐标点 $P(x,y)$ 沿 x 和 y 轴发生不等量的变换,得到 $P'(x',y')$ 点的过程,如图 5-6 所示。错切变换一般较少使用。

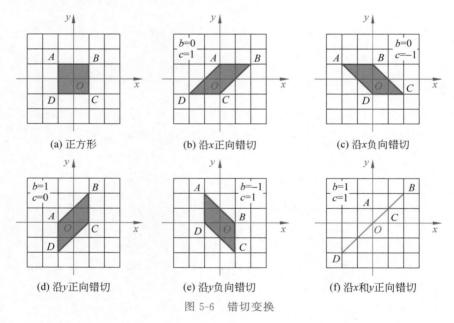

(a) 正方形   (b) 沿 x 正向错切   (c) 沿 x 负向错切

(d) 沿 y 正向错切   (e) 沿 y 负向错切   (f) 沿 x 和 y 正向错切

图 5-6 错切变换

沿 x,y 方向的错切变换的坐标表示为 $\begin{cases} x' = x + cy \\ y' = bx + y \end{cases}$。

相应的齐次坐标矩阵表示为

$$[x' \quad y' \quad 1] = [x+cy \quad bx+y \quad 1] = [x \quad y \quad 1] \cdot \begin{bmatrix} 1 & b & 0 \\ c & 1 & 0 \\ 0 & 0 & 1 \end{bmatrix}$$

因此,沿 x,y 两个方向的二维错切变换矩阵

$$T = \begin{bmatrix} 1 & b & 0 \\ c & 1 & 0 \\ 0 & 0 & 1 \end{bmatrix} \qquad (5\text{-}10)$$

式中 c、b 为错切参数。

在前面的变换中,子矩阵 $\boldsymbol{T}_1 = \begin{bmatrix} a & b \\ c & d \end{bmatrix}$ 的非对角线元素大多为 0,如果 c 和 b 不为 0,则意味着对图形进行错切变换,如图 5-6(f)所示。令 $b=0$ 可以得到沿 x 方向的错切变换,$c>0$ 是沿 x 正向的错切变换,$c<0$ 是沿 x 负向的错切变换,如图 5-6(b)和图 5-6(c)所示。令 $c=0$ 可以得到沿 y 方向的错切变换,$b>0$ 是沿 y 正向的错切变换,$b<0$ 是沿 y 负向的错切变换,如图 5-6(d)和图 5-6(e)所示。

上面讨论的 5 种变换给出的都是点变换的公式。图形的变换实际上都是通过点变换来完成。例如直线段的变换可以通过对两个顶点进行变换,连接新顶点得到变换后的新直线段;多边形的变换可以通过对每个顶点进行变换,连接新顶点得到变换后的新多边形。自由曲线的变换可以通过变换控制多边形的控制点后,重新绘制曲线来完成。

符合下述形式的坐标变换称为二维仿射变换(affine transformation)。

$$\begin{cases} x' = a_{00}x + a_{01}y + a_{02} \\ y' = a_{10}x + a_{11}y + a_{12} \end{cases} \tag{5-11}$$

矩阵表示为

$$\begin{bmatrix} x' \\ y' \end{bmatrix} = \begin{bmatrix} a_{00} & a_{01} \\ a_{10} & a_{11} \end{bmatrix} \cdot \begin{bmatrix} x \\ y \end{bmatrix} + \begin{bmatrix} a_{02} \\ a_{12} \end{bmatrix} \tag{5-12}$$

齐次矩阵表示为

$$\begin{bmatrix} x' \\ y' \\ 1 \end{bmatrix} = \begin{bmatrix} a_{00} & a_{01} & a_{02} \\ a_{10} & a_{11} & a_{12} \\ 0 & 0 & 1 \end{bmatrix} \cdot \begin{bmatrix} x \\ y \\ 1 \end{bmatrix} \tag{5-13}$$

变换后的坐标 x' 和 y' 都是变换前的坐标 x 和 y 的线性函数。参数 a_{ij} 是由变换类型确定的常数。仿射变换具有平行线变换成平行线,有限点映射为有限点的一般特性。平移、比例、旋转、反射和错切 5 种变换都是二维仿射变换的特例,任何一组二维仿射变换总可以表示为这 5 种变换的组合。因此,平移、比例、旋转、反射的仿射变换保持变换前后两段直线间的角度、平行关系和长度之比不改变。

5.3 二维复合变换

5.3.1 复合变换原理

复合变换是指图形做了一次以上的基本几何变换,是基本几何变换的组合形式,复合变换矩阵是基本几何变换的组合矩阵。

$$\boldsymbol{P}' = \boldsymbol{P} \cdot \boldsymbol{T} = \boldsymbol{P} \cdot \boldsymbol{T}_0 \cdot \boldsymbol{T}_1 \cdot \cdots \cdot \boldsymbol{T}_{n-1}$$

其中,$\boldsymbol{T}$ 为复合变换矩阵,$\boldsymbol{T}_0$、$\boldsymbol{T}_1$、$\cdots$、$\boldsymbol{T}_{n-1}$ 为 n 个单次基本几何变换矩阵。

进行复合变换时,需要注意矩阵相乘的顺序。由于矩阵乘法不满足交换律,因此通常 $\boldsymbol{T}_1 \cdot \boldsymbol{T}_2 \neq \boldsymbol{T}_2 \cdot \boldsymbol{T}_1$。在复合变换中,矩阵相乘的顺序不可交换。通常先计算出 $\boldsymbol{T} = \boldsymbol{T}_0 \cdot \boldsymbol{T}_1 \cdot \cdots \cdot \boldsymbol{T}_{n-1}$,再计算 $\boldsymbol{P}' = \boldsymbol{P} \cdot \boldsymbol{T}$。

5.3.2 相对于任意参考点的二维几何变换

前面已经定义,二维基本几何变换是相对于坐标原点进行的平移、比例、旋转、反射和错切 5 种变换,但在实际应用中常会遇到参考点不在坐标原点的情况。相对于任意一个参考点的变换方法为首先将参考点平移到坐标原点,对坐标原点进行二维基本几何变换,然后再将参考点平移回原位置。在 5 种变换中,比例变换和旋转变换就是与参考点相关的变换。

例 5-1　一个由顶点 $P_0(10,10)$、$P_1(30,10)$ 和 $P_2(20,25)$ 定义的三角形,如图 5-7 所示,相对于参考点 $Q(10,25)$ 逆时针旋转 30°,求变换后的三角形顶点坐标。

(1) 将 Q 点平移至坐标原点,如图 5-8 所示。

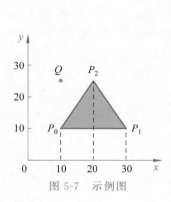

图 5-7　示例图

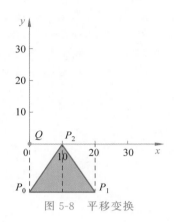

图 5-8　平移变换

变换矩阵

$$\boldsymbol{T}_1 = \begin{bmatrix} 1 & 0 & 0 \\ 0 & 1 & 0 \\ -10 & -25 & 1 \end{bmatrix}$$

变换后 3 个顶点的齐次坐标为

$$\begin{bmatrix} x'_0 & y'_0 & 1 \\ x'_1 & y'_1 & 1 \\ x'_2 & y'_2 & 1 \end{bmatrix} = \begin{bmatrix} 10 & 10 & 1 \\ 30 & 10 & 1 \\ 20 & 25 & 1 \end{bmatrix} \cdot \begin{bmatrix} 1 & 0 & 0 \\ 0 & 1 & 0 \\ -10 & -25 & 1 \end{bmatrix} = \begin{bmatrix} 0 & -15 & 1 \\ 20 & -15 & 1 \\ 10 & 0 & 1 \end{bmatrix}$$

(2) 三角形相对于坐标原点逆时针方向旋转 30°,如图 5-9 所示。变换矩阵

$$\boldsymbol{T}_2 = \begin{bmatrix} \cos\left(\dfrac{\pi}{6}\right) & \sin\left(\dfrac{\pi}{6}\right) & 0 \\ -\sin\left(\dfrac{\pi}{6}\right) & \cos\left(\dfrac{\pi}{6}\right) & 0 \\ 0 & 0 & 1 \end{bmatrix} = \begin{bmatrix} \dfrac{\sqrt{3}}{2} & \dfrac{1}{2} & 0 \\ -\dfrac{1}{2} & \dfrac{\sqrt{3}}{2} & 0 \\ 0 & 0 & 1 \end{bmatrix}$$

变换后 3 个顶点的齐次坐标为

$$\begin{bmatrix} x''_0 & y''_0 & 1 \\ x''_1 & y''_1 & 1 \\ x''_2 & y''_2 & 1 \end{bmatrix} = \begin{bmatrix} 0 & -15 & 1 \\ 20 & -15 & 1 \\ 10 & 0 & 1 \end{bmatrix} \cdot \begin{bmatrix} 0.866 & 0.5 & 0 \\ -0.5 & 0.866 & 0 \\ 0 & 0 & 1 \end{bmatrix} = \begin{bmatrix} 7.5 & -12.99 & 1 \\ 24.82 & -2.99 & 1 \\ 8.66 & 5 & 1 \end{bmatrix}$$

(3) 将参考点 Q 平移回原位置,如图 5-10 所示。变换矩阵为

$$\boldsymbol{T}_3 = \begin{bmatrix} 1 & 0 & 0 \\ 0 & 1 & 0 \\ 10 & 25 & 1 \end{bmatrix}$$

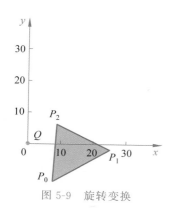

图 5-9　旋转变换

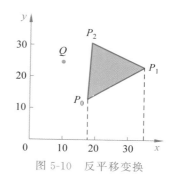

图 5-10　反平移变换

变换后 3 个顶点的齐次坐标为

$$\begin{bmatrix} x'''_0 & y'''_0 & 1 \\ x'''_1 & y'''_1 & 1 \\ x'''_2 & y'''_2 & 1 \end{bmatrix} = \begin{bmatrix} 7.5 & -12.99 & 1 \\ 24.82 & -2.99 & 1 \\ 8.66 & 5 & 1 \end{bmatrix} \cdot \begin{bmatrix} 1 & 0 & 0 \\ 0 & 1 & 0 \\ 10 & 25 & 1 \end{bmatrix} = \begin{bmatrix} 17.5 & 12.01 & 1 \\ 34.82 & 22.01 & 1 \\ 18.66 & 30 & 1 \end{bmatrix}$$

这样三角形变换后的顶点坐标为 $P_0(17.5,12.01)$，$P_1(34.82,22.01)$ 和 $P_2(18.66,30)$。这里，三角形是将 Q 点作为旋转中心，而不是将坐标系原点作为旋转中心。

图形的旋转变换是相对于某一参考点进行的，这一结论读者一般都比较清楚。同样图形的比例变换也是相对于某一参考点进行的，在应用中如果不注意将会导致错误的结果。

例 5-2　已知正方形的左上角点为 $P_0(10,20)$、右下角点为 $P_1(20,10)$，如图 5-11 所示。正方形分别相对于坐标系原点整体放大 2 倍或相对于正方形中心放大 2 倍。分别给出变换后的正方形的左上角点和右下角点坐标。

（1）将正方形相对于坐标系原点整体放大 2 倍，变换矩阵为

$$\boldsymbol{T} = \begin{bmatrix} 2 & 0 & 0 \\ 0 & 2 & 0 \\ 0 & 0 & 1 \end{bmatrix}$$

$$\begin{bmatrix} x'_0 & y'_0 & 1 \\ x'_1 & y'_1 & 1 \end{bmatrix} = \begin{bmatrix} 10 & 20 & 1 \\ 20 & 10 & 1 \end{bmatrix} \cdot \begin{bmatrix} 2 & 0 & 0 \\ 0 & 2 & 0 \\ 0 & 0 & 1 \end{bmatrix} = \begin{bmatrix} 20 & 40 & 1 \\ 40 & 20 & 1 \end{bmatrix}$$

变换后正方形的左上角点为 $P_0(20,40)$、右下角点为 $P_1(40,20)$，如图 5-12 所示。

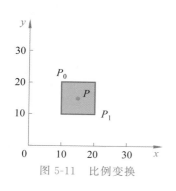

图 5-11　比例变换

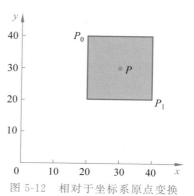

图 5-12　相对于坐标系原点变换

（2）将正方形相对于正方形中心整体放大 2 倍。

图 5-11 中已知正方形的左上角点与右下角点坐标，可以计算出正方形的中心坐标为 $P(15,15)$。相对于正方形中心的比例变换是复合变换。

首先，将正方形中心点 $P(15,15)$ 平移到坐标系原点，变换矩阵为

$$T_1 = \begin{bmatrix} 1 & 0 & 0 \\ 0 & 1 & 0 \\ -15 & -15 & 1 \end{bmatrix}$$

其次，正方形相对于坐标系原点整体放大 2 倍，变换矩阵为

$$T_2 = \begin{bmatrix} 2 & 0 & 0 \\ 0 & 2 & 0 \\ 0 & 0 & 1 \end{bmatrix}$$

最后，将正方形中心点平移回 $P(15,15)$，变换矩阵为

$$T_3 = \begin{bmatrix} 1 & 0 & 0 \\ 0 & 1 & 0 \\ 15 & 15 & 1 \end{bmatrix}$$

正方形整体放大后的顶点的规范化齐次坐标矩阵等于变换前顶点的规范化齐次坐标矩阵乘以变换矩阵

$$\begin{bmatrix} x_0' & y_0' & 1 \\ x_1' & y_1' & 1 \end{bmatrix} = \begin{bmatrix} x_0 & y_0 & 1 \\ x_1 & y_1 & 1 \end{bmatrix} \cdot T, \quad 而\ T = T_1 \cdot T_2 \cdot T_3$$

所以

$$\begin{bmatrix} x_0' & y_0' & 1 \\ x_1' & y_1' & 1 \end{bmatrix} = \begin{bmatrix} 10 & 20 & 1 \\ 20 & 10 & 1 \end{bmatrix} \cdot \begin{bmatrix} 1 & 0 & 0 \\ 0 & 1 & 0 \\ -15 & -15 & 1 \end{bmatrix} \cdot \begin{bmatrix} 2 & 0 & 0 \\ 0 & 2 & 0 \\ 0 & 0 & 1 \end{bmatrix} \cdot \begin{bmatrix} 1 & 0 & 0 \\ 0 & 1 & 0 \\ 15 & 15 & 1 \end{bmatrix}$$

$$= \begin{bmatrix} 5 & 25 & 1 \\ 25 & 5 & 1 \end{bmatrix}$$

这样正方形整体放大后的左上角点坐标为 $P_0(5,25)$，右下角点坐标为 $P_1(25,5)$，如图 5-13 所示。对比图 5-12 与图 5-13 可见，比例变换是与参考点相关的。

5.3.3 相对于任意方向的二维几何变换

二维基本几何变换是相对于坐标轴进行的平移、比例、旋转、反射和错切这 5 种变换，但在实际应用中常会遇到变换方向不与坐标轴重合的情况。相对于任意方向的变换方法为首先对任意方向做旋转变换，使任意方向与坐标轴重合，然后对坐标轴进行二维基本几何变换，最后做反向旋转变换，将任意方向还原回原来的位置。

例 5-3 图 5-14 所示三角形相对于轴线 $y = kx + b$ 进行反射变换，求每一步相应的变换矩阵。

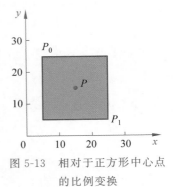

图 5-13 相对于正方形中心点的比例变换

（1）将点$(0, b)$平移至坐标原点，如图 5-15 所示。变换矩阵为

$$T_1 = \begin{bmatrix} 1 & 0 & 0 \\ 0 & 1 & 0 \\ 0 & -b & 1 \end{bmatrix}$$

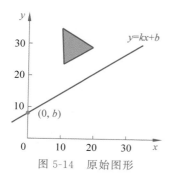

图 5-14　原始图形

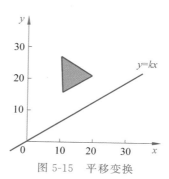

图 5-15　平移变换

（2）将轴线 $y = kx$ 绕坐标系原点顺时针旋转角度 $\beta(\beta = \arctan k)$，落于 x 轴上，如图 5-16 所示。变换矩阵为

$$T_2 = \begin{bmatrix} \cos\beta & -\sin\beta & 0 \\ \sin\beta & \cos\beta & 0 \\ 0 & 0 & 1 \end{bmatrix}$$

（3）三角形相对 x 轴作反射变换，如图 5-17 所示。变换矩阵为

$$T_3 = \begin{bmatrix} 1 & 0 & 0 \\ 0 & -1 & 0 \\ 0 & 0 & 1 \end{bmatrix}$$

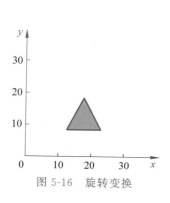

图 5-16　旋转变换

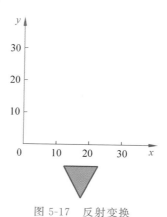

图 5-17　反射变换

（4）将轴线 $y = kx$ 逆时针旋转角度 $\beta(\beta = \arctan k)$，如图 5-18 所示。变换矩阵为

$$T_4 = \begin{bmatrix} \cos\beta & \sin\beta & 0 \\ -\sin\beta & \cos\beta & 0 \\ 0 & 0 & 1 \end{bmatrix}$$

（5）将轴线平移回原来的位置，如图 5-19 所示。变换矩阵为

$$\boldsymbol{T}_5 = \begin{bmatrix} 1 & 0 & 0 \\ 0 & 1 & 0 \\ 0 & b & 1 \end{bmatrix}$$

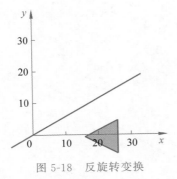

图 5-18　反旋转变换

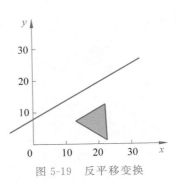

图 5-19　反平移变换

总变换矩阵为

$$\boldsymbol{T} = \boldsymbol{T}_1 \cdot \boldsymbol{T}_2 \cdot \boldsymbol{T}_3 \cdot \boldsymbol{T}_4 \cdot \boldsymbol{T}_5$$

5.4　二维图形裁剪

5.4.1　图形学中常用的坐标系

计算机图形学中常用的坐标系有世界坐标系、用户坐标系、观察坐标系、屏幕坐标系、设备坐标系和规格化设备坐标系等。

1. 世界坐标系

描述现实世界中场景的固定坐标系称为世界坐标系（world coordinate system，WCS），世界坐标系是实数域坐标系，根据应用的需要可以选择直角坐标系、圆柱坐标系、球坐标系以及极坐标系等。图 5-20 所示为常用的二维直角坐标系。三维直角世界坐标系可分为右手坐标系与左手坐标系两种，如图 5-21 所示，z_w 轴的指向按照右手螺旋法则或左手螺旋法则从 x_w 轴转向 y_w 轴确定。

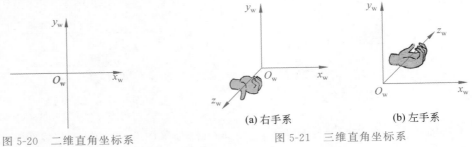

图 5-20　二维直角坐标系

(a) 右手系　　(b) 左手系

图 5-21　三维直角坐标系

2. 用户坐标系

描述物体几何模型的坐标系称为用户坐标系（user coordinate system，UCS），有时也称为局部坐标系（local coordinate system，LCS）。用户坐标系也是实数域坐标系，主要用于建

立物体的几何模型。为了建模方便,用户坐标系的原点可以放在物体的任意位置上,坐标系也可以旋转任意角度。例如,建立立方体的几何模型时,可以将用户坐标系原点放置在立方体体心或立方体的一个角点上;对于圆柱,可以将用户坐标系的原点放置在底面的中心,并且以 y 轴作为旋转轴。在用户坐标系中完成物体的建模后,将物体导入场景中的过程实际上定义了物体从用户坐标系向世界坐标系的变换。由于用户坐标系常与世界坐标系重合,用户一般感觉不到世界坐标系的存在。

3. 观察坐标系

观察坐标系(viewing coordinate system,VCS)是在世界坐标系中定义的直角坐标系。二维观察坐标系主要用于指定图形的输出范围,如图 5-22 所示。三维观察坐标系是左手系,原点位于视点 O_v、z_v 轴垂直于屏幕,z_v 轴正向为视线方向,如图 5-23 所示。

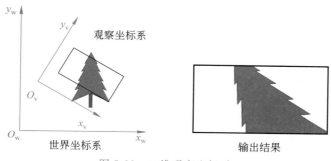

图 5-22　二维观察坐标系

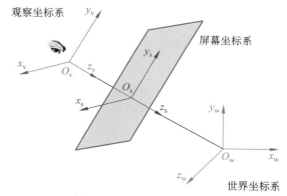

图 5-23　三维观察坐标系

4. 屏幕坐标系

屏幕坐标系(screen coordinate system,SCS)为实数域二维或三维直角坐标系。图 5-24 所示为二维屏幕坐标系,原点位于屏幕中心,x_s 轴水平向右为正,y_s 轴垂直向上为正。在三维真实感场景中,为了反映物体的深度信息,常采用三维屏幕坐标系。三维屏幕坐标系为左手系,原点位于屏幕中心,z_s 轴方向沿着视线方向,y_s 轴垂直向上为正,x_s 轴与 y_s 轴和 z_s 轴成左手系,如图 5-25 所示。从视点 O_v 沿着 z_s 方向的视线观察,P 点和 Q 点在屏幕上的投影点都为 P' 点,但 P、Q 点与视点的距离不同,P 点位于 Q 点之前,离视点近,应该遮挡 Q点。显然,只有采用三维屏幕坐标系才能正确反映投影时物体上点的深度信息。

图 5-24　二维屏幕坐标系

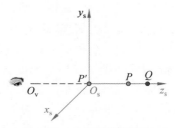

图 5-25　三维屏幕坐标系

5. 设备坐标系

　　光栅扫描显示器等图形输出设备自身都带有一个二维直角坐标系称为设备坐标系 (device coordinate system, DCS)。设备坐标系是整数域二维坐标系,如图 5-26 所示,原点位于屏幕客户区左上角, x 轴水平向右为正, y 轴垂直向下为正,基本单位为像素。格化到 [0,1] 的设备坐标系称为规格化设备坐标系(normalized device coordinate system, NDCS),如图 5-27 所示。

图 5-26　设备坐标系

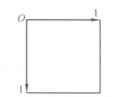

图 5-27　规格化设备坐标系

　　规格化设备坐标系独立于具体输出设备。一旦图形变换到规格化设备坐标系中,只要作一个简单的乘法运算即可映射到具体的物理设备坐标系中。由于规格化设备坐标系能统一用户各种图形的显示范围,故把用户图形变换为规格化设备坐标系中的统一大小标准图形的过程称为图形的逻辑输出。把规格化设备坐标系中的标准图形送到物理显示设备上输出的过程称为图形的物理输出。有了规格化设备坐标系后,图形的输出可以在抽象的显示设备上进行讨论,因而这种图形学又称为与具体设备无关的图形学。

5.4.2　窗口与视区及窗视变换

　　在观察坐标系中定义的确定图形显示内容的区域称为窗口。显然此时窗口内的图形是用户希望在屏幕上看到的,窗口是裁剪图形的标准参照物。

　　在设备坐标系中定义的输出图形的区域称为视区。视区和窗口常为矩形,大小可以不相同。一般情况下,用户把窗口内感兴趣的图形输出到屏幕上相应的视区内。在屏幕上可以定义多个视区,用来同时显示不同窗口内的图形信息,图 5-28 定义了 3 个窗口内容用于输出,图 5-29 的屏幕被划分为 3 个视区,对 3 个窗口的输出内容进行了重组。图 5-30 使用 4 个视区分别输出房屋的立体图及其三视图的线框模型。

　　图形输出需要进行从窗口到视区的变换,只有窗口内的图形才能在视区中输出,并且输出的形状要根据视区的大小进行调整,这种变换称为窗视变换(window viewport transformation, WVT)。在二维图形观察中,可以这样理解,窗口相当于一扇窗户。窗口内的图形是用户希望看到的,就在视区中输出;窗口外的图形用户不希望看到,不在视区中输出。因此需要对窗口中输出的二维图形进行裁剪。

图 5-28　定义 3 个窗口

图 5-29　显示 3 个视区

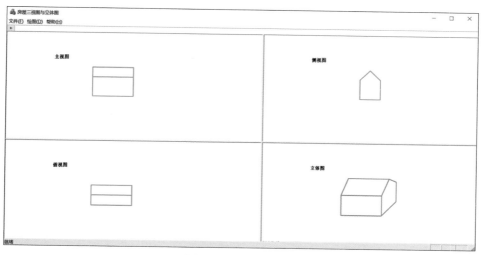

图 5-30　多视区输出

在计算机图形学术语中,窗口最初是指要观察的图形区域。但是随着 Windows 的出现,窗口的概念已广泛用于图形系统中,泛指任何可以移动、改变大小、激活或变为无效的屏幕上的矩形区域。在本章中,窗口回归到其原始定义,是在观察坐标系中确定输出图形范围的矩形区域。

5.4.3　窗视变换矩阵

实际的窗口与视区的大小往往不一致,要在视区中正确地显示窗口中的物体,必须将物体从窗口变换到视区。窗口和视区的边界定义如图 5-31 所示,假定把窗口内的一点 P (x_w, y_w) 变换为视区中的一点 $P'(x_v, y_v)$。这属于相对于任意一个参考点的二维几何变换,变换步骤如下。

（1）将窗口左下角点 (w_{xl}, w_{yb}) 平移到观察坐标系原点,平移参数为 $(-w_{xl}, -w_{yb})$。

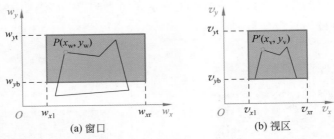

(a) 窗口   (b) 视区

图 5-31　窗口与视区的定义

$$T_1 = \begin{bmatrix} 1 & 0 & 0 \\ 0 & 1 & 0 \\ -w_{x1} & -w_{yb} & 1 \end{bmatrix}$$

（2）对原点进行比例变换，使窗口的大小与视区大小相等，即将窗口变换为视区。

$$T_2 = \begin{bmatrix} S_x & 0 & 0 \\ 0 & S_y & 0 \\ 0 & 0 & 1 \end{bmatrix},$$

其中 $S_x = \dfrac{v_{xr} - v_{x1}}{w_{xr} - w_{x1}}$，$S_y = \dfrac{v_{yt} - v_{yb}}{w_{yt} - w_{yb}}$。

（3）进行反平移，将视区的左下角点平移到设备坐标系的 (v_{x1}, v_{yb}) 点，平移参数为 (v_{x1}, v_{yb})。

$$T_3 = \begin{bmatrix} 1 & 0 & 0 \\ 0 & 1 & 0 \\ v_{x1} & v_{yb} & 1 \end{bmatrix}$$

因此，窗视变换矩阵

$$T = T_1 \cdot T_2 \cdot T_3 = \begin{bmatrix} 1 & 0 & 0 \\ 0 & 1 & 0 \\ -w_{x1} & -w_{yb} & 1 \end{bmatrix} \cdot \begin{bmatrix} S_x & 0 & 0 \\ 0 & S_y & 0 \\ 0 & 0 & 1 \end{bmatrix} \cdot \begin{bmatrix} 1 & 0 & 0 \\ 0 & 1 & 0 \\ v_{x1} & v_{yb} & 1 \end{bmatrix}$$

代入，S_x 和 S_y 的值，窗视变换为

$$[x_v \quad y_v \quad 1] = [x_w \quad y_w \quad 1] \cdot \begin{bmatrix} S_x & 0 & 0 \\ 0 & S_y & 0 \\ v_{x1} - w_{x1}S_x & v_{yb} - w_{yb}S_y & 1 \end{bmatrix}$$

写成方程为 $\begin{cases} x_v = S_x x_w + v_{x1} - w_{x1}S_x \\ y_v = S_y y_w + v_{yb} - w_{yb}S_y \end{cases}$，　令

$$\begin{cases} a = S_x = \dfrac{v_{xr} - v_{x1}}{w_{xr} - w_{x1}} \\ b = v_{x1} - w_{x1}a \\ c = S_y = \dfrac{v_{yt} - v_{yb}}{w_{yt} - w_{yb}} \\ d = v_{yb} - w_{yb}c \end{cases}$$

则窗视变换的展开式为

$$\begin{cases} x_v = ax_w + b \\ y_v = cy_w + d \end{cases} \qquad (5\text{-}14)$$

5.5 Cohen-Sutherland 直线段裁剪算法

在二维观察中,需要在观察坐标系下根据窗口大小对世界坐标系中的二维图形进行裁剪(clipping),只将位于窗口内的图形变换到视区输出。直线段的裁剪是二维图形裁剪的基础,裁剪的实质是判断直线段是否与窗口边界相交,如相交则进一步确定直线段位于窗口内的部分。

5.5.1 编码原理

由 Dan Cohen 和 Ivan Sutherland 提出的 Cohen-Sutherland 直线段裁剪算法是最早流行的编码算法。每段直线的端点都被赋予一组 4 位二进制代码,称为区域编码(region code,RC),用来标识直线段端点相对于窗口边界及其延长线的位置。假设窗口是标准矩形,由上($y=w_{yt}$)、下($y=w_{yb}$)、左($x=w_{xl}$)、右($x=w_{xr}$)4 条边组成,如图 5-32 所示。延长窗口的 4 条边形成 9 个区域,如图 5-33 所示。这样根据直线段的任意端点相对于窗口的位置,可以赋予一组 4 位二进制区域编码 $RC=C_4C_3C_2C_1$。

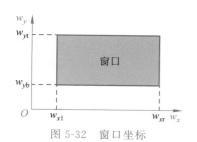

图 5-32　窗口坐标

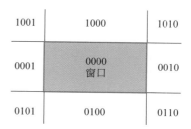

图 5-33　区域编码 RC

为了保证窗口内及窗口边界上直线段端点的编码为零,编码规则定义如下。

第 1 位 C_1:若端点位于窗口之左侧,即 $x<w_{xl}$,则 $C_1=1$,否则 $C_1=0$。

第 2 位 C_2:若端点位于窗口之右侧,即 $x>w_{xr}$,则 $C_2=1$,否则 $C_2=0$。

第 3 位 C_3:若端点位于窗口之下侧,即 $y<w_{yb}$,则 $C_3=1$,否则 $C_3=0$。

第 4 位 C_4:若端点位于窗口之上侧,即 $y>w_{yt}$,则 $C_4=1$,否则 $C_4=0$。

5.5.2 裁剪步骤

(1) 若直线段的两个端点的区域编码都为 0,即 $RC_0|RC_1=0$(二者按位相或的结果为 0,即 $RC_0=0$ 且 $RC_1=0$),说明直线段的两个端点都在窗口内,应"简取"(trivially accepted)。

(2) 若直线段的两个端点的区域编码都不为 0,即 $RC_0\&RC_1\neq0$(二者按位相与的结果不为 0,即 $RC_0\neq0$ 且 $RC_1\neq0$,即直线段位于窗外的同一侧),说明直线段的两个端点都在窗口外,应"简弃"(trivially rejected)。

（3）若直线段既不满足"简取"也不满足"简弃"的条件,则需要与窗口进行"求交"判断。这时,直线段必然与窗口边界或窗口边界的延长线相交,分两种情况讨论。一种情况是直线段与窗口边界相交,如图 5-34 所示直线段 P_0P_1。此时 $RC_0=0010\neq0$,$RC_1=0100\neq0$,但 $RC_0\&RC_1=0$,按左右下上顺序计算窗口边界与直线段的交点。右边界与 P_0P_1 的交点为 P,P_0P 直线段位于窗口之右,"简弃"之。将 P 点的坐标与编码替换为 P_0 点,并交换 P_0P_1 点的坐标及其编码,使 P_0 点总处于窗口之外,如图 5-35 所示。下边界与 P_0P_1 的交点为 P,P_0P 直线段位于窗口之下,"简弃"之,将 P 点的坐标与编码替换为 P_0 点,如图 5-36 所示。此时,直线段 P_0P_1 被"简取"。另一种情况是直线段与窗口边界的延长线相交,直线段完全位于窗口之外,且不在窗口同一侧,所以 $RC_0=0010\neq0$,$RC_1=0100\neq0$,但 $RC_0\&RC_1=0$,如

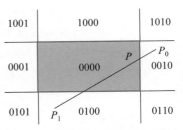

图 5-34　直线段与窗口边界相交

图 5-37 所示。按左右下上顺序计算窗口边界延长线与直线段的交点。右边界延长线与 P_0P_1 的交点为 P,P_0P 段直线位于窗口的右侧,"简弃"之,将 P 点的坐标和编码替换为 P_0 点,如图 5-38 所示。此时,直线段 P_0P_1 位于窗口外的下侧,"简弃"之。在直线段裁剪过程中,一般按固定顺序左$(x=w_{xl})$,右$(x=w_{xr})$、下$(y=w_{yb})$、上$(y=w_{yt})$求解窗口边界与直线段的交点。

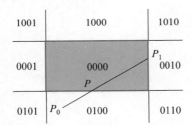

图 5-35　P_0 点位于裁剪窗口之外

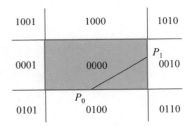

图 5-36　裁剪后的直线段

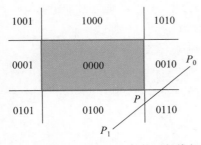

图 5-37　直线段与窗口边界的延长线相交

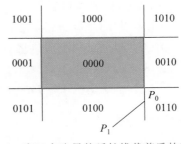

图 5-38　窗口右边界的延长线裁剪后的直线段

5.5.3　交点计算公式

对于端点坐标为 $P_0(x_0,y_0)$ 和 $P_1(x_1,y_1)$ 的直线段,与窗口左边界$(x=w_{xl})$或右边界

$(x=w_{xr})$交点的 y 坐标的计算公式为

$$y=k(x-x_0)+y_0, \quad 其中 k=\frac{y_1-y_0}{x_1-x_0} \tag{5-15}$$

与窗口上边界$(y=w_{yt})$或下边界$(y=w_{yb})$交点的 x 坐标的计算公式为

$$x=\frac{y-y_0}{k}+x_0, \quad 其中 k=\frac{y_1-y_0}{x_1-x_0} \tag{5-16}$$

基于 Cohen-Sutherland 直线段裁剪算法使用绿色矩形窗口对任意绘制的直线段进行裁剪,如图 5-39(a)所示。裁剪结果如图 5-39(b)所示。

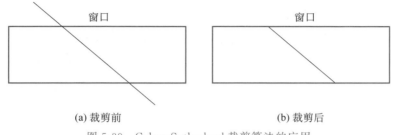

图 5-39　Cohen-Sutherland 裁剪算法的应用

5.6　中点分割直线段裁剪算法

5.6.1　中点分割直线段裁剪算法原理

Cohen-Sutherland 裁剪算法提出对直线段端点进行编码,并把直线段与窗口的位置关系划分为 3 种情况,对前两种情况进行了"简取"与"简弃"的简单处理。对于第 3 种情况,需要根据式(5-15)和式(5-16)计算直线段与窗口边界的交点。中点分割直线段裁剪算法对第 3 种情况做了改进,不需要求解直线段与窗口边界的交点就可以对直线段进行裁剪。这一算法是由 Sproull 和 Sutherland 为便于硬件实现而提出的[16],是 Cohen-Sutherland 算法的一种特例。

中点分割直线段裁剪算法原理是简单地把起点为 P_0,终点为 P_1 的直线段等分为两段直线 PP_0 和 PP_1(P 为直线段中点),对每一段直线重复"简取"和"简弃"的处理,对于不能处理的直线段再继续等分下去,直至每一段直线完全能够被"简取"或"简弃",也就是说直至每段直线完全位于窗口之内或完全位于窗口之外,就完成了直线段的裁剪工作。直线段中点分割裁剪算法是采用二分算法的思想来逐次计算直线段的中点 P 以逼近窗口边界,设定控制常数 c 为一个很小的数(例如 $c=10^{-6}$),当$|PP_0|$或$|PP_1|$小于控制常数 c 时,中点收敛于直线段与窗口的交点。中点分割算法的计算过程只用到了加法和移位运算,易于使用硬件实现。用硬件实现中点分割算法,既快速又高效,这是因为整个过程可以并行处理。硬件实现除 2 不过是将数码右移一位而已。例如十进制数 6 可以表示为二进制数 0110,右移一位后得 0011,相应于十进制数 3=6/2。

5.6.2　中点计算公式

对于端点坐标为 $P_0(x_0,y_0)$ 和 $P_1(x_1,y_1)$ 的直线段,中点坐标的计算公式为

$$P = (P_0 + P_1)/2 \qquad (5\text{-}17)$$

展开形式为

$$\begin{cases} x = (x_0 + x_1)/2 \\ y = (y_0 + y_1)/2 \end{cases}$$

使用中点分割直线段裁剪算法对图 5-40(a)所示的金刚石图案进行裁剪,裁剪结果如图 5-40(b)所示。

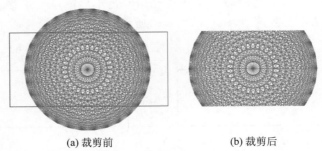

(a) 裁剪前   (b) 裁剪后

图 5-40　中点分割直线段裁剪算法的应用

5.7　Liang-Barsky 直线段裁剪算法

5.7.1　算法原理

本算法又称为梁友栋-Barsky 裁剪算法。梁友栋和 Barsky 提出了比 Cohen-Sutherland 裁剪算法速度更快的直线段裁剪算法[17]。该算法是以直线的参数方程为基础设计的,把直线与窗口边界求交的二维裁剪问题转化为通过求解一组不等式来确定直线段参数的一维裁剪问题。Liang-Barsky 裁剪算法将直线段与窗口的相互位置关系划分为两种情况:平行于窗口边界的直线段与不平行于窗口边界的直线段。

设起点为 $P_0(x_0, y_0)$,终点为 $P_1(x_1, y_1)$ 的直线段参数方程为

$$P = P_0 + t(P_1 - P_0)$$

展开式为

$$\begin{cases} x = x_0 + t(x_1 - x_0) \\ y = y_0 + t(y_1 - y_0) \end{cases}, \quad 0 \leqslant t \leqslant 1 \qquad (5\text{-}18)$$

对于对角点为 (w_{xl}, w_{yt})、(w_{xr}, w_{yb}) 的矩形裁剪窗口,直线段裁剪条件如下

$$\begin{cases} w_{xl} \leqslant x_0 + t(x_1 - x_0) \leqslant w_{xr} \\ w_{yb} \leqslant y_0 + t(y_1 - y_0) \leqslant w_{yt} \end{cases} \qquad (5\text{-}19)$$

分解后有

$$\begin{cases} t(x_0 - x_1) \leqslant x_0 - w_{xl} \\ t(x_1 - x_0) \leqslant w_{xr} - x_0 \\ t(y_0 - y_1) \leqslant y_0 - w_{yb} \\ t(y_1 - y_0) \leqslant w_{yt} - y_0 \end{cases} \qquad (5\text{-}20)$$

将 $\Delta x = x_1 - x_0$、$\Delta y = y_1 - y_0$ 代入上式得到

$$\begin{cases} t \cdot (-\Delta x) \leqslant x_0 - w_{xl} \\ t \cdot \Delta x \leqslant w_{xr} - x_0 \\ t \cdot (-\Delta y) \leqslant y_0 - w_{yb} \\ t \cdot \Delta y \leqslant w_{yt} - y_0 \end{cases} \tag{5-21}$$

令

$$\begin{cases} u_1 = -\Delta x, & v_1 = x_0 - w_{xl} \\ u_2 = \Delta x, & v_2 = w_{xr} - x_0 \\ u_3 = -\Delta y, & v_3 = y_0 - w_{yb} \\ u_4 = \Delta y, & v_4 = w_{yt} - y_0 \end{cases}$$

则式(5-21)统一表示为

$$t \cdot u_n \leqslant v_n, \quad n = 1, 2, 3, 4 \tag{5-22}$$

式中,n 代表直线段裁剪时,窗口的边界顺序,$n=1$ 表示左边界;$n=2$ 表示右边界;$n=3$ 表示下边界;$n=4$ 表示上边界。式(5-22)给出了直线段的参数方程裁剪条件。

5.7.2 算法分析

Liang-Barsky 裁剪算法主要考察直线方程参数 t 的变化情况。为此,先讨论直线段与窗口边界不平行的情况。

令

$$t_n = \frac{v_n}{u_n}, \quad u_n \neq 0 \text{ 且 } n = 1, 2, 3, 4 \tag{5-23}$$

由于 $u_n \neq 0$,从式(5-21)可以知道,$x_0 \neq x_1$ 而且 $y_0 \neq y_1$,这意味着直线段不与窗口的任何边界平行,直线段及其延长线与窗口边界及其延长线必定相交,可以采用参数 t 对直线段进行裁剪。

5.7.3 算法的几何意义

假定,直线段 L_1 的起点坐标为 (x_0, y_0),终点坐标为 (x_1, y_1)。$u_n < 0$ 表示在该处直线段从裁剪窗口及其边界延长线的不可见侧延伸到可见侧,直线段与窗口边界的交点位于直线段的起点一侧;$u_n > 0$ 表示在该处直线段从裁剪窗口及其边界延长线的可见侧延伸到不可见侧,直线段与窗口边界的交点位于直线段的终点一侧。

Liang-Barsky 裁剪算法的几何意义如图 5-41 所示。$u_1 < 0$ 时,表示 $x_0 < x_1$,直线段从窗口左边界的不可见侧延伸到可见侧,与窗口左边界及其延长线相交于参数 t 等于 t_1 处;$u_2 > 0$ 时,表示 $x_1 > x_0$,直线段从窗口右边界的可见侧延伸到不可见侧,与窗口右边界及其延长线相交于参数 t 等于 t_2 处;$u_3 < 0$ 时,表示 $y_0 < y_1$,直线段从窗口下边界的不可见侧延伸到可见侧,与窗口下边界及其延长线相交于参数 t 等于 t_3 处;$u_4 > 0$ 时,表示 $y_1 > y_0$,直线段从窗口上边界的可见侧延伸到不可见侧,与窗口上边界及其延长线相交于参数 t 等于 t_4 处。注意,图 5-41 中参数 t 是 $t = \frac{x - x_0}{x_1 - x_0}$ 或 $t = \frac{y - y_0}{y_1 - y_0}$,并不是 x 或 y 的坐标值,t_1、t_2、t_3 和 t_4 代表了直线段与窗口 4 条边界交点处的参数值。图 5-41 中将裁剪窗口及其延长线所形成的绿色区域定义为内部,其余白色区域定义为外部。

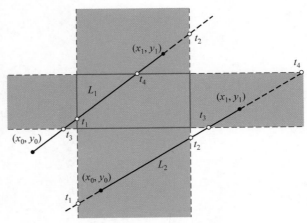

图 5-41　直线段与裁剪窗口的相对位置

从图 5-41 中可以知道，直线段 L_1 与裁剪窗口的交点参数是 t_1 和 t_4。对于直线段的起点一侧，$t_1 > t_3$，所以当 $u_n < 0$ 时，被裁剪直线段的起点取 t 的最大值 $t_{max} = t_1$；对于直线段的终点一侧，$t_4 < t_2$，所以当 $u_n > 0$ 时，被裁剪直线段的终点取 t 的最小值 $t_{min} = t_4$；如果 $t_{max} \leqslant t_{min}$，则被裁剪的直线段位于窗口内。显然 $u_n < 0$ 时，t_{max} 应该大于 0；$u_n > 0$ 时，t_{min} 应该小于 1。即

$$\begin{cases} t_{max} = \max(0, t_n \mid u_n < 0) \\ t_{min} = \min(t_n \mid u_n > 0, 1) \end{cases} \tag{5-24}$$

可见，对于直线段的起点，使用参数 t_1 和 t_3 判断，取其最大值；对于直线段的终点，使用参数 t_2 和 t_4 判断，取其最小值。直线段位于窗口内的参数条件是 $t_{max} \leqslant t_{min}$。将 t_{max} 和 t_{min} 代入式（5-18），可以计算直线段 L_1 与窗口左边界与上边界的交点。

下面再考察直线段 L_2 的情况。假定直线段 L_2 起点坐标为 (x_0, y_0)，终点坐标为 (x_1, y_1)。$u_1 < 0$ 时，表示 $x_0 < x_1$，直线段从窗口左边界的不可见侧延伸到可见侧，与窗口左边界及其延长线相交于参数 t 等于 t_1 处；$u_2 > 0$ 时，表示 $x_1 > x_0$，直线段从窗口右边界的可见侧延伸到不可见侧，与窗口右边界及其延长线相交于参数 t 等于 t_2 处；$u_3 < 0$ 时，表示 $y_0 < y_1$，直线段从窗口下边界的不可见侧延伸到可见侧，与窗口下边界及其延长线相交于参数 t 等于 t_3 处；$u_4 > 0$ 时，表示 $y_1 > y_0$，直线段从窗口上边界的可见侧延伸到不可见侧，与窗口上边界及其延长线相交于参数 t 等于 t_4 处。所以，起点一侧，$u_n < 0$ 时，$t_{max} = t_3$；终点一侧，$u_n > 0$ 时，$t_{min} = t_2$；因为 $t_{max} > t_{min}$，所以直线段 L_2 位于窗口外，可删除。

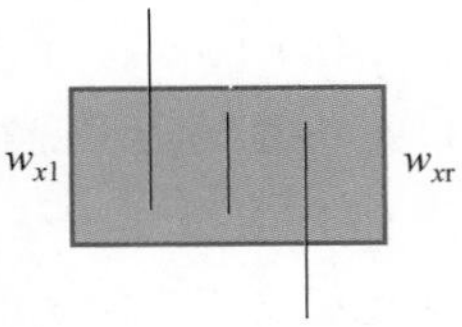

如果 $u_1 = 0$、$u_2 = 0$、$u_3 \neq 0$、$u_4 \neq 0$，表示 $x_0 = x_1$，是平行于窗口左右边界的垂线，如图 5-42 所示。如果满足 $v_1 < 0$ 或 $v_2 < 0$，则相应有 $x_0 < w_{xl}$ 或 $x_0 > w_{xr}$，可以判断直线段位于窗口左右边界之外，可删除；如果 $v_1 \geqslant 0$ 且 $v_2 \geqslant 0$，则相应有 $x_0 \geqslant w_{xl}$ 且 $x_0 \leqslant w_{xr}$，这意味着在水平方向上直线段位于窗口左右边界之内，仅需要判断该直线段在垂直方向是否位于窗口上下边界之内。

图 5-42　垂直直线段

$$t_n = \frac{v_n}{u_n}, \quad u_n \neq 0 \text{ 且 } n = 3, 4 \tag{5-25}$$

使用式（5-24）计算 t_{max} 和 t_{min}。如果 $t_{max} > t_{min}$，则直线段完全位于窗口外，删除该直线

段。如果 $t_{max} \leqslant t_{min}$，直线段部分位于窗口之内，将 t_{max} 和 t_{min} 代入式(5-18)，可以计算出直线段与窗口上下边界的交点。

同理，如果 $u_3=0$、$u_4=0$、$u_1 \neq 0$、$u_2 \neq 0$，则表示 $y_0=y_1$，是平行于窗口上下边界的水平线，如图 5-43 所示。如果满足 $v_3<0$ 或 $v_4<0$，则相应有 $y_0<w_{yb}$ 或 $y_0>w_{yt}$，直线段位于窗口上下边界之外，可删除；如果 $v_3 \geqslant 0$ 且 $v_4 \geqslant 0$，则相应有 $y_0 \geqslant w_{yb}$ 且 $y_0 \leqslant w_{yt}$，这意味着在垂直方向上直线段位于窗口上下边界之内，仅需要判断该直线段在水平方向是否位于窗口左右边界之内。

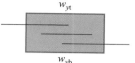

图 5-43　水平直线段

$$t_n = \frac{v_n}{u_n}, \quad u_n \neq 0 \text{ 且 } n=1,2 \tag{5-26}$$

使用式(5-24)计算 t_{max} 和 t_{min}。如果 $t_{max}>t_{min}$，则直线段完全位于窗口外，删除该直线段。如果 $t_{max} \leqslant t_{min}$，将 t_{max} 和 t_{min} 代入式(5-18)，可以计算出直线段与窗口的左右边界的交点。

算法应用：在屏幕客户区中心绘制"金刚石"图案。以鼠标指针为中心，显示一个正方形作为"放大镜"，如图 5-44 所示。移动放大镜显示金刚石图案的放大部分。要求使用 Liang-Barsky 直线段裁剪算法在放大镜中显示裁剪后的金刚石图案，如图 5-45 所示。

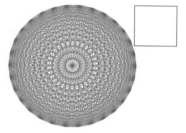

图 5-44　金刚石图案与放大镜

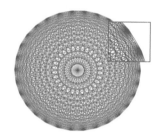

图 5-45　放大镜裁剪金刚石图案

5.8　多边形裁剪算法

多边形是由 3 条或 3 条以上的线段首尾顺次连接所组成的封闭图形。对示例多边形按照图 5-46 所示的窗口位置(绿线所示)直接使用直线段裁剪算法进行裁剪，结果如图 5-47 所示，原先的封闭多边形变成一个或多个开口的多边形或离散的线段。事实上，多边形裁剪后要求仍然构成一个封闭的多边形，以便进行填充，如图 5-48 所示。这要求一部分窗口边界 AB、CD、EF 等线段成为裁剪后的多边形边界。多边形裁剪算法主要有 Sutherland-Hodgman 裁剪算法和 Weiler-Atherton 裁剪算法等。本节主要介绍 Sutherland-Hodgman 裁剪算法[18]。

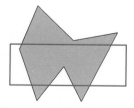

图 5-46　裁剪示例多边形

图 5-47　直线段裁剪结果

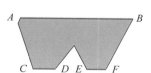

图 5-48　正确的裁剪结果

Sutherland-Hodgman 裁剪算法又称为逐边裁剪算法,基本思想是用裁剪窗口的 4 条边依次对多边形进行裁剪。窗口边界的裁剪顺序无关紧要,这里采用左、右、下、上的顺序。多边形裁剪算法的输出结果为裁剪后的多边形顶点序列。在算法的每一步中,仅考虑窗口的一条边以及延长线构成的裁剪线,该线把平面分为两部分:一部分包含窗口,称为可见侧;另一部分落在窗口之外,称为不可见侧。

对于裁剪窗口的每一条边,多边形的任一顶点只有两种相对位置关系,即位于裁剪窗口的外侧(不可见侧)或内侧(可见侧),共有 4 种情形。设边的起点为 P_0,终点为 P_1,边与裁剪窗口的交点为 P。图 5-49(a)中,P_0 和 P_1 都位于裁剪窗口内侧。将 P_1 加入输出列表。图 5-49(b)中,P_0 位于裁剪窗口内侧,P_1 位于裁剪窗口外侧。将 P 加入输出列表。图 5-49(c)中,P_0 位于裁剪窗口外侧,P_1 位于裁剪窗口内侧。将 P 和 P_1 加入输出列表。图 5-49(d)中,P_0 和 P_1 都位于裁剪窗口外侧。输出列表中不加入任何顶点。

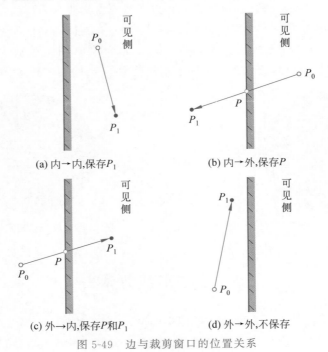

图 5-49   边与裁剪窗口的位置关系

Sutherland-Hodgman 裁剪算法可以用于裁剪任意凸多边形,在处理凹多边形时,可能会产生不正确的裁剪结果。图 5-50 中,示例凹多边形使用 Sutherland-Hodgman 裁剪算法裁剪后,输出结果为两个不连通的三角形,窗口的边界 AB 成为多余线段,如图 5-51 所示。

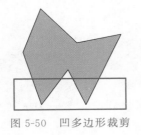

图 5-50   凹多边形裁剪

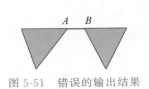

图 5-51   错误的输出结果

为了正确地裁剪凹多边形,一种方法是先将凹多边形分割为两个或更多的凸多边形,然后分别使用 Sutherland-Hodgman 裁剪算法裁剪。另一种方法是使用 Weiler-Atherton 裁剪算法。该算法适用于任何凸的、凹的、带内孔的多边形裁剪,但计算工作量较大。由于篇幅所限,请读者自行学习 Weiler-Atherton 裁剪算法[19]。

5.9　本　章　小　结

二维变换要求读者掌握齐次坐标和基本几何变换矩阵。二维基本几何变换的平移、比例、旋转、反射和错切是仿射变换的特例,反过来,任何仿射变换总可以表示为这 5 种变换的组合。本章给出了 3 种直线段裁剪算法,其中 Cohen-Sutherland 裁剪算法是最为著名的,创造性地提出了直线段端点的编码规则,但这种裁剪算法需要计算直线段与窗口边界的交点;中点分割裁剪算法避免了直线段与窗口边界的求交运算,只需递归计算直线段中点坐标就可以完成直线段的裁剪,但递归计算工作量较大。Liang-Barsky 裁剪算法是这 3 种算法中效率最高的算法,通过参数方程,把二维裁剪问题转化成一维裁剪问题,直线段的裁剪转化为求解一组不等式的问题。多边形裁剪算法要求裁剪后的图形边界是自然闭合的,也就是说裁剪窗口的部分边界做了裁剪后多边形的边界。多边形的裁剪使用了分治法的思想,基本思想是一次用窗口的一条边裁剪多边形。二维裁剪属于二维观察的内容。窗口建立在观察坐标系、视区建立在屏幕坐标系。为了减少窗视变换的计算量,本书中假定窗口与视区的大小一致。关于三维观察坐标系和三维屏幕坐标系将在后续章节中继续深入探讨。

习　题　5

1. 如图 5-52 所示,求 $A(4,1)$、$B(7,3)$、$C(7,7)$、$D(1,4)$ 构成的四边形绕 $Q(5,4)$ 逆时针旋转 $45°$ 的变换矩阵与变换后图形的顶点坐标。

2. 屏幕客户区 xOy 坐标系的原点位于左上角,x 轴水平向右为正,最大值为 $x_{\max}$,y 轴垂直向下为正,最大值为 $y_{\max}$。建立新坐标系 $x'O'y'$,原点位于屏幕中心 $O'(x_{\max}/2, y_{\max}/2)$,$x'$ 轴水平向右为正,y' 轴垂直向上为正,如图 5-53 所示。要求用变换矩阵求解这两个坐标系之间的相互关系。

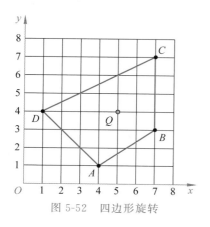

图 5-52　四边形旋转

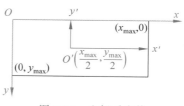

图 5-53　坐标系变换

3. 建立坐标系 xOy，原点位于屏幕中心，x 轴水平向右为正，y 轴垂直向上为正。在原点正下方 $B(0,-b)$ 处，悬挂一边长为 $a\left(b\geqslant\dfrac{\sqrt{2}}{2}a\right)$ 的正方形，如图 5-54 所示。要求正方形绕自身中心 B 点逆时针旋转，请编程实现二维复合旋转变换。

4. 有两点 $P_0(0,2)$、$P_1(3,3)$，用 Cohen-Sutherland 直线段编码裁剪算法裁剪线段 P_0P_1，裁剪窗口为 $w_{x1}=1,w_{xr}=6,w_{yb}=1,w_{yt}=5$，如图 5-55 所示。

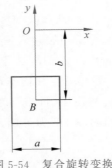

图 5-54　复合旋转变换

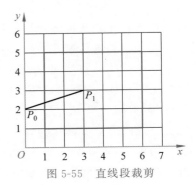

图 5-55　直线段裁剪

要求写出：

(1) 窗口边界划分的 9 个区域的编码原则。

(2) 线段端点的编码。

(3) 裁剪的主要步骤。

(4) 裁剪后窗口内直线段的端点坐标。

5. 窗视变换公式也可以使用窗口与视区的相似原理进行推导，但要求点 $P(x_w,y_w)$ 在窗口中的相对位置等于点 $P'(x_v,y_v)$ 在视区中的相对位置，请推导以下的窗视变换公式：

$$\begin{cases} x_v = ax_w + b \\ y_v = cy_w + d \end{cases}$$

变换系数为

$$\begin{cases} a = S_x = \dfrac{v_{xr}-v_{x1}}{w_{xr}-w_{x1}} \\ b = v_{x1} - w_{x1}a \\ c = S_y = \dfrac{v_{yt}-v_{yb}}{w_{yt}-w_{yb}} \\ d = v_{yb} - w_{yb}c \end{cases}$$

6. 按照图 5-56(a) 所示，使用对话框输入直线段的起点与终点坐标。在屏幕客户区左侧区域绘制输入直线段与"窗口"，在屏幕客户区右侧区域绘制"视区"并输出裁剪结果，如图 5-56(b) 所示。这里需要用到窗视变换公式，请使用 Cohen-Sutherland 算法编程实现。

*7. 已知裁剪窗口为 $w_{x1}=0,w_{xr}=2,w_{yb}=0,w_{yt}=2$，直线段的起点坐标为 $P_0(3,3)$，终点坐标为 $P_1(-2,-1)$，如图 5-57 所示。用 Liang-Barsky 直线段裁剪算法分步说明裁剪过程，并求出直线位于窗口内部分的端点 C 和 D 的坐标值。

*8. 在屏幕客户区中心绘制一组大小不同的正六边形图案，每个正六边形相对于其相邻的正六边形有轻微的旋转。使用鼠标移动正方形代表的放大镜（鼠标指针位于放大镜中心）

对图案基于 Liang-Barsky 裁剪算法进行动态裁剪,并在放大镜内绘制被裁剪正六边形图案的放大部分,默认的放大倍数设为 2,使用 MFC 编程实现。要求放大倍数可以使用工具栏的➕和➖按钮或鼠标左、右键进行调整。放大镜裁剪效果如图 5-58 所示。

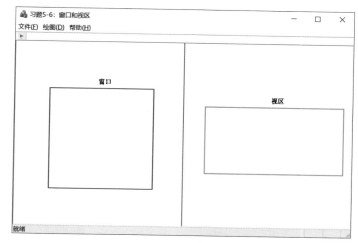

(a) 输入顶点参数对话框   (b) 裁剪直线段

图 5-56　窗视变换效果图

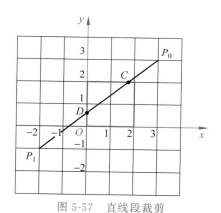

图 5-57　直线段裁剪

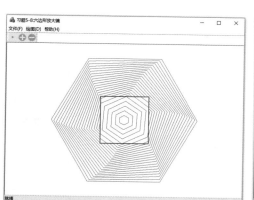

图 5-58　正方形放大镜动态裁剪正六边形图案

第6章 三维变换与投影

三维几何变换可以将物体由建模坐标系导入世界坐标系来构造三维场景,也可以实现三维物体在场景中的自由运动。要在二维平面显示器上借助于三维几何变换动态地绘制出三维图形的投影就涉及投影变换。投影变换的分类如图6-1所示。投影就是从投影中心发出射线,经过三维物体上的每一点后,与投影面相交所形成的交点集合,因此把三维坐标转变为二维坐标的过程称为投影变换。根据投影中心与投影面之间的距离的不同,投影可分为平行投影与透视投影。投影中心到投影面的距离为有限值时得到的投影称为透视投影,若此距离为无穷大,则称为平行投影。平行投影又可根据投影方向与投影面是否垂直分为正投影与斜投影。本章重点介绍正交投影与透视投影。

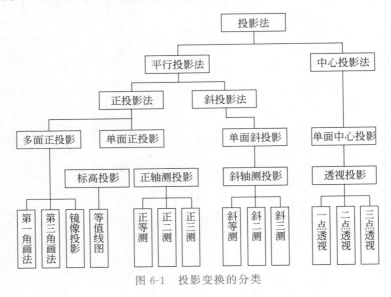

图 6-1 投影变换的分类

6.1 三维图形几何变换

6.1.1 三维变换矩阵

同二维变换一样,三维变换同样引入了齐次坐标技术。在定义了规范化齐次坐标以后,图形变换就可以表示为图形顶点集合的规范化齐次坐标矩阵与某一变换矩阵相乘的形式。三维图形几何变换矩阵是一个4×4方阵,简称三维变换矩阵 $\boldsymbol{T}$。

$$\boldsymbol{T} = \begin{bmatrix} a & b & c & p \\ d & e & f & q \\ g & h & i & r \\ l & m & n & s \end{bmatrix}$$

$$(6-1)$$

其中，$T_1 = \begin{bmatrix} a & b & c \\ d & e & f \\ g & h & i \end{bmatrix}$ 为 3×3 阶子矩阵，对图形进行比例、旋转、反射与错切变换；

$T_2 = [l \quad m \quad n]$，为 1×3 阶子矩阵，对图形进行平移变换；

$T_3 = \begin{bmatrix} p \\ q \\ r \end{bmatrix}$，为 3×1 阶子矩阵，对图形进行投影变换；

$T_4 = [s]$，为 1×1 阶子矩阵，对图形进行整体比例变换。

6.1.2 三维几何变换

三维几何变换的基本方法是把变换矩阵作为一个算子，作用到变换前的图形顶点集合的规范化齐次坐标矩阵上，得到变换后新的图形顶点集合的规范化齐次坐标矩阵。连接变换后的新的图形顶点，可以绘制出变换后的三维图形。

设变换前图形顶点集合的规范化齐次坐标矩阵

$$P = \begin{bmatrix} x_0 & y_0 & z_0 & 1 \\ x_1 & y_1 & z_1 & 1 \\ x_2 & y_2 & z_2 & 1 \\ \vdots & \vdots & \vdots & \vdots \\ x_{n-1} & y_{n-1} & z_{n-1} & 1 \end{bmatrix}$$

变换后图形顶点集合的规范化齐次坐标矩阵

$$P' = \begin{bmatrix} x'_0 & y'_0 & z'_0 & 1 \\ x'_1 & y'_1 & z'_1 & 1 \\ x'_2 & y'_2 & z'_2 & 1 \\ \vdots & \vdots & \vdots & \vdots \\ x'_{n-1} & y'_{n-1} & z'_{n-1} & 1 \end{bmatrix}$$

三维变换矩阵为

$$T = \begin{bmatrix} a & b & c & p \\ d & e & f & q \\ g & h & i & r \\ l & m & n & s \end{bmatrix}$$

则三维几何变换公式为 $P' = P \cdot T$，可以写成

$$\begin{bmatrix} x'_0 & y'_0 & z'_0 & 1 \\ x'_1 & y'_1 & z'_1 & 1 \\ x'_2 & y'_2 & z'_2 & 1 \\ \vdots & \vdots & \vdots & \vdots \\ x'_{n-1} & y'_{n-1} & z'_{n-1} & 1 \end{bmatrix} = \begin{bmatrix} x_0 & y_0 & z_0 & 1 \\ x_1 & y_1 & z_1 & 1 \\ x_2 & y_2 & z_2 & 1 \\ \vdots & \vdots & \vdots & \vdots \\ x_{n-1} & y_{n-1} & z_{n-1} & 1 \end{bmatrix} \cdot \begin{bmatrix} a & b & c & p \\ d & e & f & q \\ g & h & i & r \\ l & m & n & s \end{bmatrix} \tag{6-2}$$

6.2 三维基本几何变换矩阵

三维基本几何变换是指将 $P(x,y,z)$ 点从一个坐标位置变换到另一个坐标位置 $P'(x',y',z')$ 的过程。三维基本几何变换与二维基本几何变换一样是相对于坐标原点与坐标轴进行的几何变换，包括平移、比例、旋转、反射和错切这 5 种变换。因为三维变换矩阵的推导过程与二维变换矩阵的推导过程类似，这里只给出结论。

6.2.1 平移变换

平移变换的坐标表示为

$$\begin{cases} x' = x + T_x \\ y' = y + T_y \\ z' = z + T_z \end{cases}$$

因此，三维平移变换矩阵为

$$T = \begin{bmatrix} 1 & 0 & 0 & 0 \\ 0 & 1 & 0 & 0 \\ 0 & 0 & 1 & 0 \\ T_x & T_y & T_z & 1 \end{bmatrix} \tag{6-3}$$

式中，T_x、T_y 和 T_z 是平移参数。

6.2.2 比例变换

比例变换的坐标表示为

$$\begin{cases} x' = x \cdot S_x \\ y' = y \cdot S_y \\ z' = z \cdot S_z \end{cases}$$

因此，三维比例变换矩阵为

$$T = \begin{bmatrix} S_x & 0 & 0 & 0 \\ 0 & S_y & 0 & 0 \\ 0 & 0 & S_z & 0 \\ 0 & 0 & 0 & 1 \end{bmatrix} \tag{6-4}$$

式中，S_x、S_y 和 S_z 是比例系数。

6.2.3 旋转变换

三维旋转一般看成是二维旋转变换的组合，可以分为：绕 x 轴旋转、绕 y 轴旋转和绕 z 轴旋转。转角的正向满足右手定则：大拇指指向旋转轴正向，四指的转向为转角正向。下面给出的旋转变换均为绕某一个坐标轴正向旋转角度 β 后的变换矩阵。

1. 绕 x 轴旋转

绕 x 轴旋转变换的坐标表示为

$$\begin{cases} x' = x \\ y' = y\cos\beta - z\sin\beta \\ z' = y\sin\beta + z\cos\beta \end{cases}$$

因此,绕 x 轴的三维旋转变换矩阵为

$$T = \begin{bmatrix} 1 & 0 & 0 & 0 \\ 0 & \cos\beta & \sin\beta & 0 \\ 0 & -\sin\beta & \cos\beta & 0 \\ 0 & 0 & 0 & 1 \end{bmatrix} \tag{6-5}$$

2. 绕 y 轴旋转

绕 y 轴旋转变换的坐标表示为

$$\begin{cases} x' = z\sin\beta + x\cos\beta \\ y' = y \\ z' = z\cos\beta - x\sin\beta \end{cases}$$

因此,绕 y 轴的三维旋转变换矩阵为

$$T = \begin{bmatrix} \cos\beta & 0 & -\sin\beta & 0 \\ 0 & 1 & 0 & 0 \\ \sin\beta & 0 & \cos\beta & 0 \\ 0 & 0 & 0 & 1 \end{bmatrix} \tag{6-6}$$

3. 绕 z 轴旋转

绕 z 轴旋转变换的坐标表示为

$$\begin{cases} x' = x\cos\beta - y\sin\beta \\ y' = x\sin\beta + y\cos\beta \\ z' = z \end{cases}$$

因此,绕 z 轴的三维旋转变换矩阵为

$$T = \begin{bmatrix} \cos\beta & \sin\beta & 0 & 0 \\ -\sin\beta & \cos\beta & 0 & 0 \\ 0 & 0 & 1 & 0 \\ 0 & 0 & 0 & 1 \end{bmatrix} \tag{6-7}$$

6.2.4 反射变换

三维反射变换可以分为关于坐标轴的反射变换与关于坐标平面的反射变换两类。

1. 关于 x 轴的反射

关于 x 轴反射变换的坐标表示为

$$\begin{cases} x' = x \\ y' = -y \\ z' = -z \end{cases}$$

因此,关于 x 轴的三维反射变换矩阵为

$$T = \begin{bmatrix} 1 & 0 & 0 & 0 \\ 0 & -1 & 0 & 0 \\ 0 & 0 & -1 & 0 \\ 0 & 0 & 0 & 1 \end{bmatrix} \qquad (6\text{-}8)$$

2. 关于 y 轴的反射

关于 y 轴反射变换的坐标表示为

$$\begin{cases} x' = -x \\ y' = y \\ z' = -z \end{cases}$$

因此,关于 y 轴的三维反射变换矩阵为

$$T = \begin{bmatrix} -1 & 0 & 0 & 0 \\ 0 & 1 & 0 & 0 \\ 0 & 0 & -1 & 0 \\ 0 & 0 & 0 & 1 \end{bmatrix} \qquad (6\text{-}9)$$

3. 关于 z 轴的反射

关于 z 轴反射变换的坐标表示为

$$\begin{cases} x' = -x \\ y' = -y \\ z' = z \end{cases}$$

因此,关于 z 轴的三维反射变换矩阵为

$$T = \begin{bmatrix} -1 & 0 & 0 & 0 \\ 0 & -1 & 0 & 0 \\ 0 & 0 & 1 & 0 \\ 0 & 0 & 0 & 1 \end{bmatrix} \qquad (6\text{-}10)$$

4. 关于 xOy 面的反射

关于 xOy 面反射变换的坐标表示为

$$\begin{cases} x' = x \\ y' = y \\ z' = -z \end{cases}$$

因此,关于 xOy 面的三维反射变换矩阵为

$$T = \begin{bmatrix} 1 & 0 & 0 & 0 \\ 0 & 1 & 0 & 0 \\ 0 & 0 & -1 & 0 \\ 0 & 0 & 0 & 1 \end{bmatrix} \qquad (6\text{-}11)$$

5. 关于 yOz 面的反射

关于 yOz 面反射变换的坐标表示为

$$\begin{cases} x' = -x \\ y' = y \\ z' = z \end{cases}$$

因此,关于 yOz 面的三维反射变换矩阵为

$$T = \begin{bmatrix} -1 & 0 & 0 & 0 \\ 0 & 1 & 0 & 0 \\ 0 & 0 & 1 & 0 \\ 0 & 0 & 0 & 1 \end{bmatrix} \tag{6-12}$$

6. 关于 zOx 面的反射

关于 zOx 面反射变换的坐标表示为

$$\begin{cases} x' = x \\ y' = -y \\ z' = z \end{cases}$$

因此,关于 zOx 面的三维反射变换矩阵为

$$T = \begin{bmatrix} 1 & 0 & 0 & 0 \\ 0 & -1 & 0 & 0 \\ 0 & 0 & 1 & 0 \\ 0 & 0 & 0 & 1 \end{bmatrix} \tag{6-13}$$

6.2.5 错切变换

三维错切变换的坐标表示为

$$\begin{cases} x' = x + dy + gz \\ y' = bx + y + hz \\ z' = cx + fy + z \end{cases}$$

因此,三维错切变换矩阵为

$$T = \begin{bmatrix} 1 & b & c & 0 \\ d & 1 & f & 0 \\ g & h & 1 & 0 \\ 0 & 0 & 0 & 1 \end{bmatrix} \tag{6-14}$$

三维错切变换中,一个坐标的变化受另外两个坐标变化的影响。如果变换矩阵第 1 列中元素 d 和 g 不为 0,产生沿 x 轴方向的错切;如果第 2 列中元素 b 和 h 不为 0,产生沿 y 轴方向的错切;如果第 3 列中元素 c 和 f 不为 0,产生沿 z 轴方向的错切。一般不用三维错切变换绘制复杂的图形,仅用于绘制物体的斜投影图。按照错切方向的不同,分为 3 种不同的形式。

1. 沿 x 轴方向错切

此时,$b = 0, h = 0, c = 0, f = 0$。

因此,沿 x 方向错切变换矩阵为

$$T = \begin{bmatrix} 1 & 0 & 0 & 0 \\ d & 1 & 0 & 0 \\ g & 0 & 1 & 0 \\ 0 & 0 & 0 & 1 \end{bmatrix} \tag{6-15}$$

当 $d = 0$ 时,错切平面离开 z 轴,沿 x 方向移动 gz 距离;当 $g = 0$ 时,错切平面离开 y

轴,沿 x 方向移动 dy 距离。

2. 沿 y 轴方向错切

此时, $d=0,g=0,c=0,f=0$。

因此,沿 y 方向错切变换矩阵为

$$T = \begin{bmatrix} 1 & b & 0 & 0 \\ 0 & 1 & 0 & 0 \\ 0 & h & 1 & 0 \\ 0 & 0 & 0 & 1 \end{bmatrix} \tag{6-16}$$

当 $b=0$ 时,错切平面离开 z 轴,沿 y 方向移动 hz 距离;当 $h=0$ 时,错切平面离开 x 轴,沿 y 方向移动 bx 距离。

3. 沿 z 轴方向错切

此时, $d=0,g=0,b=0,h=0$。

因此,沿 z 方向错切变换矩阵为

$$T = \begin{bmatrix} 1 & 0 & c & 0 \\ 0 & 1 & f & 0 \\ 0 & 0 & 1 & 0 \\ 0 & 0 & 0 & 1 \end{bmatrix} \tag{6-17}$$

当 $c=0$ 时,错切平面离开 y 轴,沿 z 方向移动 fy 距离;当 $f=0$ 时,错切平面离开 x 轴,沿 z 方向移动 cx 距离。

6.3 三维复合变换

三维基本几何变换是相对于坐标原点和坐标轴进行的几何变换。同二维复合变换类似,三维复合变换是指对图形进行一次以上的基本几何变换,总变换矩阵是每一步变换矩阵相乘的结果。

$$P' = P \cdot T = P \cdot T_1 \cdot T_2 \cdot \cdots \cdot T_n, \quad n > 1 \tag{6-18}$$

式中, T 为复合变换矩阵, $T_1,T_2,\cdots,T_n$ 为 n 个单次基本几何变换矩阵。

6.3.1 相对于任意参考点的三维几何变换

在三维基本几何任意变换中,比例变换和旋转变换是与参考点相关的。相对于任意一个参考点 $Q(x,y,z)$ 的比例变换和旋转变换应表达为复合变换形式。变换方法是首先将参考点平移到坐标原点,相对于坐标原点作比例变换或旋转变换,然后再进行反平移将参考点平移回原位置。

6.3.2 相对于任意方向的三维几何变换

相对于任意方向的变换方法是首先对任意方向做旋转变换,使任意方向与某个坐标轴重合,然后对该坐标轴进行三维基本几何变换,最后做反向旋转变换,将任意方向还原到原来的方向。三维几何变换中需要进行两次旋转变换,才能使任意方向与某个坐标轴重合。一般做法是先将任意方向旋转到某个坐标平面内,然后再旋转到与该坐标平面内的某个坐标轴重合。

例 6-1　如图 6-2 所示,已知空间矢量 $\overrightarrow{P_0P_1}=\{x_1-x_0,y_1-y_0,z_1-z_0\}$,它与 3 个坐标轴的方向余弦分别为

$$\begin{cases} n_1=\cos\alpha \\ n_2=\cos\beta \\ n_3=\cos\gamma \end{cases}$$

求空间一点 $P(x,y,z)$ 绕矢量 $\overrightarrow{P_0P_1}$ 逆时针旋转角度 θ 后的分步变换矩阵。

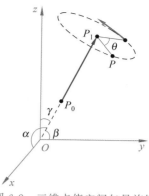

变换方法为,将 $P_0(x_0,y_0,z_0)$ 平移到坐标原点,并使矢量 $\overrightarrow{P_0P_1}$ 分别绕 y 轴、绕 x 轴旋转适当角度与 y 轴重合,再绕 y 轴逆时针旋转角度 θ,最后再进行上述变换的逆变换,使矢量 $\overrightarrow{P_0P_1}$ 回到原来位置。

图 6-2　三维点绕空间矢量旋转

(1) 将 $P_0(x_0,y_0,z_0)$ 平移到坐标原点,其变换矩阵为

$$\boldsymbol{T}_1=\begin{bmatrix} 1 & 0 & 0 & 0 \\ 0 & 1 & 0 & 0 \\ 0 & 0 & 1 & 0 \\ -x_0 & -y_0 & -z_0 & 1 \end{bmatrix} \tag{6-19}$$

(2) 将矢量 $\overrightarrow{P_0P_1}$ 绕 y 轴顺时针旋转角度 θ_y,与 yOz 平面重合,其变换矩阵为

$$\boldsymbol{T}_2=\begin{bmatrix} \cos(-\theta_y) & 0 & -\sin(-\theta_y) & 0 \\ 0 & 1 & 0 & 0 \\ \sin(-\theta_y) & 0 & \cos(-\theta_y) & 0 \\ 0 & 0 & 0 & 1 \end{bmatrix}=\begin{bmatrix} \cos\theta_y & 0 & \sin\theta_y & 0 \\ 0 & 1 & 0 & 0 \\ -\sin\theta_y & 0 & \cos\theta_y & 0 \\ 0 & 0 & 0 & 1 \end{bmatrix} \tag{6-20}$$

(3) 将矢量 $\overrightarrow{P_0P_1}$ 绕 x 轴顺时针旋转角度 θ_x,与 y 轴重合,其变换矩阵为

$$\boldsymbol{T}_3=\begin{bmatrix} 1 & 0 & 0 & 0 \\ 0 & \cos(-\theta_x) & \sin(-\theta_x) & 0 \\ 0 & -\sin(-\theta_x) & \cos(-\theta_x) & 0 \\ 0 & 0 & 0 & 1 \end{bmatrix}=\begin{bmatrix} 1 & 0 & 0 & 0 \\ 0 & \cos\theta_x & -\sin\theta_x & 0 \\ 0 & \sin\theta_x & \cos\theta_x & 0 \\ 0 & 0 & 0 & 1 \end{bmatrix} \tag{6-21}$$

(4) 将 $P(x,y,z)$ 点绕 y 轴逆时针旋转角度 θ,其变换矩阵为

$$\boldsymbol{T}_4=\begin{bmatrix} \cos\theta & 0 & -\sin\theta & 0 \\ 0 & 1 & 0 & 0 \\ \sin\theta & 0 & \cos\theta & 0 \\ 0 & 0 & 0 & 1 \end{bmatrix} \tag{6-22}$$

(5) 将矢量 $\overrightarrow{P_0P_1}$ 绕 x 轴逆时针旋转角度 θ_x,其变换矩阵为

$$\boldsymbol{T}_5=\begin{bmatrix} 1 & 0 & 0 & 0 \\ 0 & \cos\theta_x & \sin\theta_x & 0 \\ 0 & -\sin\theta_x & \cos\theta_x & 0 \\ 0 & 0 & 0 & 1 \end{bmatrix} \tag{6-23}$$

(6) 将矢量 $\overrightarrow{P_0P_1}$ 绕 y 轴逆时针旋转角度 θ_y,其变换矩阵为

$$T_6 = \begin{bmatrix} \cos\theta_y & 0 & -\sin\theta_y & 0 \\ 0 & 1 & 0 & 0 \\ \sin\theta_y & 0 & \cos\theta_y & 0 \\ 0 & 0 & 0 & 1 \end{bmatrix} \qquad (6\text{-}24)$$

（7）将 $P_0(x_0, y_0, z_0)$ 点平移回原位置，其变换矩阵为

$$T_7 = \begin{bmatrix} 1 & 0 & 0 & 0 \\ 0 & 1 & 0 & 0 \\ 0 & 0 & 1 & 0 \\ x_0 & y_0 & z_0 & 1 \end{bmatrix} \qquad (6\text{-}25)$$

式中，$\sin\theta_x$、$\cos\theta_x$、$\sin\theta_y$ 和 $\cos\theta_y$ 为中间变量。如果其值已知，则变换矩阵就全部确定了。

考虑矢量 $\overrightarrow{P_0P_1}$ 的单位矢量 $\boldsymbol{n}$，它在 3 个坐标轴上的投影值为 n_1、n_2、n_3。取 y 轴上一单位矢量将其绕 x 轴逆时针旋转角度 θ_x，再绕 y 轴逆时针旋转角度 θ_y，则此单位矢量将同单位矢量 $\boldsymbol{n}$ 重合，其变换过程为

$$[n_1 \quad n_2 \quad n_3 \quad 1] = [0 \quad 1 \quad 0 \quad 1] \cdot \begin{bmatrix} 1 & 0 & 0 & 0 \\ 0 & \cos\theta_x & \sin\theta_x & 0 \\ 0 & -\sin\theta_x & \cos\theta_x & 0 \\ 0 & 0 & 0 & 1 \end{bmatrix} \cdot \begin{bmatrix} \cos\theta_y & 0 & -\sin\theta_y & 0 \\ 0 & 1 & 0 & 0 \\ \sin\theta_y & 0 & \cos\theta_y & 0 \\ 0 & 0 & 0 & 1 \end{bmatrix}$$

$$= [\sin\theta_x\sin\theta_y \quad \cos\theta_x \quad \sin\theta_x\cos\theta_y \quad 1]$$

根据矢量相等，可得 $n_1 = \sin\theta_x\sin\theta_y$，$n_2 = \cos\theta_x$，$n_3 = \sin\theta_x\cos\theta_y$。

同时考虑到 $n_1^2 + n_2^2 + n_3^2 = 1$，逐步求解 $\sin\theta_x$、$\cos\theta_x$、$\sin\theta_y$ 和 $\cos\theta_y$。

由 n_2 知道 $n_2 = \cos\theta_x$。考虑到单位矢量的方向余弦，有 $n_2 = \cos\beta$，因此，$\cos\theta_x = \cos\beta$。

$\sin\theta_x = \sqrt{1 - \cos^2\theta_x}$，而 $\cos\theta_x = n_2$，所以

$$\sin\theta_x = \sqrt{1 - \cos^2\theta_x} = \sqrt{n_1^2 + n_3^2} = \sqrt{\cos^2\alpha + \cos^2\gamma}$$

由 $n_1 = \sin\theta_x\sin\theta_y$，解得

$$\sin\theta_y = \frac{n_1}{\sin\theta_x} = \frac{n_1}{\sqrt{n_1^2 + n_3^2}} = \frac{\cos\alpha}{\sqrt{\cos^2\alpha + \cos^2\gamma}}$$

由 $n_3 = \sin\theta_x\cos\theta_y$，解得

$$\cos\theta_y = \frac{n_3}{\sin\theta_x} = \frac{n_3}{\sqrt{n_1^2 + n_3^2}} = \frac{\cos\gamma}{\sqrt{\cos^2\alpha + \cos^2\gamma}}$$

将 $\sin\theta_x$、$\cos\theta_x$、$\sin\theta_y$ 和 $\cos\theta_y$ 分别代入式（6-20）、式（6-21）、式（6-23）和式（6-24），即可计算出变换矩阵 T_2、T_3、T_5 和 T_6。复合变换矩阵 $T = T_1 \cdot T_2 \cdot T_3 \cdot T_4 \cdot T_5 \cdot T_6 \cdot T_7$。

6.4 平行投影

平行投影（parallel projection）的最大特点是无论物体距离视点多远，投影后的物体尺寸保持不变。平行投影可分成两类：正投影与斜投影。当投影方向与投影面垂直时，得到的投影为正投影，否则为斜投影。

6.4.1　正投影

设物体上任意一点的三维坐标为 $P(x,y,z)$，向 xOy 面做正投影后的三维坐标为 $P'(x',y',z')$，正投影的齐次坐标矩阵为

$$[x'\quad y'\quad z'\quad 1]=[x\quad y\quad 0\quad 1]=[x\quad y\quad z\quad 1]\cdot\begin{bmatrix}1&0&0&0\\0&1&0&0\\0&0&0&0\\0&0&0&1\end{bmatrix}$$

正投影变换矩阵为

$$\boldsymbol{T}=\begin{bmatrix}1&0&0&0\\0&1&0&0\\0&0&0&0\\0&0&0&1\end{bmatrix}\qquad(6\text{-}26)$$

6.4.2　三视图

三视图是正投影视图，包括主视图、俯视图与侧视图，投影面分别与 y 轴、z 轴和 x 轴垂直。即将三维物体分别对正面 V(yOz 面)、水平面 H(xOz 面)和侧面 W(xOy 面)做正投影得到 3 个基本视图。图 6-3(a)为正三棱柱的立体图，图 6-3(b)为正三棱柱的三视图。

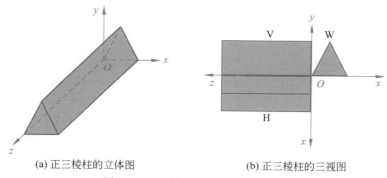

(a) 正三棱柱的立体图　　　　　　(b) 正三棱柱的三视图

图 6-3　正三棱柱的立体图与三视图

1. 主视图

将图 6-3(a)所示的正三棱柱向 yOz 面做正投影，得到主视图。设正三棱柱上任意一点坐标用 $P(x,y,z)$ 表示，它在 yOz 面上投影后的坐标为 $P'(x',y',z')$。其中 $x'=0$，$y'=y$，$z'=z$。

$$[x'\quad y'\quad z'\quad 1]=[0\quad y\quad z\quad 1]=[x\quad y\quad z\quad 1]\cdot\begin{bmatrix}0&0&0&0\\0&1&0&0\\0&0&1&0\\0&0&0&1\end{bmatrix}$$

主视图投影变换矩阵

$$\boldsymbol{T}_{\mathrm{V}} = \boldsymbol{T}_{yOz} = \begin{bmatrix} 0 & 0 & 0 & 0 \\ 0 & 1 & 0 & 0 \\ 0 & 0 & 1 & 0 \\ 0 & 0 & 0 & 1 \end{bmatrix} \tag{6-27}$$

2. 俯视图

将正三棱柱向 xOz 面做正投影,得到俯视图。设正三棱柱上任意一点坐标用 $P(x,y,z)$ 表示,它在 xOz 面上投影后坐标为 $P'(x',y',z')$,其中 $x'=x, y'=0, z'=z$。

$$[x' \quad y' \quad z' \quad 1] = [x \quad 0 \quad z \quad 1] = [x \quad y \quad z \quad 1] \cdot \begin{bmatrix} 1 & 0 & 0 & 0 \\ 0 & 0 & 0 & 0 \\ 0 & 0 & 1 & 0 \\ 0 & 0 & 0 & 1 \end{bmatrix}$$

投影变换矩阵 $\boldsymbol{T}_{xOz} = \begin{bmatrix} 1 & 0 & 0 & 0 \\ 0 & 0 & 0 & 0 \\ 0 & 0 & 1 & 0 \\ 0 & 0 & 0 & 1 \end{bmatrix}$。

为了在 yOz 平面内表示俯视图,需要将 xOz 面绕 z 轴顺时针旋转 $90°$,旋转变换矩阵

$$\boldsymbol{T}_{\mathrm{R}z} = \begin{bmatrix} \cos\left(-\dfrac{\pi}{2}\right) & \sin\left(-\dfrac{\pi}{2}\right) & 0 & 0 \\ -\sin\left(-\dfrac{\pi}{2}\right) & \cos\left(-\dfrac{\pi}{2}\right) & 0 & 0 \\ 0 & 0 & 1 & 0 \\ 0 & 0 & 0 & 1 \end{bmatrix} = \begin{bmatrix} 0 & -1 & 0 & 0 \\ 1 & 0 & 0 & 0 \\ 0 & 0 & 1 & 0 \\ 0 & 0 & 0 & 1 \end{bmatrix}$$

俯视图的投影变换矩阵为上述两个变换矩阵的乘积

$$\boldsymbol{T}_{\mathrm{H}} = \boldsymbol{T}_{xOz} \cdot \boldsymbol{T}_{\mathrm{R}z} = \begin{bmatrix} 1 & 0 & 0 & 0 \\ 0 & 0 & 0 & 0 \\ 0 & 0 & 1 & 0 \\ 0 & 0 & 0 & 1 \end{bmatrix} \cdot \begin{bmatrix} 0 & -1 & 0 & 0 \\ 1 & 0 & 0 & 0 \\ 0 & 0 & 1 & 0 \\ 0 & 0 & 0 & 1 \end{bmatrix}$$

俯视图投影变换矩阵

$$\boldsymbol{T}_{\mathrm{H}} = \begin{bmatrix} 0 & -1 & 0 & 0 \\ 0 & 0 & 0 & 0 \\ 0 & 0 & 1 & 0 \\ 0 & 0 & 0 & 1 \end{bmatrix} \tag{6-28}$$

3. 侧视图

将正三棱柱向 xOy 面做正投影,得到侧视图。设正三棱柱上任意一点坐标用 $P(x,y,z)$ 表示,它在 xOy 面上投影后坐标为 $P'(x',y',z')$。其中 $x'=x, y'=y, z'=0$。

$$[x' \quad y' \quad z' \quad 1] = [x \quad y \quad 0 \quad 1] = [x \quad y \quad z \quad 1] \cdot \begin{bmatrix} 1 & 0 & 0 & 0 \\ 0 & 1 & 0 & 0 \\ 0 & 0 & 0 & 0 \\ 0 & 0 & 0 & 1 \end{bmatrix}$$

投影变换矩阵 $\boldsymbol{T}_{xOy} = \begin{bmatrix} 1 & 0 & 0 & 0 \\ 0 & 1 & 0 & 0 \\ 0 & 0 & 0 & 0 \\ 0 & 0 & 0 & 1 \end{bmatrix}$。

为了在 yOz 平面内表示侧视图，需要将 xOy 面绕 y 轴逆时针旋转 $90°$，旋转变换矩阵

$$\boldsymbol{T}_{Ry} = \begin{bmatrix} \cos\dfrac{\pi}{2} & 0 & -\sin\dfrac{\pi}{2} & 0 \\ 0 & 1 & 0 & 0 \\ \sin\dfrac{\pi}{2} & 0 & \cos\dfrac{\pi}{2} & 0 \\ 0 & 0 & 0 & 1 \end{bmatrix} = \begin{bmatrix} 0 & 0 & -1 & 0 \\ 0 & 1 & 0 & 0 \\ 1 & 0 & 0 & 0 \\ 0 & 0 & 0 & 1 \end{bmatrix}$$

侧视图的投影变换矩阵为上述两个变换矩阵的乘积

$$\boldsymbol{T}_{W} = \boldsymbol{T}_{xOy} \cdot \boldsymbol{T}_{Ry} = \begin{bmatrix} 1 & 0 & 0 & 0 \\ 0 & 1 & 0 & 0 \\ 0 & 0 & 0 & 0 \\ 0 & 0 & 0 & 1 \end{bmatrix} \cdot \begin{bmatrix} 0 & 0 & -1 & 0 \\ 0 & 1 & 0 & 0 \\ 1 & 0 & 0 & 0 \\ 0 & 0 & 0 & 1 \end{bmatrix}$$

侧视图投影变换矩阵

$$\boldsymbol{T}_{W} = \begin{bmatrix} 0 & 0 & -1 & 0 \\ 0 & 1 & 0 & 0 \\ 0 & 0 & 0 & 0 \\ 0 & 0 & 0 & 1 \end{bmatrix} \tag{6-29}$$

从三视图的 3 个变换矩阵可以看出，三视图中的 x 坐标始终为 0，表明三视图均落在 yOz 平面内，即将三维物体用 3 个二维视图来表示。使用上述三视图变换矩阵绘制的三视图效果如图 6-3(b)所示。三视图虽然位于同一平面内，但却彼此粘连。这对于使用多视区分别绘制主视图、俯视图和侧视图时，不会产生影响，如图 6-4(a)所示。但是如果使用单视区绘制的三视图，必须强制将 3 个视图分开。可以将三视图分别相对于原点各平移一段距离，如图 6-4(b)中的 t_x、t_y 和 t_z 所示。这需要对三视图的变换矩阵再施加平移变换。其中主视图的平移参数是 $(0, t_y, t_z)$，俯视图的平移参数是 $(0, -t_x, t_z)$，侧视图的平移参数是 $(0, t_y, -t_x)$。

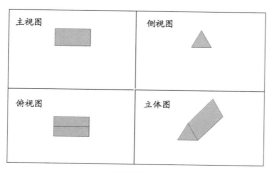

(a) 多视区三视图

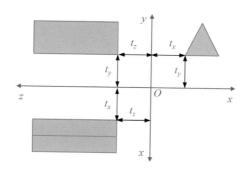

(b) 单视区三视图

图 6-4　多视区与单视区正投影图

主视图平移矩阵 $\boldsymbol{T}_{\mathrm{VT}} = \begin{bmatrix} 1 & 0 & 0 & 0 \\ 0 & 1 & 0 & 0 \\ 0 & 0 & 1 & 0 \\ 0 & t_y & t_z & 1 \end{bmatrix}$, 俯视图平移矩阵 $\boldsymbol{T}_{\mathrm{HT}} = \begin{bmatrix} 1 & 0 & 0 & 0 \\ 0 & 1 & 0 & 0 \\ 0 & 0 & 1 & 0 \\ 0 & -t_x & t_z & 1 \end{bmatrix}$,

侧视图平移矩阵 $\boldsymbol{T}_{\mathrm{WT}} = \begin{bmatrix} 1 & 0 & 0 & 0 \\ 0 & 1 & 0 & 0 \\ 0 & 0 & 1 & 0 \\ 0 & t_y & -t_x & 1 \end{bmatrix}$ 。

则,包含平移变换的三视图变换矩阵

$$\boldsymbol{T}_{\mathrm{V}} = \begin{bmatrix} 0 & 0 & 0 & 0 \\ 0 & 1 & 0 & 0 \\ 0 & 0 & 1 & 0 \\ 0 & t_y & t_z & 1 \end{bmatrix}, \quad \boldsymbol{T}_{\mathrm{H}} = \begin{bmatrix} 0 & -1 & 0 & 0 \\ 0 & 0 & 0 & 0 \\ 0 & 0 & 1 & 0 \\ 0 & -t_x & t_z & 1 \end{bmatrix}, \quad \boldsymbol{T}_{\mathrm{W}} = \begin{bmatrix} 0 & 0 & -1 & 0 \\ 0 & 1 & 0 & 0 \\ 0 & 0 & 0 & 0 \\ 0 & t_y & -t_x & 1 \end{bmatrix}$$

三视图是工程中常用的图样。由于具备长对正、高平齐、宽相等的特点,机械工程中常用三视图来表达三维物体的尺寸。三视图缺乏立体感,只有将主视图、俯视图与侧视图结合在一起加以抽象,才能获得物体的空间结构。图 6-5 所示的 3 组三视图中,尽管主视图和侧视图完全相同,但俯视图的细微差异却导致了物体的 3 种不同的立体结构。

图 6-5　三视图确定物体形状

6.4.3　斜投影

将三维物体向投影面内作平行投影,但投影方向不垂直于投影面得到的投影称为斜投影。与正投影相比,斜投影具有较好的立体感。斜投影也具有部分类似正投影的可测量性,平行于投影面的物体表面的长度和角度投影后保持不变。

斜投影的倾斜度可以由两个角来描述,如图 6-6 所示。选择投影面垂直于 z 轴,且过原点。空间一点 $P_1(x, y, z)$ 位于 z 轴的正向,该点在 xOy 面上的斜投影坐标为 $P_2(x', y', 0)$,该点的正投影坐标为 $P_3(x, y, 0)$。斜投影线 P_1P_2 与 P_2P_3 的连线构成夹角 α,而 P_2P_3 与 x 轴构成的夹角为 β。设 P_2P_3 的长度为 L,则有 $L = z\cot\alpha$。

从图 6-6 中可以直接得出斜投影的坐标为

$$x' = x - L\cos\beta = x - z\cot\alpha\cos\beta$$
$$y' = y - L\sin\beta = y - z\cot\alpha\sin\beta$$

即

$$\begin{cases} x' = x - z\cot\alpha\cos\beta \\ y' = y - z\cot\alpha\sin\beta \end{cases} \tag{6-30}$$

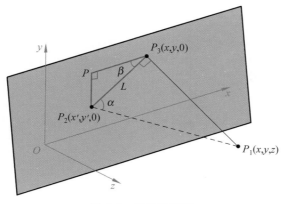

图 6-6　斜投影原理

齐次坐标表示为

$$[x'\quad y'\quad z'\quad 1]=[x\quad y\quad z\quad 1]\cdot\begin{bmatrix} 1 & 0 & 0 & 0 \\ 0 & 1 & 0 & 0 \\ -\cot\alpha\cos\beta & -\cot\alpha\sin\beta & 0 & 0 \\ 0 & 0 & 0 & 1 \end{bmatrix}$$

斜投影变换矩阵

$$\boldsymbol{T}=\begin{bmatrix} 1 & 0 & 0 & 0 \\ 0 & 1 & 0 & 0 \\ -\cot\alpha\cos\beta & -\cot\alpha\sin\beta & 0 & 0 \\ 0 & 0 & 0 & 1 \end{bmatrix} \tag{6-31}$$

　　取 $\beta=45°$,当 $\cot\alpha=1$ 时,即投影方向与投影面成 $\alpha=45°$ 的夹角时,得到的斜投影图为斜等测图。这时,垂直于投影面的任何直线段的投影长度保持不变。将 α 和 β 代入式(6-30),有

$$\begin{cases} x'=x-z/\sqrt{2} \\ y'=y-z/\sqrt{2} \end{cases} \tag{6-32}$$

　　取 $\beta=45°$,当 $\cot\alpha=1/2$ 时,有 $\alpha\approx63.4°$,得到的斜投影图为斜二测图,这时,垂直于投影面的任何直线段的投影长度为原来的一半。将 α 和 β 代入式(6-30),有

$$\begin{cases} x'=x-z/(2\sqrt{2}) \\ y'=y-z/(2\sqrt{2}) \end{cases} \tag{6-33}$$

　　立方体的斜等测图如图 6-7(a)所示,斜二测图如图 6-7(b)所示。从图中可以看出,斜二测投影比斜等测投影更真实些。图 6-7 中所示三维坐标系中的 z 轴并不真正垂直于 xOy 坐标平面,而是使用与 x 轴或 y 轴成 135° 夹角的虚拟轴代替,因此所绘制的图形也被称为准三维图形。

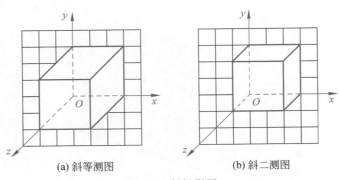

(a) 斜等测图   (b) 斜二测图

图 6-7 斜投影图

6.5 透 视 投 影

透视投影(perspective projection)的特点是所有投影线都从与投影面相距有限远的空间一点投射,该点称为视点或投影中心。离视点近的物体投影大,离视点远的物体投影小,小到极点消失,称为灭点(vanishing point)。生活中,照相机拍摄的照片,画家的写生画等均是透视投影的例子。透视投影模拟了人眼观察物体的过程,符合视觉习惯,在真实感图形中得到了广泛的应用。

一般将屏幕放在观察者与物体之间,如图 6-8 所示。投影线与屏幕的交点就是物体上一点的透视投影。观察者的眼睛位置称为视点,垂直于屏幕的视线与屏幕的交点称为视心,视点到视心的距离称为视距(如果视点放置照相机,则称为焦距)。视点到物体的距离称为视径。视点代表人眼、照相机或摄像机的位置,是观察坐标系的原点。视心是屏幕坐标系的原点。视距常用 d 表示,视径常用 R 表示。

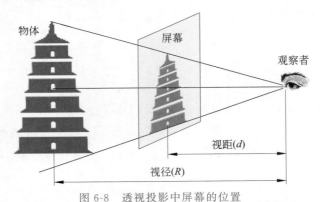

图 6-8 透视投影中屏幕的位置

6.5.1 透视投影坐标系

透视投影中,物体中心位于世界坐标系 $\{O_w; x_w, y_w, z_w\}$ 的原点 O_w,视点位于观察坐标系 $\{O_v; x_v, y_v, z_v\}$ 的原点 O_v,屏幕中心位于屏幕坐标系 $\{O_s; x_s, y_s, z_s\}$ 的原点 O_s。世界坐标系、观察坐标系与屏幕坐标系的关系如图 6-9 所示。这里,下标 w 是世界坐标系 world 的首字母,下标 v 是视点 viewpoint 的首字母,下标 s 是屏幕 screen 的首字母。

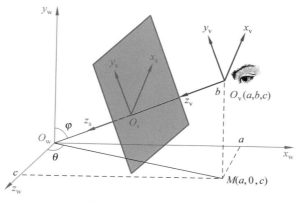

图 6-9　透视变换坐标系

1. 世界坐标系

世界坐标系 $\{O_w;x_w,y_w,z_w\}$ 为右手直角坐标系,坐标原点位于 O_w 点。视点的直角坐标为 $O_v(a,b,c)$,视点的球面坐标表示为 $O_v(R,\theta,\varphi)$。O_wO_v 的长度为视径 R,O_wO_v 与 y_w 轴的夹角为 φ,O_v 点在 $x_wO_wz_w$ 平面内的投影为 $M(a,0,c)$,O_wM 与 z_w 轴的夹角为 θ。视点的直角坐标与球面坐标的关系为

$$\begin{cases} a = R\sin\varphi\sin\theta \\ b = R\cos\varphi \\ c = R\sin\varphi\cos\theta \end{cases},\quad 0 \leqslant R \leqslant +\infty \text{ 且 } 0 \leqslant \varphi \leqslant \pi \text{ 且 } 0 \leqslant \theta \leqslant 2\pi \tag{6-34}$$

2. 观察坐标系

观察坐标系 $\{O_v;x_v,y_v,z_v\}$ 为左手直角坐标系,坐标原点取在视点 O_v 上。z_v 轴沿着视线方向 O_vO_w 指向 O_w 点,相对于观察者而言,视线的正右方为 x_v 轴,视线的正上方为 y_v 轴。

3. 屏幕坐标系

屏幕坐标系 $\{O_s;x_s,y_s,z_s\}$ 也是左手直角坐标系,坐标原点 O_s 位于视心。屏幕坐标系的 x_s 和 y_s 轴与观察坐标系的 x_v 轴和 y_v 轴方向一致,也就是说屏幕垂直于视线,z_s 轴自然与 z_v 轴重合。

6.5.2　三维坐标系变换

前面讲解的变换都是点变换。在实际应用中,经常需要将物体的描述从一个坐标系变换到另一个坐标系。例如在进行三维观察时,需要将物体的描述从世界坐标系变换到观察坐标系,然后通过旋转视点可以观察物体的全貌。同一种变换既可以看成是点变换也可以看成是坐标系变换。点变换是物体上点的位置发生改变,而坐标系位置固定不动;坐标系变换是描述物体的坐标系位置发生改变,而物体的位置固定不动。

在 $\{O;x,y,z\}$ 坐标系中,给定平移参数为 (T_x,T_y,T_z),将 P 点平移变换到 P' 点,这是点变换,如图 6-10(a)所示。如果用坐标系变换表示上述平移变换,则是保持 P 点位置不动,将 $\{O;x,y,z\}$ 坐标系的原点从 O 点平移到 $\{O';x',y',z'\}$ 坐标系的原点 O' 点,坐标系

平移参数为$(-T_x, -T_y, -T_z)$，如图 6-10(b)所示。可以看出点变换与坐标系变换的物理效果是一致的。同理可以推导出基于坐标系变换的旋转变换与反射变换。

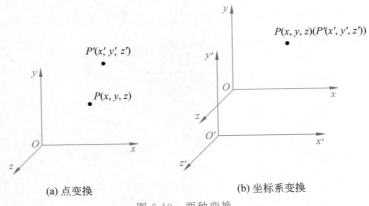

(a) 点变换　　　　　　　　(b) 坐标系变换

图 6-10　两种变换

1. 平移变换矩阵

$$T = \begin{bmatrix} 1 & 0 & 0 & 0 \\ 0 & 1 & 0 & 0 \\ 0 & 0 & 1 & 0 \\ -T_x & -T_y & -T_z & 1 \end{bmatrix} \tag{6-35}$$

式中，平移参数 T_x、T_y 和 T_z 取为负值。

2. 旋转变换矩阵

(1) 绕 x 轴的逆时针三维旋转变换矩阵

$$T = \begin{bmatrix} 1 & 0 & 0 & 0 \\ 0 & \cos\beta & -\sin\beta & 0 \\ 0 & \sin\beta & \cos\beta & 0 \\ 0 & 0 & 0 & 1 \end{bmatrix} \tag{6-36}$$

(2) 绕 y 轴的逆时针三维旋转变换矩阵

$$T = \begin{bmatrix} \cos\beta & 0 & \sin\beta & 0 \\ 0 & 1 & 0 & 0 \\ -\sin\beta & 0 & \cos\beta & 0 \\ 0 & 0 & 0 & 1 \end{bmatrix} \tag{6-37}$$

(3) 绕 z 轴的逆时针三维旋转变换矩阵

$$T = \begin{bmatrix} \cos\beta & -\sin\beta & 0 & 0 \\ \sin\beta & \cos\beta & 0 & 0 \\ 0 & 0 & 1 & 0 \\ 0 & 0 & 0 & 1 \end{bmatrix} \tag{6-38}$$

式中，β 为旋转角度。坐标系的旋转变换使用的是点变换的反向旋转变换矩阵。

3. 反射变换矩阵

直接采用点变换的反射变换矩阵。

6.5.3 世界坐标系到观察坐标系的变换

首先将世界坐标系的原点 O_w 平移到观察坐标系的原点 O_v,然后将世界右手坐标系变换为观察左手坐标系,就可以实现从世界坐标系到观察坐标系的变换。这里使用了坐标系变换的概念。

1. 原点到视点的平移变换

把世界坐标系的原点 O_w 平移到观察坐标系的原点 O_v,形成新坐标系 $\{O_v;x_1,y_1,z_1\}$,视点在世界坐标系 $\{O_w;x_w,y_w,z_w\}$ 内的直角坐标为 $O_v(a,b,c)$,如图 6-11 所示。

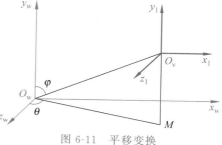

图 6-11　平移变换

变换矩阵

$$
T_1 = \begin{bmatrix} 1 & 0 & 0 & 0 \\ 0 & 1 & 0 & 0 \\ 0 & 0 & 1 & 0 \\ -a & -b & -c & 1 \end{bmatrix} = \begin{bmatrix} 1 & 0 & 0 & 0 \\ 0 & 1 & 0 & 0 \\ 0 & 0 & 1 & 0 \\ -R\sin\varphi\sin\theta & -R\cos\varphi & -R\sin\varphi\cos\theta & 1 \end{bmatrix} \tag{6-39}
$$

把世界坐标系中三维物体上的点变换为观察坐标系中的点,等同于物体固定,坐标系之间发生变换。此时变换矩阵的平移参数应取负值。

2. 绕 y_1 轴的旋转变换

将坐标系 $\{O_v;x_1,y_1,z_1\}$ 先绕 y_1 轴顺时针旋转 $90°$ 使得 z_1 轴位于 $x_wO_wy_w$ 平面内,且 x_1 轴垂直于 $x_wO_wy_w$ 平面指向读者。再继续绕 y_1 轴作 $90°-\theta$ 角的顺时针旋转变换,使 z_1 轴位于 O_vMO_w 平面内,形成新坐标系 $\{O_v;x_2,y_2,z_2\}$,如图 6-12 所示。

$$
T_2 = \begin{bmatrix} \cos(\pi-\theta) & 0 & -\sin(\pi-\theta) & 0 \\ 0 & 1 & 0 & 0 \\ \sin(\pi-\theta) & 0 & \cos(\pi-\theta) & 0 \\ 0 & 0 & 0 & 1 \end{bmatrix} = \begin{bmatrix} -\cos\theta & 0 & -\sin\theta & 0 \\ 0 & 1 & 0 & 0 \\ \sin\theta & 0 & -\cos\theta & 0 \\ 0 & 0 & 0 & 1 \end{bmatrix} \tag{6-40}
$$

这里计算的是 $\{O_v;x_1,y_1,z_1\}$ 坐标系绕 y_1 轴顺时针旋转变换矩阵,对于坐标系变换应当取为绕 y_1 轴旋转的逆时针变换矩阵。

3. 绕 x_2 轴的旋转变换

将坐标系 $\{O_v;x_2,y_2,z_2\}$ 绕 x_2 作 $90°-\varphi$ 的逆时针旋转变换,使 z_2 轴沿视线方向,形成新坐标系 $\{O_v;x_3,y_3,z_3\}$,如图 6-13 所示。

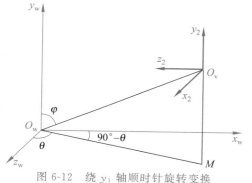

图 6-12　绕 y_1 轴顺时针旋转变换

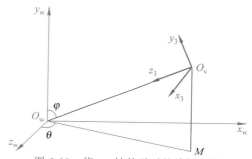

图 6-13　绕 x_2 轴的逆时针旋转变换

$$T_3 = \begin{bmatrix} 1 & 0 & 0 & 0 \\ 0 & \cos\left(\dfrac{\pi}{2}-\varphi\right) & -\sin\left(\dfrac{\pi}{2}-\varphi\right) & 0 \\ 0 & \sin\left(\dfrac{\pi}{2}-\varphi\right) & \cos\left(\dfrac{\pi}{2}-\varphi\right) & 0 \\ 0 & 0 & 0 & 1 \end{bmatrix} = \begin{bmatrix} 1 & 0 & 0 & 0 \\ 0 & \sin\varphi & -\cos\varphi & 0 \\ 0 & \cos\varphi & \sin\varphi & 0 \\ 0 & 0 & 0 & 1 \end{bmatrix} \tag{6-41}$$

这里计算的是$\{O_v; x_2, y_2, z_2\}$坐标系绕x_2轴逆时针旋转变换矩阵,对于坐标系变换应当取为绕x_2轴旋转的顺时针变换矩阵。

4. 关于$y_3O_vz_3$面的反射变换

坐标轴x_3做关于$y_3O_vz_3$面的反射变换,形成新坐标系$\{O_v; x_v, y_v, z_v\}$,如图 6-14 所示,这样就将观察坐标系变换为左手系,并且z_v轴沿着视线方向指向$\{O_w; x_w, y_w, z_w\}$坐标系的原点,x_v垂直指向纸面之内。

$$T_4 = \begin{bmatrix} -1 & 0 & 0 & 0 \\ 0 & 1 & 0 & 0 \\ 0 & 0 & 1 & 0 \\ 0 & 0 & 0 & 1 \end{bmatrix} \tag{6-42}$$

这里坐标系反射变换矩阵保持不变。变换矩阵
$$T_v = T_1 \cdot T_2 \cdot T_3 \cdot T_4$$

观察变换矩阵

$$T_v = \begin{bmatrix} 1 & 0 & 0 & 0 \\ 0 & 1 & 0 & 0 \\ 0 & 0 & 1 & 0 \\ -R\sin\varphi\sin\theta & -R\cos\varphi & -R\sin\varphi\cos\theta & 1 \end{bmatrix} \cdot \begin{bmatrix} -\cos\theta & 0 & -\sin\theta & 0 \\ 0 & 1 & 0 & 0 \\ \sin\theta & 0 & -\cos\theta & 0 \\ 0 & 0 & 0 & 1 \end{bmatrix}$$

$$\cdot \begin{bmatrix} 1 & 0 & 0 & 0 \\ 0 & \sin\varphi & -\cos\varphi & 0 \\ 0 & \cos\varphi & \sin\varphi & 0 \\ 0 & 0 & 0 & 1 \end{bmatrix} \cdot \begin{bmatrix} -1 & 0 & 0 & 0 \\ 0 & 1 & 0 & 0 \\ 0 & 0 & 1 & 0 \\ 0 & 0 & 0 & 1 \end{bmatrix}$$

$$= \begin{bmatrix} \cos\theta & -\cos\varphi\sin\theta & -\sin\varphi\sin\theta & 0 \\ 0 & \sin\varphi & -\cos\varphi & 0 \\ -\sin\theta & -\cos\varphi\cos\theta & -\sin\varphi\cos\theta & 0 \\ 0 & 0 & R & 1 \end{bmatrix} \tag{6-43}$$

将世界坐标系中的点$P_w(x_w, y_w, z_w)$变换为观察坐标系中的点$P_v(x_v, y_v, z_v)$,齐次坐标矩阵表示为

$$[x_v \quad y_v \quad z_v \quad 1] = [x_w \quad y_w \quad z_w \quad 1] \cdot T_v$$

写成展开式为

$$\begin{cases} x_v = x_w\cos\theta - z_w\sin\theta \\ y_v = -x_w\cos\varphi\sin\theta + y_w\sin\varphi - z_w\cos\varphi\cos\theta \\ z_v = -x_w\sin\varphi\sin\theta - y_w\cos\varphi - z_w\sin\varphi\cos\theta + R \end{cases} \tag{6-44}$$

为了避免程序中重复计算式(6-44)中的三角函数而耗费时间,可以使用常数代替三角

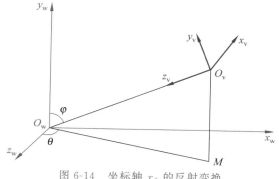

图 6-14　坐标轴 x_3 的反射变换

函数。

令 $k_1 = \sin\theta, k_2 = \sin\varphi, k_3 = \cos\theta, k_4 = \cos\varphi$,则有

$$k_5 = \sin\varphi\cos\theta = k_2 k_3, \quad k_6 = \sin\varphi\sin\theta = k_2 k_1$$
$$k_7 = \cos\varphi\cos\theta = k_4 k_3, \quad k_8 = \cos\varphi\sin\theta = k_4 k_1$$

将 $k_1 \sim k_8$ 代入式(6-44)展开

$$\begin{cases} x_v = k_3 x_w - k_1 z_w \\ y_v = -k_8 x_w + k_2 y_w - k_7 z_w \\ z_v = -k_6 x_w - k_4 y_w - k_5 z_w + R \end{cases} \quad (6\text{-}45)$$

上式表明,世界坐标系内的物体上的任意一个三维坐标点 $P_w(x_w, y_w, z_w)$,在观察坐标系表示为三维坐标点 $P_v(x_v, y_v, z_v)$。物体的描述已经从以世界坐标系为参考系变换为以观察坐标系为参考系。

式(6-34)中的视点坐标使用 $k_1 \sim k_8$ 统一表示为

$$\begin{cases} a = R k_6 \\ b = R k_4 \\ c = R k_5 \end{cases} \quad (6\text{-}46)$$

使用式(6-45)可以绘制物体的三维旋转动画。改变 φ,视点就会沿着纬度方向旋转;改变 θ,视点就会沿着经度方向旋转;增大视径 R,视点远离物体,投影变小;减小视径 R,视点靠近物体,投影变大。相对而言,如果认为视点不动,等同于物体反向旋转。请注意,此时虽然观察到了物体的旋转或缩放,但物体在世界坐标系内的物理位置和形状并未发生变化,只是视点的位置发生了变化。观察变换矩阵只是提供了一种从任意视点位置观察物体立体效果的方法。

6.5.4　观察坐标系到屏幕坐标系的变换

将描述物体的参考系从世界坐标系变换为观察坐标系,如果需要在屏幕上画出物体的投影,则需要进一步将观察坐标系中描述的物体投影到屏幕坐标系。如果只是简单地将三维物体顶点的 z 坐标取为 0,则在屏幕坐标系可以观察到物体的正交投影。如果需要在屏幕上绘制物体的透视投影,则需要将观察坐标系中的物体以视点为投影中心向屏幕坐标系作透视投影。图 6-15 中屏幕坐标系为左手系,且 z_s 轴与 z_v 轴同向。视点 O_v 与视心 O_s 的距离为视距 d。假定观察坐标系中物体上的一点为 $P_v(x_v, y_v, z_v)$，视线 O_vP_v 与屏幕的交点在观察坐标系中表示为 $P_e(x_e, y_e, d)$，其中，(x_e, y_e) 在屏幕坐标系中可表示为 (x_s, y_s)，即交点为 $P_e(x_s, y_s, d)$。在屏幕坐标系中，$P_e(x_s, y_s, d)$ 表示为 $P_s(x_s, y_s, 0)$ 代表物体上的 P_v 点在屏幕上的透视投影。

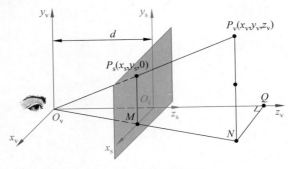

图 6-15　透视投影变换

由点 P_v 向 $x_vO_vz_v$ 平面内作垂线交于 N 点，再由 N 点向 z_v 轴作垂线交于 Q 点。连接 O_vN 交 x_s 轴于 M 点。

根据直角三角形 MO_vO_s 与直角三角形 NO_vQ 相似，有

$$\frac{MO_s}{NQ} = \frac{O_vO_s}{O_vQ} \tag{6-47}$$

$$\frac{O_vM}{O_vN} = \frac{O_vO_s}{O_vQ} \tag{6-48}$$

根据直角三角形 P_sO_vM 与直角三角形 P_vO_vN 相似，有

$$\frac{P_sM}{P_vN} = \frac{O_vM}{O_vN} \tag{6-49}$$

由式(6-48)与式(6-49)得到

$$\frac{P_sM}{P_vN} = \frac{O_vO_s}{O_vQ} \tag{6-50}$$

将式(6-47)写成坐标形式

$$\frac{x_s}{x_v} = \frac{d}{z_v} \tag{6-51}$$

将式(6-50)写成坐标形式

$$\frac{y_s}{y_v} = \frac{d}{z_v} \tag{6-52}$$

于是有

$$\begin{cases} x_s = d \cdot \dfrac{x_v}{z_v} \\[2mm] y_s = d \cdot \dfrac{y_v}{z_v} \end{cases} \tag{6-53}$$

写成矩阵形式为

$$[x_s \quad y_s \quad z_s \quad 1] = [x_v \quad y_v \quad z_v \quad 1] \cdot \begin{bmatrix} 1 & 0 & 0 & 0 \\ 0 & 1 & 0 & 0 \\ 0 & 0 & 1 & 1/d \\ 0 & 0 & 0 & 0 \end{bmatrix}_{\text{透视}} \cdot \begin{bmatrix} 1 & 0 & 0 & 0 \\ 0 & 1 & 0 & 0 \\ 0 & 0 & 0 & 0 \\ 0 & 0 & 0 & 1 \end{bmatrix}_{\text{投影}}$$

$$= \begin{bmatrix} x_v & y_v & 0 & \dfrac{z_v}{d} \end{bmatrix} \Rightarrow \begin{bmatrix} d \cdot \dfrac{x_v}{z_v} & d \cdot \dfrac{y_v}{z_v} & 0 & 1 \end{bmatrix}$$

透视变换矩阵为

$$T_v = \begin{bmatrix} 1 & 0 & 0 & 0 \\ 0 & 1 & 0 & 0 \\ 0 & 0 & 1 & 1/d \\ 0 & 0 & 0 & 0 \end{bmatrix} \tag{6-54}$$

在第 6.1.1 节曾经介绍过,三维几何变换分成 4 个子矩阵,其中子矩阵 $T_3 = \begin{bmatrix} p \\ q \\ r \end{bmatrix}$ 进行的是投影变换。这里 $r = 1/d$。当投影中心位于无穷远处时,透视投影转化为平行投影。即 $d \to \infty$ 时,$r \to 0$。

通过以上分析,从世界坐标系到屏幕坐标系的透视投影整体变换矩阵为

$$T = T_v \cdot T_p = \begin{bmatrix} \cos\theta & -\cos\varphi\sin\theta & -\sin\varphi\sin\theta & 0 \\ 0 & \sin\varphi & -\cos\varphi & 0 \\ -\sin\theta & -\cos\varphi\cos\theta & -\sin\varphi\cos\theta & 0 \\ 0 & 0 & R & 1 \end{bmatrix} \cdot \begin{bmatrix} 1 & 0 & 0 & 0 \\ 0 & 1 & 0 & 0 \\ 0 & 0 & 0 & 1/d \\ 0 & 0 & 0 & 0 \end{bmatrix}$$

$$= \begin{bmatrix} \cos\theta & -\cos\varphi\sin\theta & 0 & \dfrac{-\sin\varphi\sin\theta}{d} \\ 0 & \sin\varphi & 0 & \dfrac{-\cos\varphi}{d} \\ -\sin\theta & -\cos\varphi\cos\theta & 0 & \dfrac{-\sin\varphi\cos\theta}{d} \\ 0 & 0 & 0 & \dfrac{R}{d} \end{bmatrix} \tag{6-55}$$

6.5.5 透视投影分类

图 6-16 是一幅照相机拍摄的"林中小路"照片,林中小路在远方汇聚成为一点。在透视投影中,往往要求物体固定,让视点(观察坐标系原点)在以物体为中心的球面上旋转,来观察物体各个视向的透视图。平行于屏幕的平行线投影后仍保持平行,不与屏幕平行的平行线投影后汇聚为灭点,灭点是无限远点在屏幕上的投影。每一组平行线都有其不同的灭点。一般来说,三维物体中有多少组平行线就有多

图 6-16　小路的透视投影

少个灭点。坐标轴上的灭点称为主灭点。因为世界坐标系有 x、y、z 这 3 个坐标轴,所以主灭点最多有 3 个。当某个坐标轴与屏幕平行时,则该坐标轴方向的平行线在屏幕上的投影仍保持平行,不形成灭点。

透视投影中主灭点数目是由屏幕切割世界坐标系的坐标轴数量来决定,并据此将透视投影分类为一点、二点和三点透视。一点透视有一个主灭点,即屏幕仅与一个坐标轴正交,与另外两个坐标轴平行;二点透视有两个主灭点,即屏幕仅与两个坐标轴相交,与另一个坐标轴平行;三点透视有 3 个主灭点,即屏幕与 3 个坐标轴都相交,如图 6-17 所示。

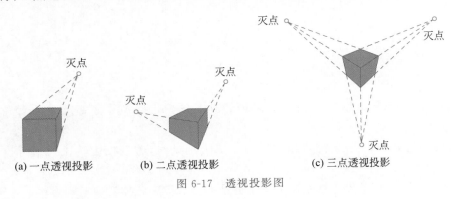

(a) 一点透视投影 　　 (b) 二点透视投影 　　 (c) 三点透视投影

图 6-17　透视投影图

6.5.6　立方体的透视图

设立方体的边长为 $2a$,立方体的体心位于用户坐标系原点,立方体几何模型如图 6-18 所示。下面以立方体的几何模型为例,绘制其透视投影图。

1. 一点透视

当屏幕仅与一个坐标轴相交时,形成一个灭点,透视投影图为一点透视图。当 $\varphi=90°$、$\theta=0°$ 时,屏幕平行于 xOy 面,得到一点透视图。将 $\varphi=90°$、$\theta=0°$,代入式(6-55),得到一点透视变换矩阵。立方体的一点透视图如图 6-19 所示。从图中可以看出透视投影的前后表面不会重合,而正投影则会出现前后表面完全重合的情况。

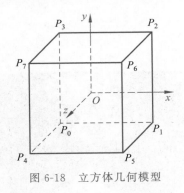

图 6-18　立方体几何模型　　　　　　图 6-19　立方体的一点透视投影图

一点透视变换矩阵

$$\boldsymbol{T}_1 = \begin{bmatrix} 1 & 0 & 0 & 0 \\ 0 & 1 & 0 & 0 \\ 0 & 0 & 0 & -\dfrac{1}{d} \\ 0 & 0 & 0 & \dfrac{R}{d} \end{bmatrix} \tag{6-56}$$

2. 二点透视

当屏幕仅与两个坐标轴相交时,形成两个灭点,透视投影图为二点透视图。当 $\varphi = 90°$、$0° < \theta < 90°$时,屏幕与 x 轴和 z 轴同时相交,但平行于 y 轴,得到二点透视图。将 $\varphi = 90°$、$\theta = 30°$代入式(6-55),得到二点透视变换矩阵。立方体的二点透视图如图 6-20 所示。

二点透视变换矩阵

$$\boldsymbol{T}_2 = \begin{bmatrix} \dfrac{\sqrt{3}}{2} & 0 & 0 & \dfrac{-1}{2d} \\ 0 & 1 & 0 & 0 \\ -\dfrac{1}{2} & 0 & 0 & \dfrac{-\sqrt{3}}{2d} \\ 0 & 0 & 0 & \dfrac{R}{d} \end{bmatrix} \tag{6-57}$$

3. 三点透视

三点透视图是屏幕与 3 个坐标轴都相交时的透视投影图。当 φ 不为 0°、90°、180°,且 θ 不为 0°、90°、180°、270°时,屏幕与 x 轴、y 轴和 z 轴都相交,得到三点透视图。将 $\varphi = 45°$、$\theta = 45°$代入式(6-55)。立方体的三点透视图,如图 6-21 所示。

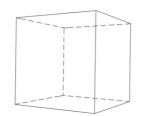

图 6-20 立方体的二点透视投影图

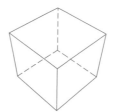

图 6-21 立方体的三点透视投影图

三点透视变换矩阵为

$$\boldsymbol{T}_3 = \begin{bmatrix} \dfrac{\sqrt{2}}{2} & -\dfrac{1}{2} & 0 & \dfrac{-1}{2d} \\ 0 & \dfrac{\sqrt{2}}{2} & 0 & \dfrac{-\sqrt{2}}{2d} \\ -\dfrac{\sqrt{2}}{2} & -\dfrac{1}{2} & 0 & \dfrac{-1}{2d} \\ 0 & 0 & 0 & \dfrac{R}{d} \end{bmatrix} \tag{6-58}$$

6.5.7 屏幕坐标系的伪深度坐标

对于透视投影而言,场景中所有投影均位于以视点为顶点,连接视点与屏幕四角点为棱边的没有底面的正四棱锥内。当屏幕离视点太近或太远时,物体因为变得太大或太小而不可识别。在观察坐标系内定义视域四棱锥的 z_v 向近剪切面和远剪切面分别为 Near 和 Far,经 z_v 方向裁剪后的视域正四棱锥转化为正四棱台,也称为视景体或观察空间,如图 6-22 所示。

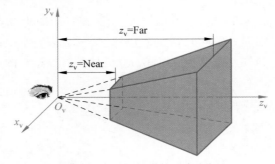

图 6-22　透视投影的观察空间

式(6-53)给出了透视投影后屏幕坐标系中点的二维坐标计算方法。如果简单地使用此公式来产生透视图会存在问题:在沿着 z_v 方向的同一条视线上,如果同时有多个显示点,二维平面坐标无法识别哪些点在前,哪些点在后,从而无法确定其遮挡关系。这说明在屏幕坐标系中用二维坐标 (x_s, y_s) 绘制三维立体透视图时,还缺少透视投影的深度信息。在绘制真实感场景时,常需要使用物体的透视深度坐标进行表面消隐,也就是说需要计算物体在三维屏幕坐标系中的 z_s 值,称为伪深度。

下面讨论在屏幕坐标系中如何确定物体上任一点的伪深度坐标 z_s[20,21]。推导过程基于两项基本原则:在屏幕坐标系中,空间任意两点相对于视点的前后顺序应与它们在观察坐标系中的情形保持一致;观察坐标系中的直线与平面变换到屏幕坐标系后,应仍为直线和平面,即将三角形映射为三角形,四边形映射为四边形。可以证明要使这两项原则得到满足,观察坐标系的 z_v 到屏幕坐标系的 z_s 的变换需要采用以下形式

$$z_s = A + \frac{B}{z_v} \tag{6-59}$$

式中,A、B 为常量,且 $B < 0$。这意味着,当 z_v 增大时 z_s 也增大,从而使相对深度关系得以继续保持。

将 z_s 归一化到区间 $[0,1]$ 内处理。当规定 z_v 的取值范围为 Near $\leqslant z_v \leqslant$ Far 时,就意味着缩小了观察空间。当 $z_v =$ Near 时,要求 $z_s = 0$,表示其伪深度最小;当 $z_v =$ Far 时,要求 $z_s = 1$,表示其伪深度最大。

由式(6-59)有

$$\begin{cases} 0 = A + B/\text{Near} \\ 1 = A + B/\text{Far} \end{cases}$$

解得

$$\begin{cases} A = \dfrac{\text{Far}}{\text{Far} - \text{Near}} \\[2mm] B = \dfrac{-\text{Near} \cdot \text{Far}}{\text{Far} - \text{Near}} \end{cases}$$

物体在屏幕坐标系中伪深度的计算公式为

$$z_s = \text{Far} \cdot \frac{1 - \text{Near}/z_v}{\text{Far} - \text{Near}} \tag{6-60}$$

式中,Near 和 Far 是常数。

Near 和 Far 的大小可以根据实际应用的需要来确定。一般来说 Far 的选取原则是,Far 值的大小使得观察空间中一条指定长度的直线段正好在投影面上变成一个点,当 Far 大于此值时,其后面物体的投影细节模糊不清;Near 则可以模拟照相机近距离拍摄的过程,当物体距离照相机太近,其图像也模糊不清。大于 Far 和小于 Near 的投影应该被裁剪掉。观察空间要求 Far>Near>0,通常将 Near 取为视距 d。图 6-23 中用二维投影图表示了三维透视投影中所用到的坐标系之间的相对关系。世界坐标系、观察坐标系与屏幕坐标系的 x 轴均垂直于纸面指向读者。假定视点 O_v(观察坐标系原点)位于世界坐标系的 z_w 轴的正向,视点在世界坐标系中的坐标为 $(0,0,R)$,视径 R 代表视点 O_v 至世界坐标系原点 O_w 的距离。近剪切面距离视点为 Near,屏幕距离视点为 d,远剪切面距离视点为 Far。

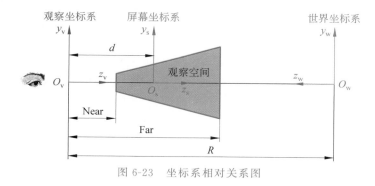

图 6-23　坐标系相对关系图

6.6　本章小结

在真实感场景中,三维物体的动画主要使用三维几何变换来完成。请读者掌握三维基本几何变换矩阵,特别是绕 3 个坐标轴的旋转变换矩阵。在正投影变换中讲了三视图的变换矩阵、斜投影的变换矩阵。透视投影是通过观察坐标系向屏幕坐标系投影实现的。本章的透视投影讲了两个问题,一个是物体旋转动画的生成技术,另一个是透视图的生成技术。物体的旋转动画可以使用两种方法生成。一种方法是物体固定,视点旋转,在 OpenGL 中称为视图变换;另一种方法是物体旋转,视点固定,在 OpenGL 中称为模型变换。真实感光照场景中,由于在世界坐标系中定义了光源的位置,物体的旋转主要采用的是模型变换方式,此时视点与光源位置不变,通过旋转物体生成动画。由于本书中主要采用双缓冲动画技术绘制任意视向物体的透视投影,所以将不再细分一点透视、二点透视和三点透视。在三维屏幕坐标系中计算了物体透视投影的伪深度,使用近剪切面 Near 与远剪切面 Far 定义了视景体。

习 题 6

1. 长方体如图 6-24 所示,8 个坐标分别为 $(0,0,0)$、$(2,0,0)$、$(2,3,0)$、$(0,3,0)$、$(0,0,2)$、$(2,0,2)$、$(2,3,2)$ 和 $(0,3,2)$。试对长方体进行 $S_x=1/2, S_y=1/3, S_z=1/2$ 的比例变换,求变换后的长方体各顶点坐标。

2. 空间四面体的顶点坐标为 $A(2,0,0)$、$B(2,2,0)$、$C(0,2,0)$ 和 $D(2,2,2)$,如图 6-25 所示,求关于点 $P(2,-2,2)$ 整体放大 2 倍的变换矩阵。

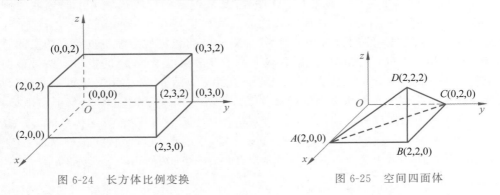

图 6-24   长方体比例变换   图 6-25   空间四面体

3. 常用的两种斜平行投影是斜等测和斜二测。选择 $\beta=45°$,当 $\cot\alpha=1$,即投影方向与投影面成 $\alpha=45°$ 时,得到的是斜等测投影,与投影面垂直的任何直线段,其投影的长度不变。当 $\cot\alpha=1/2$ 时,得到的是斜二测投影,与投影面垂直的任何直线,其投影的长度为原来的一半。使用 MFC 编程绘制立方体的斜等测图和斜二测图。

4. 使用斜二测投影绘制图 6-26 所示多面体的投影图及其三视图,要求使用矩阵变换方法编程实现。

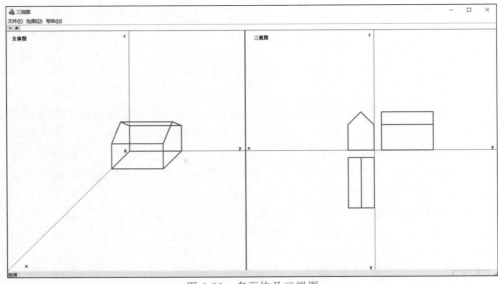

图 6-26   多面体及三视图

5. 在屏幕客户区中心建立三维坐标系$\{O;x,y,z\}$，x轴水平向右，y轴垂直向上，z轴指向观察者。以三维坐标系$\{O;x,y,z\}$的原点为立方体体心绘制边长为$2a$的立方体线框模型。立方体的8个顶点颜色分别为红、绿、蓝、黄、品红、青色、白色和黑色。分别使用正交投影与透视投影在屏幕上绘制颜色渐变立方体的投影图。使用键盘方向键旋转立方体，使用工具条上的"动画"图标按钮播放立方体旋转动画。

6. 视点、屏幕和物体的位置关系有3种。屏幕位于物体与视点之间，如图6-27(a)所示；物体位于屏幕与视点之间，如图6-27(b)所示；视点位于屏幕与物体之间，如图6-27(c)所示。设视径为R，视距为d，分析这3种情形下屏幕上的投影与物体之间的关系。

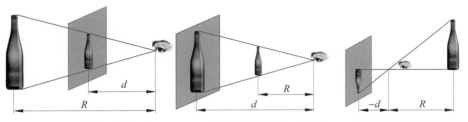

(a) 屏幕位于物体与视点之间　(b) 物体位于屏幕与视点之间　(c) 视点位于屏幕与物体之间

图 6-27　视点、屏幕与物体的三种位置关系

7. 对$\{O;x,y,z\}$坐标系内的点$P(2,4)$，进行坐标系之间的变换。新坐标系为$\{O';x',y',z'\}$，其原点位于$O'(5,5)$，x'轴指向$\{O;x,y,z\}$坐标系的原点，P点在$\{O';x',y',z'\}$坐标系内的坐标为$(2\sqrt{2},\sqrt{2})$，如图6-28所示。对坐标系之间实施以下变换：

(1) 将$\{O;x,y,z\}$坐标系原点$O(0,0)$平移到点$O'(5,5)$，变换矩阵为$\boldsymbol{T}_1$；

(2) 将坐标系逆时针旋转$45°$，变换矩阵为$\boldsymbol{T}_2$；

(3) 将x轴作反射变换，指向O点，变换矩阵为$\boldsymbol{T}_3$。

每步的变换矩阵为

$$\boldsymbol{T}_1 = \begin{bmatrix} 1 & 0 & 0 \\ 0 & 1 & 0 \\ -5 & -5 & 1 \end{bmatrix},$$

$$\boldsymbol{T}_2 = \begin{bmatrix} \dfrac{\sqrt{2}}{2} & -\dfrac{\sqrt{2}}{2} & 0 \\ \dfrac{\sqrt{2}}{2} & \dfrac{\sqrt{2}}{2} & 0 \\ 0 & 0 & 1 \end{bmatrix},$$

$$\boldsymbol{T}_3 = \begin{bmatrix} -1 & 0 & 0 \\ 0 & 1 & 0 \\ 0 & 0 & 1 \end{bmatrix}$$

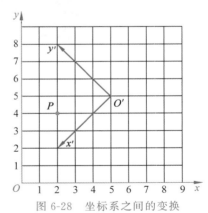

图 6-28　坐标系之间的变换

从$\{O;x,y,z\}$坐标系到$\{O';x',y',z'\}$坐标系的总变换矩阵为

$$\boldsymbol{T} = \boldsymbol{T}_1 \cdot \boldsymbol{T}_2 \cdot \boldsymbol{T}_3$$

验证在坐标系之间的变换过程中，变换矩阵$\boldsymbol{T}$能否保证$\boldsymbol{P}$点的位置不发生变化，并解释为什么。

*8. 将三维基本变换编制为CTransform类，将立方体的顶点表和表面表编制为CCube类，在CTestView类内调用该类对象，绘制表面为不同填充色的旋转立方体。

第 7 章　自由曲线与曲面

曲线分为规则曲线与不规则曲线两类。规则曲线就是具有确定描述函数的曲线,例如圆锥曲线、正弦曲线、渐开线等,而不规则曲线需要由离散点构造函数来描述,因此又被称为拟合曲线或自由曲线。由于构造函数的方法不同,出现了最小二乘法拟合曲线、三次参数样条拟合曲线、Bezier 曲线、B 样条曲线等数量众多的曲线。

工业产品的几何形状大致可以分为两类:一类是由平面、圆柱面、圆锥面、球面、圆环面等规则曲面组成,可以用初等解析函数完全清楚地表达全部形状;另一类是由不规则曲面组成,也称为拟合曲面或自由曲面,例如汽车车身、飞机机翼和轮船船体等曲面,需要由 Bezier 曲面、B 样条曲面等离散点构造函数来描述。曲线与曲面的研究成果形成了计算机辅助几何设计(computer aided geometric design,CAGD)学科。汽车的曲线与曲面如图 7-1 所示。

图 7-1　汽车的曲线曲面

7.1　基 本 概 念

7.1.1　样条曲线曲面

样条曲线(spline curve)是经过一系列给定点的光滑曲线。在早期的船舶、汽车和飞机制造厂里,样条曲线都是借助于物理样条得到的。放样人员把富有弹性的细木条(或有机玻璃条),用压铁固定在曲线应该通过的给定型值点处,样条做自然弯曲所绘制出来的曲线就是样条曲线。样条曲线不仅通过各有序型值点,并且在各个型值点处的一阶和二阶导数连续,也即该曲线具有导数连续、曲率变化均匀的特点。在计算机图形学中,样条曲线是指由三次多项式曲线段连接而成的曲线,在每段的边界处满足特定的连续性条件,而样条曲面可用两组正交样条曲线来描述。

7.1.2 曲线曲面的表示形式

曲线曲面有参数形式表示与非参数形式表示两种形式,非参数表示又分为显式表示与隐式表示。对于平面曲线,可以用非参数形式的显函数 $y=f(x)$ 或隐函数 $f(x,y)=0$ 表示,也可以用参数形式 $x=x(t)$,$y=y(t)$(t 为参数)来表示。曲线曲面的矢量参数表示法是由美国波音飞机公司的 Ferguson 于 1963 年首先提出的。

如果把曲线的动点看成是从原点出发的位置矢量的端点,当位置矢量变化时,动点的轨迹就形成了一条曲线。如图 7-2 所示。设曲线上任意一点的位置矢量为 $\boldsymbol{p}$,可以表示为参数 t 的函数。曲线的矢量参数表示形式为

$$\boldsymbol{p}=p(t), \quad t\in[0,1]$$

当 $t=0$ 时,$\boldsymbol{p}=p(0)$,为曲线的起点;当 $t=1$ 时,$\boldsymbol{p}=p(1)$,为曲线的终点。工程中,常用的曲线是三次曲线,高次曲线由于稳定性差,因此很少直接使用。

由于曲面是一个二元函数,根据线动成面的原理将曲线的矢量参数表示法进行二维拓展,得到曲面的矢量参数表示法,即

$$\boldsymbol{p}=p(u,v), \quad (u,v)\in[0,1]\times[0,1]$$

工程中应用最为广泛的曲面片是由两个三次参数(u,v)定义的曲面片,称为双三次曲面片,如图 7-3 所示。

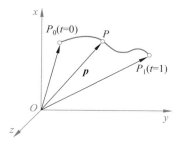

图 7-2　曲线的矢量参数表示法

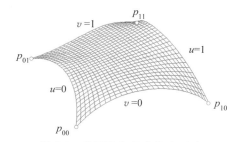

图 7-3　曲面的矢量参数表示法

双三次曲面的参数表示法为

$$p(u,v)=\sum_{i=0}^{3}\sum_{j=0}^{3}a_{ij}u^i v^j, \quad (u,v)\in[0,1]\times[0,1]$$

矩阵表示为

$$\boldsymbol{P}=\boldsymbol{U}\boldsymbol{A}\boldsymbol{V}^{\mathrm{T}}$$

式中,$\boldsymbol{U}=[u^3 \quad u^2 \quad u \quad 1]$,$\boldsymbol{V}=[v^3 \quad v^2 \quad v \quad 1]$,$\boldsymbol{A}=\begin{bmatrix} a_{00} & a_{01} & a_{02} & a_{03} \\ a_{10} & a_{11} & a_{12} & a_{13} \\ a_{20} & a_{21} & a_{22} & a_{23} \\ a_{30} & a_{31} & a_{32} & a_{33} \end{bmatrix}$。

参数形式表示的曲线、曲面具有几何不变性等优点,计算机图形学中一般使用参数形式表示法来描述曲线、曲面。其优势主要表现在以下方面:

(1) 可以满足几何不变性的要求,变换后仍保持几何形状不变。

(2) 便于处理斜率为无穷大的情形,不会因此而中断计算。

（3）规格化的参数变量 $t \in [0,1]$，使其相应的几何分量有界，因此不必用另外的参数去定义其边界。

（4）易于用矢量和矩阵表示几何分量，简化了计算。

（5）对参数形式表示的曲线曲面可以对其参数方程直接进行几何变换。而对非参数形式表示的曲线曲面进行变换，则必须对曲线曲面上的每个型值点都进行几何变换，不能对其方程进行变换。

7.1.3　插值、逼近与拟合

（1）插值(interpolation)：当用一组型值点来指定曲线或曲面的形状时，曲线或曲面能够精确地通过给定的型值点且形成光滑的曲线或曲面的过程，称为曲线或曲面的插值，插值曲线如图 7-4 所示。

（2）逼近(approximation)：当用一组控制点来指定曲线或曲面的形状时，曲线或曲面被每个控制点所吸引，但实际上并不经过这些控制点，称为曲线或曲面的逼近，逼近曲线如图 7-5 所示。本章所介绍的 Bezier 曲线和 B 样条曲线属于逼近曲线，Bezier 曲面和 B 样条曲面属于逼近曲面。

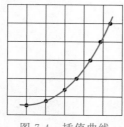　　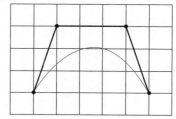

图 7-4　插值曲线　　　　　　　　　　图 7-5　逼近曲线

（3）拟合：插值与逼近统称为拟合(fitting)。

7.1.4　连续性条件

通常单一的曲线段或曲面片难以表达复杂的形状，必须将一些曲线段连接成组合曲线，或将一些曲面片连接成组合曲面，才能描述复杂的物体。为了保证在连接点处光滑过渡(smoothness，光顺)，需要满足连续性条件。连续性条件有两种：参数连续性与几何连续性。

1. 参数连续性

零阶参数连续性，记为 C^0，是指相邻两段曲线在结合点处具有相同的坐标，如图 7-6 所示。

一阶参数连续性，记为 C^1，是指相邻两段曲线在结合点处具有相同的一阶导数，如图 7-7 所示。

二阶参数连续性，记为 C^2，是指相邻两段曲线在结合点处具有相同的一阶导数和二阶导数，如图 7-8 所示。

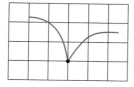

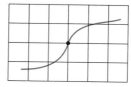

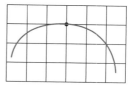

图 7-6　零阶连续性　　　　　图 7-7　一阶连续性　　　　　图 7-8　二阶连续性

2. 几何连续性

与参数连续性不同的是，几何连续性只要求参数成比例，而不是相等。

零阶几何连续性，记为 G^0，与零阶参数连续性相同，即相邻两段曲线在结合点处有相同的坐标。

一阶几何连续性，记为 G^1，指相邻两段曲线在结合点处的一阶导数成比例，但大小不一定相等。

二阶几何连续性，记为 G^2，指相邻两段曲线在结合点处的一阶导数和二阶导数成比例，即曲率一致，但大小不一定相等。

在曲线和曲面造型中，一般只使用 C^1、C^2 连续和 G^1、G^2 连续，一阶导数反映了曲线对参数 t 的变化速度，二阶导数反映了曲线对参数 t 变化的加速度。通常若在连接处 C^0、C^1、C^2 连续，则必然有 G^0、G^1、G^2 连续，反之则不然。

7.2　Bezier 曲线

由于几何外形设计的要求越来越高，传统的曲线表示方法，已经不能满足用户的需要。Bezier 曲线由法国雪铁龙（Citroen）汽车公司的 de Casteljau 于 1959 年发明，但是作为公司的技术机密，直到 1975 年之后才引起人们的注意。1962 年，法国雷诺（Renault）汽车公司的工程师 Bezier 独立提出了 Bezier 曲线曲面，并成功地运用于 UNISURF 造型系统中。Bezier 曲线是一种以逼近为基础的参数曲线，已经广泛应用于汽车的外形设计。Bezier 的想法从一开始就面向几何而不是面向代数，将函数逼近与几何表示结合起来，使得设计师在计算机上运用起来就像使用常规绘图工具一样得心应手，绘制 Bezier 曲线的直观交互性使得对设计对象的控制达到了直接的几何化程度。几种典型的 Bezier 曲线如图 7-9 所示。Bezier 曲线由控制多边形唯一定义，Bezier 曲线的起点和终点都落在控制多边形上且多边

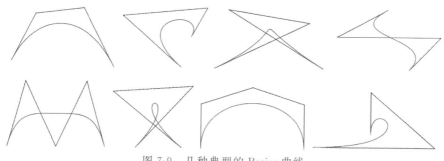

图 7-9　几种典型的 Bezier 曲线

形的第一条边和最后一条边表示了曲线在起点和终点的切矢量方向,其他顶点则用于定义曲线的导数、阶次和形状,曲线的形状趋近于控制多边形的形状,改变控制多边形的顶点位置就会改变曲线的形状。

7.2.1 Bezier 曲线的定义

给定 $n+1$ 个控制点 $P_i(i=0,1,2,\cdots,n)$,则 n 次 Bezier 曲线定义为

$$p(t)=\sum_{i=0}^{n}P_iB_{i,n}(t), \quad t\in[0,1] \tag{7-1}$$

式中,$P_i(i=0,1,2,\cdots,n)$ 是控制多边形的 $n+1$ 个控制点。控制多边形是连接 n 条边构成的多边形。$B_{i,n}(t)$ 是 Bernstein 基函数,其表达式为

$$B_{i,n}(t)=\frac{n!}{i!(n-i)!}t^i(1-t)^{n-i}=C_n^it^i(1-t)^{n-i}, \quad i=0,1,2,\cdots,n \tag{7-2}$$

式中,$0^0=1,0!=1$。

从式(7-1)可以看出,Bezier 曲线是控制多边形的控制点关于 Bernstein 基函数的加权和。Bezier 曲线的次数为 n,需要 $n+1$ 个顶点来定义。在实际应用中,最常用的是三次 Bezier 曲线,其次是二次 Bezier 曲线,一般很少使用高次 Bezier 曲线。

1. 一次 Bezier 曲线

当 $n=1$ 时,Bezier 曲线的控制多边形有 2 个控制点 P_0 和 P_1,Bezier 曲线是一次多项式。

$$p(t)=\sum_{i=0}^{1}P_iB_{i,1}(t)=(1-t)\cdot P_0+t\cdot P_1, \quad t\in[0,1]$$

写成矩阵形式为

$$p(t)=[t \quad 1]\cdot\begin{bmatrix}-1 & 1\\ 1 & 0\end{bmatrix}\cdot\begin{bmatrix}P_0\\ P_1\end{bmatrix}, \quad t\in[0,1] \tag{7-3}$$

其中,Bernstein 基函数为 $B_{0,1}(t)=1-t,B_{1,1}(t)=t$。

可以看出,一次 Bezier 曲线是连接起点 P_0 与终点 P_1 的直线段。

2. 二次 Bezier 曲线

当 $n=2$ 时,Bezier 曲线的控制多边形有 3 个控制点 P_0、P_1 和 P_2,Bezier 曲线是二次多项式。

$$p(t)=\sum_{i=0}^{2}P_iB_{i,2}(t)=(1-t)^2\cdot P_0+2t(1-t)\cdot P_1+t^2\cdot P_2$$

$$=(t^2-2t+1)\cdot P_0+(-2t^2+2t)\cdot P_1+t^2\cdot P_2, \quad t\in[0,1] \tag{7-4}$$

写成矩阵形式为

$$p(t)=[t^2 \quad t \quad 1]\cdot\begin{bmatrix}1 & -2 & 1\\ -2 & 2 & 0\\ 1 & 0 & 0\end{bmatrix}\cdot\begin{bmatrix}P_0\\ P_1\\ P_2\end{bmatrix}, \quad t\in[0,1] \tag{7-5}$$

式中,Bernstein 基函数为 $B_{0,2}(t)=t^2-2t+1=(1-t)^2,B_{1,2}(t)=-2t^2+2t=2t(1-t)$,$B_{2,2}(t)=t^2$。如图 7-10 所示,红色曲线为 $B_{0,2}(t)$,绿色曲线为 $B_{1,2}(t)$,蓝色曲线为 $B_{2,2}(t)$,这 3 段曲线都是二次多项式,在整个区间[0,1]上都不为 0。可以证明,二次 Bezier 曲线是

一段起点在 P_0 ,终点在 P_2 的抛物线,如图 7-11 所示。

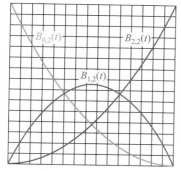

图 7-10　二次 Bezier 曲线的 3 段基函数

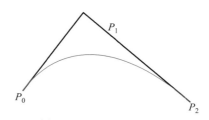

图 7-11　二次 Bezier 曲线

3. 三次 Bezier 曲线

当 $n=3$ 时,Bezier 曲线的控制多边形有 4 个控制点 P_0 、 P_1 、 P_2 和 P_3 ,Bezier 曲线是三次多项式。

$$
\begin{aligned}
p(t) &= \sum_{i=0}^{3} P_i B_{i,3}(t) = (1-t)^3 \cdot P_0 + 3t(1-t)^2 \cdot P_1 + 3t^2(1-t) \cdot P_2 + t^3 \cdot P_3 \\
&= (-t^3 + 3t^2 - 3t + 1) \cdot P_0 + (3t^3 - 6t^2 + 3t) \cdot P_1 + \\
&\quad (-3t^3 + 3t^2) \cdot P_2 + t^3 \cdot P_3, \quad t \in [0,1]
\end{aligned}
\tag{7-6}
$$

写成矩阵形式为

$$
p(t) = [t^3 \quad t^2 \quad t \quad 1] \cdot
\begin{bmatrix}
-1 & 3 & -3 & 1 \\
3 & -6 & 3 & 0 \\
-3 & 3 & 0 & 0 \\
1 & 0 & 0 & 0
\end{bmatrix}
\cdot
\begin{bmatrix}
P_0 \\
P_1 \\
P_2 \\
P_3
\end{bmatrix}, \quad t \in [0,1]
\tag{7-7}
$$

其中,Bernstein 基函数为

$$B_{0,3}(t) = -t^3 + 3t^2 - 3t + 1 = (1-t)^3, \quad B_{1,3}(t) = 3t^3 - 6t^2 + 3t = 3t(1-t)^2,$$

$$B_{2,3}(t) = -3t^3 + 3t^2 = 3t^2(1-t), \quad B_{3,3}(t) = t^3$$

如图 7-12 所示,其中红色曲线为 $B_{0,3}(t)$,绿色曲线为 $B_{1,3}(t)$,青色曲线为 $B_{2,3}(t)$,蓝色曲线为 $B_{3,3}(t)$ 。这 4 段曲线都是三次多项式,在整个区间[0,1]上都不为 0。这说明不能使用控制多边形对曲线的形状进行局部调整,如果改变某一控制点位置,整段曲线都将受到影响。一般将函数值不为 0 的区间叫作曲线的支撑。可以证明,三次 Bezier 曲线是一段自由曲线,如图 7-13 所示。

7.2.2　Bezier 曲线的性质

1. 端点性质

在闭区间[0,1]内,将 $t=0$ 和 $t=1$ 代入式(7-1),得到 $p(0) = \boldsymbol{P}_0$;当时, $p(1) = \boldsymbol{P}_n$ 。说明 Bezier 曲线的起点与终点分别位于控制多边形的起点 P_0 与终点 P_n 上。

2. 一阶导数

对式(7-1)求导,有

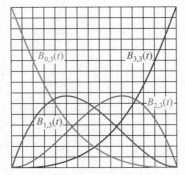
图 7-12　三次 Bezier 曲线的 4 段基函数

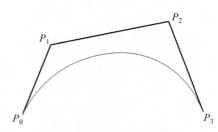
图 7-13　三次 Bezier 曲线

$$p'(t) = \sum_{i=0}^{n} P_i \cdot C_n^i [i \cdot t^{i-1} \cdot (1-t)^{n-i} - (n-i) \cdot t^i \cdot (1-t)^{n-i-1}]$$

在闭区间 $[0,1]$ 内，将 $t=0$ 和 $t=1$ 代入上式，得到

$$p'(0) = n(P_1 - P_0), \quad p'(1) = n(P_n - P_{n-1}) \tag{7-8}$$

这说明 Bezier 曲线的起点与终点的切线方向位于控制多边形的起始边与终止边的切线方向上。

3. 凸包性质

由式(7-2)可以看出，在闭区间 $[0,1]$ 内，$B_{i,n}(t) = C_n^i t^i (1-t)^{n-i} \geqslant 0$，而且 $\sum_{i=0}^{n} B_{i,n}(t) = 1$。
说明 Bezier 曲线位于控制多边形构成的凸包之内。

4. 对称性

由控制点 $P_i^* = P_{n-i}(i=0,1,2,\cdots,n)$，构造出的新 Bezier 曲线与原 Bezier 曲线形状相同，但走向相反。

$$p^*(t) = \sum_{i=0}^{n} P_i^* B_{i,n}(t) = \sum_{i=0}^{n} P_{n-i} B_{i,n}(t) = \sum_{i=0}^{n} P_{n-i} B_{n-i,n}(1-t)$$

$$= \sum_{i=0}^{n} P_i B_{i,n}(1-t) = p(1-t), \quad t \in [0,1] \tag{7-9}$$

这个性质说明 Bezier 曲线在控制多边形的起点与终点具有相同的性质。

5. 几何不变性

Bezier 曲线的位置和形状与控制多边形的顶点 $P_i(i=0,1,2,\cdots,n)$ 的位置有关，而不依赖于坐标系的选择。

6. 仿射不变性

对 Bezier 曲线所做的任意仿射变换(包括平移、比例、旋转、反射和错切变换)，相当于先对控制多边形顶点做变换，再根据变换后的控制多边形顶点绘制 Bezier 曲线。对于仿射变换 A，有

$$A[p(t)] = \sum_{i=0}^{n} A[P_i] B_{i,n}(t) \tag{7-10}$$

根据以上性质知道，Bezier 曲线是一条逼近曲线，在控制多边形的第一个顶点与最后一个顶点处进行插值，其形状直接受其余控制点的影响。

7.2.3 de Casteljau 递推算法

使用式(7-1)可以直接编程绘制 Bezier 曲线,但使用 de Casteljau 提出的递推算法则简单得多,而且几何意义十分明显。

1. 递推公式

给定空间 $n+1$ 个控制点 $P_i(i=0,1,2,\cdots,n)$ 及参数 t,de Casteljau 递推算法表述为

$$P_i^r(t)=(1-t)\cdot P_i^{r-1}(t)+t\cdot P_{i+1}^{r-1}(t),\quad r=1,2,\cdots,n;i=0,1,\cdots,n-r;t\in[0,1]$$

$$(7-11)$$

式中,$P_i^0=P_i$,$P_i^r(t)$ 是 Bezier 曲线上参数为 t 的点。

当 $n=3$ 时,有

$$\begin{cases}r=1,& i=0,1,2\\r=2,& i=0,1\\r=3,& i=0\end{cases}$$

三次 Bezier 曲线递推如下:

$$\begin{cases}P_0^1(t)=(1-t)\cdot P_0^0(t)+t\cdot P_1^0(t)\\P_1^1(t)=(1-t)\cdot P_1^0(t)+t\cdot P_2^0(t)\\P_2^1(t)=(1-t)\cdot P_2^0(t)+t\cdot P_3^0(t)\end{cases}$$

$$\begin{cases}P_0^2(t)=(1-t)\cdot P_0^1(t)+t\cdot P_1^1(t)\\P_1^2(t)=(1-t)\cdot P_1^1(t)+t\cdot P_2^1(t)\end{cases}$$

$$P_0^3(t)=(1-t)\cdot P_0^2(t)+t\cdot P_1^2(t)$$

根据定义有 $P_i^0(t)=P_i$。

定义 Bezier 曲线的控制点编号为 P_i^r,其中,r 为递推次数。de Casteljau 已经证明,当 $r=n$ 时,P_0^n 表示 Bezier 曲线上的点。根据式(7-11)可以绘制 n 次 Bezier 曲线。

2. 几何作图法

de Casteljau 算法的基础是在线段 P_0P_1 上选择一个点 $P(t)$,使得点 $P(t)$ 划分 P_0P_1

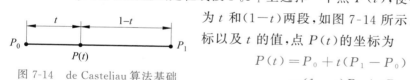

图 7-14   de Casteljau 算法基础

为 t 和 $(1-t)$ 两段,如图 7-14 所示。给定点 P_0、P_1 的坐标以及 t 的值,点 $P(t)$ 的坐标为

$$\begin{aligned}P(t)&=P_0+t(P_1-P_0)\\&=(1-t)P_0+tP_1,\quad t\in[0,1]\end{aligned}\quad(7-12)$$

依次对原始控制多边形的每一边执行同样的定比分割,所得的分点就是第一级递推生成的中间顶点 $P_i^1(i=0,1,\cdots,n-1)$,对由这些中间顶点构成的控制多边形再执行同样的定比分割,得到第二级递推生成的中间顶点 $P_i^2(i=0,1,\cdots,n-2)$,重复进行下去,直到 $r=n$,得到一个中间顶点 P_0^n,该点的轨迹即为 Bezier 曲线上的点 $P(t)$。

下面以 $n=3$ 的三次 Bezier 曲线为例,讲解 de Casteljau 算法的几何作图法。取 $t=0$,$t=1/3$,$t=2/3$,$t=1$,P_0^3 点的运动轨迹形成 Bezier 曲线。当 $t=0$ 时,P_0^3 点与 P_0 点重合,当 $t=1$ 时,P_0^3 点与 P_3 点重合,图 7-15(a)绘制的是 $t=1/3$ 的点。图 7-15(b)绘制的是 $t=$

$2/3$ 的点。当 t 在 $[0,1]$ 区间内连续变化时,使用直线段连接控制多边形凸包内的所有红色的 P_0^3 点,可以绘制出三次 Bezier 曲线,如图 7-15(c)所示。

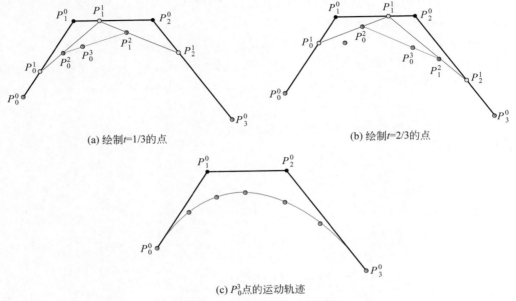

(a) 绘制 $t=1/3$ 的点　　　　　　　(b) 绘制 $t=2/3$ 的点

(c) P_0^3 点的运动轨迹

图 7-15　Bezier 曲线的递推算法

de Casteljau 算法递推出的 P_i^r 呈直角三角形,当 $n=3$ 时,如图 7-16 所示。该三角形垂直边上的点 P_0、P_1、P_2、P_3 是 Bezier 曲线的控制点,斜边上的点 P_0^0、P_0^1、P_0^2、P_0^3 是 Bezier 曲线在 $0 \leqslant t \leqslant 1/2$ 内的控制点。水平直角边上的点 P_3^0、P_2^1、P_1^2、P_0^3 是 Bezier 曲线在 $1/2 \leqslant t \leqslant 1$ 内的控制点。

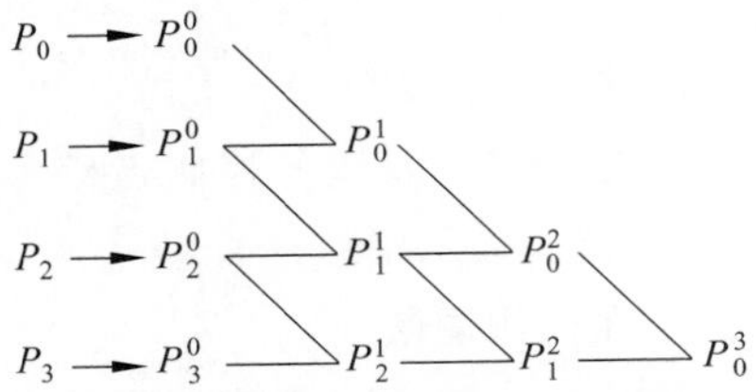

图 7-16　de Casteljau 算法递推三角形

7.2.4　Bezier 曲线的拼接

Bezier 曲线的阶次随着控制多边形顶点数目的增加而增加。使用高次 Bezier 曲线计算起来代价很高且容易有数值舍入误差,工程中经常使用的是二次或三次 Bezier 曲线。为了描述复杂的物体的线框模型,经常需要将各段曲线拼接起来,并在结合处满足一定的连续性条件。

假设两段三次 Bezier 曲线分别为 $p(t)$ 和 $q(t)$,其控制多边形的顶点分别为 P_0、P_1、P_2、P_3 和 Q_0、Q_1、Q_2、Q_3,如图 7-17 所示。下面介绍两段三次 Bezier 曲线的拼接方法。

两段三次 Bezier 曲线达到 G^0 连续性的条件是:$P_3 = Q_0$。达到 G^1 连续性的条件是:P_2、$P_3(Q_0)$ 和 Q_1 三点共线,且 P_2 和 Q_1 位于 $P_3(Q_0)$ 的两侧。由式(7-8)有

$$p'(1) = 3(P_3 - P_2), \quad q'(0) = 3(Q_1 - Q_0)$$

达到 G^1 连续性,有

$$p'(1) = \alpha \cdot q'(0)$$

即

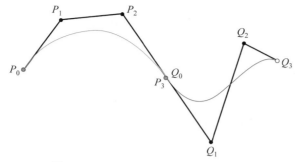

图 7-17　两段三次 Bezier 曲线的拼接

$$P_3 - P_2 = \alpha(Q_1 - Q_0) \tag{7-13}$$

式中，α 为比例因子。

由于 $P_3 = Q_0$，有

$$Q_0 = \frac{P_2 + \alpha Q_1}{1 + \alpha} \tag{7-14}$$

G^1 连续性条件的要求 $P_3(Q_0)$ 是在 $P_2 Q_1$ 连线上位于 P_2 和 Q_1 两点间的某处。特别地，若取 $\alpha = 1$，有 $Q_0 = (P_2 + Q_1)/2$，即 $P_3(Q_0)$ 是 $P_2 Q_1$ 连线的中点。α 对 $P_3(Q_0)$ 拼接位置的影响如图 7-18 所示。

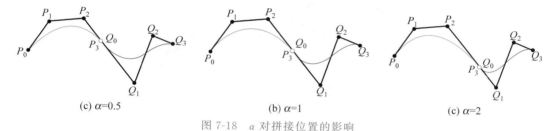

(c) $\alpha = 0.5$　　　　　(b) $\alpha = 1$　　　　　(c) $\alpha = 2$

图 7-18　α 对拼接位置的影响

三次 Bezier 曲线的拼接一般不要求满足 G^2 连续性。因为每段三次 Bezier 曲线仅有 4 个控制点，若二阶连续，则只能留下一个控制点调整曲线的形状。图 7-19 是使用 4 段三次 Bezier 曲线拼接的圆及其控制多边形，共需要 12 个控制点 $P_0 \sim P_{11}$。需要说明的是，Bezier 曲线并不能精确地表示圆弧，所以图 7-19 表示的只是一个近似圆。

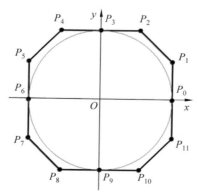

图 7-19　三次 Bezier 曲线拼接圆

7.3 Bezier 曲面

7.3.1 Bezier 曲面的定义

Bezier 曲面是由 Bezier 曲线拓广而来,以两组正交的 Bezier 曲线控制点构造空间网格来生成曲面。$m \times n$ 次 Bezier 曲面的定义为

$$p(u,v) = \sum_{i=0}^{m} \sum_{j=0}^{n} P_{i,j} B_{i,m}(u) B_{j,n}(v), \quad (u,v) \in [0,1] \times [0,1] \tag{7-15}$$

式中,$P_{i,j}(i=0,1,\cdots,m;j=0,1,\cdots,n)$ 是 $(m+1) \times (n+1)$ 个控制点。$B_{i,m}(u)$ 和 $B_{j,n}(v)$ 是 Bernstein 基函数。

依次用线段连接点列 $P_{i,j}(i=0,1,\cdots,m;j=0,1,\cdots,n)$ 中相邻两点所形成的空间网格称为控制网格。当 $m=3,n=3$ 时,由 $4 \times 4 = 16$ 个控制点构成控制网格,如图 7-20 所示,其相应的曲面称为双三次 Bezier 曲面。

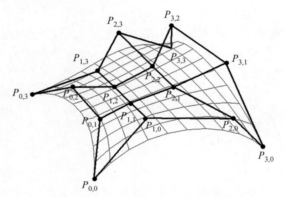

图 7-20 双三次 Bezier 曲面及其控制多边形

7.3.2 双三次 Bezier 曲面的定义

双三次 Bezier 曲面定义为

$$p(u,v) = \sum_{i=0}^{3} \sum_{j=0}^{3} P_{i,j} B_{i,3}(u) B_{j,3}(v), \quad (u,v) \in [0,1] \times [0,1] \tag{7-16}$$

展开式(7-16),有

$$p(u,v) = [B_{0,3}(u) \quad B_{1,3}(u) \quad B_{2,3}(u) \quad B_{3,3}(u)]$$
$$\cdot \begin{bmatrix} P_{0,0} & P_{0,1} & P_{0,2} & P_{0,3} \\ P_{1,0} & P_{1,1} & P_{1,2} & P_{1,3} \\ P_{2,0} & P_{2,1} & P_{2,2} & P_{2,3} \\ P_{3,0} & P_{3,1} & P_{3,2} & P_{3,3} \end{bmatrix} \cdot \begin{bmatrix} B_{0,3}(v) \\ B_{1,3}(v) \\ B_{2,3}(v) \\ B_{3,3}(v) \end{bmatrix} \tag{7-17}$$

式中,$B_{0,3}(u)$、$B_{1,3}(u)$、$B_{2,3}(u)$、$B_{3,3}(u)$、$B_{0,3}(v)$、$B_{1,3}(v)$、$B_{2,3}(v)$、$B_{3,3}(v)$ 是三次 Bernstein 基函数。

$$\begin{cases} B_{0,3}(u) = -u^3 + 3u^2 - 3u + 1 \\ B_{1,3}(u) = 3u^3 - 6u^2 + 3u \\ B_{2,3}(u) = -3u^3 + 3u^2 \\ B_{3,3}(u) = u^3 \end{cases} , \quad \begin{cases} B_{0,3}(v) = -v^3 + 3v^2 - 3v + 1 \\ B_{1,3}(v) = 3v^3 - 6v^2 + 3v \\ B_{2,3}(v) = -3v^3 + 3v^2 \\ B_{3,3}(v) = v^3 \end{cases} \quad (7\text{-}18)$$

将式(7-18)代入式(7-17),得

$$p(u,v) = [u^3 \quad u^2 \quad u \quad 1] \cdot \begin{bmatrix} -1 & 3 & -3 & 1 \\ 3 & -6 & 3 & 0 \\ -3 & 3 & 0 & 0 \\ 1 & 0 & 0 & 0 \end{bmatrix} \cdot \begin{bmatrix} P_{0,0} & P_{0,1} & P_{0,2} & P_{0,3} \\ P_{1,0} & P_{1,1} & P_{1,2} & P_{1,3} \\ P_{2,0} & P_{2,1} & P_{2,2} & P_{2,3} \\ P_{3,0} & P_{3,1} & P_{3,2} & P_{3,3} \end{bmatrix}$$

$$\cdot \begin{bmatrix} -1 & 3 & -3 & 1 \\ 3 & -6 & 3 & 0 \\ -3 & 3 & 0 & 0 \\ 1 & 0 & 0 & 0 \end{bmatrix} \cdot \begin{bmatrix} v^3 \\ v^2 \\ v \\ 1 \end{bmatrix} \quad (7\text{-}19)$$

令

$$\boldsymbol{U} = [u^3 \quad u^2 \quad u \quad 1], \quad \boldsymbol{V} = [v^3 \quad v^2 \quad v \quad 1],$$

$$\boldsymbol{M}_{\mathrm{be}} = \begin{bmatrix} -1 & 3 & -3 & 1 \\ 3 & -6 & 3 & 0 \\ -3 & 3 & 0 & 0 \\ 1 & 0 & 0 & 0 \end{bmatrix}, \quad \boldsymbol{P} = \begin{bmatrix} P_{0,0} & P_{0,1} & P_{0,2} & P_{0,3} \\ P_{1,0} & P_{1,1} & P_{1,2} & P_{1,3} \\ P_{2,0} & P_{2,1} & P_{2,2} & P_{2,3} \\ P_{3,0} & P_{3,1} & P_{3,2} & P_{3,3} \end{bmatrix}$$

则有

$$p(u,v) = \boldsymbol{U}\boldsymbol{M}_{\mathrm{be}}\boldsymbol{P}\boldsymbol{M}_{\mathrm{be}}^{\mathrm{T}}\boldsymbol{V}^{\mathrm{T}} \quad (7\text{-}20)$$

式中,$\boldsymbol{M}_{\mathrm{be}}$为对称矩阵,即 $\boldsymbol{M}_{\mathrm{be}}^{\mathrm{T}} = \boldsymbol{M}_{\mathrm{be}}$。

生成曲面时可以通过先固定 u,变化 v 得到一簇 Bezier 曲线;然后固定 v,变化 u 得到另一簇 Bezier 曲线,两簇曲线交织生成 Bezier 曲面。几种不同形状的双三次 Bezier 曲面如图 7-21 所示。

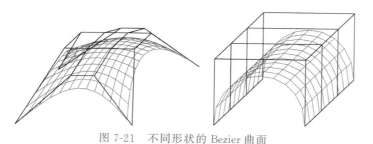

图 7-21　不同形状的 Bezier 曲面

7.3.3　双三次 Bezier 曲面的拼接

与 Bezier 曲线拼接类似,两张双三次 Bezier 曲面片也可以拼接在一起。两张双三次 Bezier 曲面片表述如下:

$$p(u,v) = \boldsymbol{U}\boldsymbol{M}_{\mathrm{be}}\boldsymbol{P}\boldsymbol{M}_{\mathrm{be}}^{\mathrm{T}}\boldsymbol{V}^{\mathrm{T}}$$

$$q(u,v) = UM_{be}QM_{be}^{T}V^{T}$$

图 7-22 所示为两片 Bezier 曲面的控制多边形。达到 G^0 连续性的条件是 $P_{3,i} = Q_{0,i}$ $(i=0,1,2,3)$。

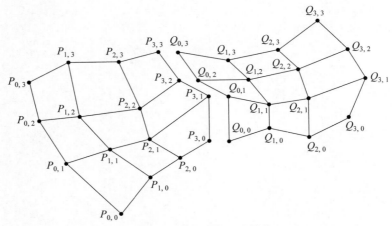

图 7-22　Bezier 曲面的拼接

达到 G^1 连续性的条件是

$$P_{3,i} - P_{2,i} = \alpha(Q_{1,i} - Q_{0,i}), \quad i=0,1,2,3$$

式中,α 为比例因子。

一般情况下,在连接处保持一阶导数连续较为困难,要求两个控制多边形中位于交点处的两条边必须共线。图 7-23 所示为满足 G^1 连续性的条件的两片 Bezier 曲面的控制多边形。Utah 茶壶是由美国犹他大学(Utah University)的计算机图形学研究者 Martin Newell 于 1975 年发明的。Utah 茶壶就是使用 32 张双三次 Bezier 曲面片拼接而成,这些曲面通过总共 306 个控制点。图 7-24 是使用 MFC 绘制的 Utah 茶壶线框模型的透视投影图。

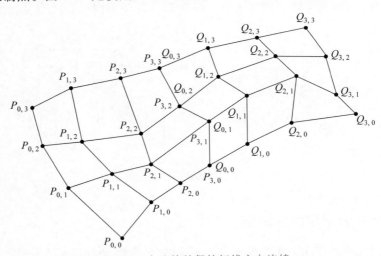

图 7-23　在连接处保持切线方向连续

(a) 茶壶　　　　　　　　　(b) 控制网络　　　　　　　　(c) 茶壶及控制网络

图 7-24　Utah 茶壶线框模型透视投影

7.4　B 样条曲线

Bezier 曲线虽然有许多优点,但也存在不足之处:其一,确定了控制多边形的顶点个数为 $n+1$ 个,也就确定了曲线的次数为 n 次;其二,控制多边形与曲线的逼近程度较差,次数越高,逼近程度越差;其三,曲线不能局部修改,调整某一控制点将影响到整条曲线,原因是 Bernstein 基函数在整个区间 $[0,1]$ 内有支撑,所以曲线在区间内任何一点的值都将受到全部顶点的影响,调整任何控制点的位置,将会引起整条曲线的改变;其四,Bezier 曲线的拼接比较复杂。为了解决上述问题,Gordon 和 Riesenfeld 于 1972 年用 B 样条基函数代替了 Bernstein 基函数,构造了 B 样条曲线。B 样条曲线比 Bezier 曲线更贴近控制多边形,曲线更光滑(很容易达到 C^2 连续性),其多项式的次数可根据需要指定,而不像 Bezier 曲线多项式的次数是由控制点的个数来确定。除此之外,B 样条曲线的突出优点是增加了对曲线的局部修改功能,因为 B 样条曲线是分段构成的,所以控制多边形的顶点对曲线的控制灵活而直观。修改某一控制点只引起与该控制点相邻近的曲线形状发生变化,远处的曲线形状不受影响,这种优点使得 B 样条广泛应用于交互式自由曲线曲面设计。

7.4.1　B 样条曲线的定义

B 样条曲线分为均匀 B 样条曲线、准均匀 B 样条曲线、分段 Bezier 曲线与非均匀 B 样条曲线,本节只讨论均匀 B 样条曲线[21]。均匀 B 样条基函数采用等距参数结点,由此形成的 B 样条曲线具有简单、直观、易用的特点。准均匀 B 样条曲线和分段 Bezier 曲线是使用 B 样条曲线来表示 Bezier 曲线,将 Bezier 曲线看作是 B 样条曲线的特例。在非均匀 B 样条曲线的基础上,引入权因子和分母,使用有理表示产生了工程中 NURBS 方法。NURBS 方法的全称为 Non-Uniform Rational B-Splines,1991 年被 ISO 认定为表示自由曲线曲面的唯一方法。作为入门学习,本章只介绍均匀 B 样条曲线。

给定 $m+n+1$ 个控制点 $P_h(h=0,1,2,\cdots,m+n)$,n 次 B 样条曲线段的参数表达式为

$$p_{i,n}(t)=\sum_{k=0}^{n}P_{i+k}N_{k,n}(t),\quad t\in[0,1] \tag{7-21}$$
$$i=0,1,2,\cdots,m;k=0,1,2,\cdots,n$$

式中,$N_{k,n}(t)$ 为 B 样条基函数,其形式为

$$N_{k,n}(t)=\frac{1}{n!}\sum_{j=0}^{n-k}(-1)^j C_{n+1}^j(t+n-k-j)^n \tag{7-22}$$

式中

$$C_{n+1}^j=\frac{(n+1)!}{j!(n+1-j)!} \tag{7-23}$$

式(7-21)为 n 次 B 样条曲线的第 i 段曲线($i=0,1,2,\cdots,m$)。连接全部曲线段($m+1$ 段)所组成的整条曲线称为 n 次 B 样条曲线。依次用线段连接控制点 P_{i+k}($k=0,1,2,\cdots,n$)组成的多边形称为 B 样条曲线在第 i 段的控制多边形。

从式(7-21)可以看出,B 样条曲线是分段构成的,所以控制多边形对曲线的控制灵活直观。若给定 $m+n+1$ 个控制点,可以构造一条 n 次 B 样条曲线,它是由 $m+1$ 段 n 次曲线首尾相接而成,而每段曲线则由 $n+1$ 个顶点所构造。由于 n 次 B 样条曲线可以达到 $n-1$ 阶连续性,在工程设计中,二次 B 样条曲线和三次 B 样条曲线应用得较为广泛。

7.4.2　二次 B 样条曲线

1. 矩阵表示

二次 B 样条曲线的 $n=2,k=0,1,2$。控制多边形有 3 个控制点 P_0、P_1 和 P_2。二次 B 样条曲线是二次多项式。

$$N_{0,2}(t)=\frac{1}{2!}\sum_{j=0}^{2}(-1)^{j}C_{3}^{j}(t+2-j)^{2}=\frac{1}{2}\left[\frac{3!}{3!}(t+2)^{2}-\frac{3!}{2!}(t+1)^{2}+\frac{3!}{2!}t^{2}\right]$$

$$=\frac{1}{2}(t-1)^{2}=\frac{1}{2}(t^{2}-2t+1)$$

$$N_{1,2}(t)=\frac{1}{2}(-2t^{2}+2t+1)$$

$$N_{2,2}(t)=\frac{1}{2}t^{2}$$

因此,二次 B 样条曲线的分段参数表达式为

$$p_{i,2}(t)=\sum_{k=0}^{2}P_{i+k}N_{k,2}(t)=P_{i}\cdot N_{0,2}(t)+P_{i+1}\cdot N_{1,2}(t)$$
$$+P_{i+2}\cdot N_{2,2}(t),\quad i=0,1,2,\cdots,m$$

对于 $i=0$ 段曲线,写成矩阵形式为

$$p(t)=\frac{1}{2}\begin{bmatrix}t^{2} & t & 1\end{bmatrix}\begin{bmatrix}1 & -2 & 1\\-2 & 2 & 0\\1 & 1 & 0\end{bmatrix}\cdot\begin{bmatrix}P_{0}\\P_{1}\\P_{2}\end{bmatrix},\quad t\in[0,1]\quad\quad(7\text{-}24)$$

式中,P_k 为分段曲线的控制多边形的 3 个顶点 P_0、P_1 和 P_2。

2. 几何性质

由式(7-24)可以得出一阶导数

$$p'(t)=\begin{bmatrix}t & 1\end{bmatrix}\cdot\begin{bmatrix}1 & -2 & 1\\-1 & 1 & 0\end{bmatrix}\cdot\begin{bmatrix}P_{0}\\P_{1}\\P_{2}\end{bmatrix},\quad t\in[0,1]\quad\quad(7\text{-}25)$$

将 $t=0$、$t=1$ 和 $t=1/2$ 分别代入式(7-24)和式(7-25),可得

$$\begin{cases}p(0)=\dfrac{1}{2}(P_{0}+P_{1})\\[2mm]p(1)=\dfrac{1}{2}(P_{1}+P_{2})\end{cases}$$

$$\begin{cases}p'(0)=(P_{1}-P_{0})\\p'(1)=(P_{2}-P_{1})\end{cases}$$

$$\begin{cases} p\left(\dfrac{1}{2}\right)=\dfrac{1}{8}P_0+\dfrac{3}{4}P_1+\dfrac{1}{8}P_2=\dfrac{1}{2}\left\{\dfrac{1}{2}\big[p(0)+p(1)\big]+P_1\right\} \\ p'\left(\dfrac{1}{2}\right)=\dfrac{1}{2}(P_2-P_0)=p(1)-p(0) \end{cases}$$

从图 7-25 可以看出,二次 B 样条曲线的起点 $p(0)$ 位于 P_0P_1 边的中点处,且其切矢量 $\overrightarrow{P_0P_1}$ 沿 P_0P_1 边的走向;终点 $p(1)$ 位于 P_1P_2 边的中点处,且其切矢量 $\overrightarrow{P_1P_2}$ 沿 P_1P_2 边的走向;从图中还可以看出,$p(1/2)$ 正是 $p(0)$、P_1、$p(1)$ 三点所构成的三角形的中线 P_1P_m 的中点,而且 $p(1/2)$ 处的切线平行于两个端点的连线 $p(0)p(1)$。这样,三个顶点 $P_0P_1P_2$ 确定一段二次 B 样条曲线,该段曲线是一段抛物线。一般情况下,B 样条曲线不经过控制点,曲线起点只与前两个控制点有关,曲线终点只与后两个控制点有关。由图还可以看出,n 个顶点定义的二次 B 样条,实际上是 $n-2$ 段抛物线的连接,由于在连接点处具有相同的切线方向,所以二次 B 样条曲线达到一阶连续性。

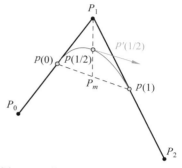

图 7-25　第 i 段二次 B 样条曲线段及其控制多边形

7.4.3　三次 B 样条曲线

1. 矩阵表示

三次 B 样条曲线的 $n=3,k=0,1,2,3$。控制多边形有 4 个控制点 P_0、P_1、P_2 和 P_3。三次 B 样条曲线是三次多项式。

$$N_{0,3}(t)=\frac{1}{6}(-t^3+3t^2-3t+1)$$

$$N_{1,3}(t)=\frac{1}{6}(3t^3-6t^2+4)$$

$$N_{2,3}(t)=\frac{1}{6}(-3t^3+3t^2+3t+1)$$

$$N_{3,3}(t)=\frac{1}{6}t^3$$

因此,三次 B 样条曲线的分段参数表达式为

$$\begin{aligned} p_{i,3}(t)&=\sum_{k=0}^{3}P_{i+k}N_{k,3}(t) \\ &=P_iN_{0,3}(t)+P_{i+1}N_{1,3}(t)+P_{i+2}N_{2,3}(t)+P_{i+3}N_{3,3}(t), \\ &\qquad\qquad i=0,1,2,\cdots,m \end{aligned}$$

对于 $i=0$ 段曲线,写成矩阵形式为

$$p(t)=\frac{1}{6}\begin{bmatrix}t^3 & t^2 & t & 1\end{bmatrix}\cdot\begin{bmatrix}-1 & 3 & -3 & 1 \\ 3 & -6 & 3 & 0 \\ -3 & 0 & 3 & 0 \\ 1 & 4 & 1 & 0\end{bmatrix}\cdot\begin{bmatrix}P_0 \\ P_1 \\ P_2 \\ P_3\end{bmatrix},\quad t\in[0,1]\qquad(7\text{-}26)$$

式中，P_k 为分段曲线的控制多边形的 4 个顶点：P_0、P_1、P_2 和 P_3。

2. 几何性质

由式(7-26)可以得出一阶导数和二阶导数

$$p'(t) = \frac{1}{2} \begin{bmatrix} t^2 & t & 1 \end{bmatrix} \cdot \begin{bmatrix} -1 & 0 & -3 & 1 \\ 2 & -4 & 2 & 0 \\ -1 & 3 & 1 & 0 \end{bmatrix} \cdot \begin{bmatrix} P_0 \\ P_1 \\ P_2 \\ P_3 \end{bmatrix}, \quad t \in [0,1] \qquad (7\text{-}27)$$

$$p''(t) = \begin{bmatrix} t & 1 \end{bmatrix} \cdot \begin{bmatrix} -1 & 3 & -3 & 1 \\ 1 & -2 & 1 & 0 \end{bmatrix} \cdot \begin{bmatrix} P_0 \\ P_1 \\ P_2 \\ P_3 \end{bmatrix}, \quad t \in [0,1] \qquad (7\text{-}28)$$

令 $\begin{cases} P_m = \dfrac{P_0 + P_2}{2} \\ P_n = \dfrac{P_1 + P_3}{2} \end{cases}$，以 $t=0$ 和 $t=1$ 代入式(7-26)~式(7-28)，可得

$$\begin{cases} p(0) = \dfrac{1}{6}(P_0 + 4P_1 + P_2) = \dfrac{1}{3}\left(\dfrac{P_0 + P_2}{2}\right) + \dfrac{2}{3}P_1 = \dfrac{1}{3}P_m + \dfrac{2}{3}P_1 \\ p(1) = \dfrac{1}{6}(P_1 + 4P_2 + P_3) = \dfrac{1}{3}\left(\dfrac{P_1 + P_3}{2}\right) + \dfrac{2}{3}P_2 = \dfrac{1}{3}P_n + \dfrac{2}{3}P_2 \end{cases}$$

$$\begin{cases} p'(0) = \dfrac{1}{2}(P_2 - P_0) \\ p'(1) = \dfrac{1}{2}(P_3 - P_1) \end{cases}$$

$$\begin{cases} p''(0) = P_0 - 2P_1 + P_2 = 2\left(\dfrac{P_0 + P_2}{2} - P\right) = 2(P_m - P_1) \\ p''(1) = P_1 - 2P_2 + P_3 = 2\left(\dfrac{P_1 + P_3}{2} - P_2\right) = 2(P_n - P_2) \end{cases}$$

从图 7-26 可以看出，曲线的起点 $p(0)$ 位于 $\triangle P_0 P_1 P_2$ 底边 $P_0 P_2$ 的中线 $P_1 P_m$ 上，且距 P_1 点三分之一处。该点处的切矢量 $p'(0)$ 平行于 $\triangle P_0 P_1 P_2$ 的底边 $P_0 P_2$，且长度为其二分之一。该点处的二阶导数 $p''(0)$ 沿着中线矢量 $\overrightarrow{P_1 P_m}$ 方向，长度等于 $\overrightarrow{P_1 P_m}$ 的两倍。曲

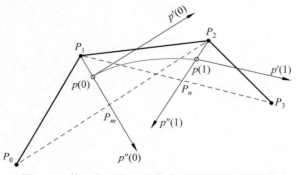

图 7-26　第 i 段三次 B 样条曲线及其控制多边形

线终点 $p(1)$ 位于 $\triangle P_1P_2P_3$ 底边 P_1P_3 的中线 P_2P_n 上,且距 P_2 点三分之一处。该点处的切矢量 $p'(1)$ 平行于 $\triangle P_1P_2P_3$ 的底边 P_1P_3,且长度为其二分之一。该点处的二阶导数 $p''(1)$ 沿着中线矢量 $\overrightarrow{P_2P_n}$ 方向,长度等于 $\overrightarrow{P_2P_n}$ 的两倍。这样,4 个顶点 $P_0P_1P_2P_3$ 确定一段三次 B 样条曲线。从图中还可以看出,一般情况下,B 样条曲线不经过控制点,曲线起点 $p(0)$ 只与前三个控制点有关,终点 $p(1)$ 只与后三个控制点有关。实际上,B 样条曲线都具有这种控制点的邻近影响性,这正是 B 样条曲线局部调整性好的原因。三次 B 样条曲线可以达到二阶连续性。

7.4.4 B 样条曲线的性质

1. 连续性

Bezier 曲线是整体生成的,与此不同的是,B 样条曲线是分段生成的。B 样条曲线各段之间自然连接。图 7-27 中,控制点 $P_iP_{i+1}P_{i+2}$ 确定第 i 段二次 B 样条曲线,$P_{i+1}P_{i+2}P_{i+3}$ 确定第 $i+1$ 段二次 B 样条曲线,第 $i+1$ 段曲线的起点切矢量 $\overrightarrow{P_{i+1}P_{i+2}}$ 沿 $P_{i+1}P_{i+2}$ 边的走向,和第 i 段二次 B 样条曲线的终点切矢量相等,两段 B 样条曲线实现自然连接,但二次 B 样条曲线只能达到 C^1 连续性。

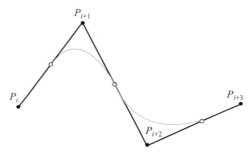

图 7-27　二次 B 样条曲线的连续性

图 7-28 中,控制点 $P_iP_{i+1}P_{i+2}P_{i+3}$ 确定第 i 段三次 B 样条曲线,如果再添加一个顶点 P_{i+4},则 $P_{i+1}P_{i+2}P_{i+3}P_{i+4}$ 可以确定第 $i+1$ 段三次 B 样条曲线,而且第 $i+1$ 段三次 B 样条曲线的起点切矢量、二阶导数和第 i 段三次 B 样条曲线的终点切矢量和二阶导数相等,两段 B 样条曲线实现自然连接,三次 B 样条曲线可以达到 C^2 连续性。一般而言,n 次 B 样条曲线具有 $n-1$ 阶导数的连续性。

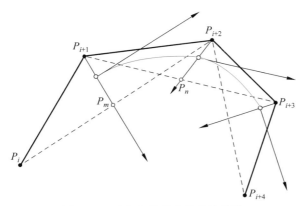

图 7-28　三次 B 样条曲线的连续性

对于图 7-29(a)所示的二次($n=2$)B 样条曲线,由 7 段曲线组成,共需要 9 个控制点;对于图 7-29(b)所示的三次($n=3$)B 样条曲线,由 6 段曲线组成,共需要 9 个控制点。

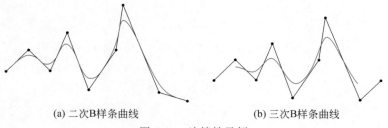

(a) 二次B样条曲线　　　　　　　　(b) 三次B样条曲线

图 7-29　连续性示例

2. 局部性

在 B 样条曲线中，每段 n 次 B 样条曲线受 $n+1$ 个控制点影响，改变一个控制点的位置，最多影响 $n+1$ 段曲线，其他部分曲线形状保持不变，如图 7-30 和图 7-31 所示。在工程设计中经常需要对曲线进行局部修改，B 样条曲线能很好地满足这一要求，这也是 B 样条曲线受欢迎的原因之一。

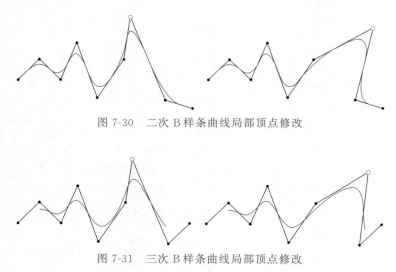

图 7-30　二次 B 样条曲线局部顶点修改

图 7-31　三次 B 样条曲线局部顶点修改

7.4.5　构造特殊三次 B 样条曲线的技巧

1. 二重顶点

当控制多边形的两个顶点重合时，例如 P_1 点和 P_2 点重合，$\triangle P_0 P_1 P_2$ 和 $\triangle P_1 P_2 P_3$ 都退化为一段直线。曲线的起点位于距离重合点 P_1 的 1/6 处，切矢量沿 $P_0 P_1$ 边走向，终点位于距离重合点 P_2 的 1/6 处，切矢量沿 $P_1 P_3$ 边走向。因此，在曲线设计中，若要使 B 样条曲线与控制多边形的边相切，可使用二重点方法，如图 7-32 所示。

2. 三重顶点

当控制多边形的 3 个顶点重合时，$\triangle P_1 P_2 P_3$ 退化为一点。所以曲线的起点和终点也重合在该点，并且一阶导数和二阶导数全部为 0。从图形上看出现了尖点。但由于该点的一阶导数和二阶导数都退化为 0，曲线仍然是 C^2 连续。所以要想在曲线中出现尖点，可使用三重点方法，如图 7-33 所示。

图 7-32　二重点　　　　　　　图 7-33　三重点

3. 三顶点共线

当 3 个顶点共线时，$\triangle P_1P_2P_3$ 退化为一段直线。可用于处理两段弧的相接，如图 7-34 所示。

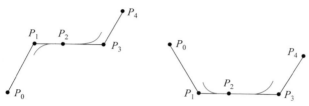

图 7-34　三顶点共线

4. 四顶点共线

当 4 个顶点共线时，控制多边形 $P_1P_2P_3P_4$ 退化为一段直线，相应的 B 样条曲线段也退化为一段直线，可用于处理两段曲线之间植入一段直线的问题，如图 7-35 所示。

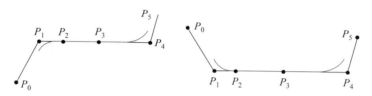

图 7-35　四顶点共线

综合使用构造 B 样条曲线的技巧可以模拟尖点、曲线和直线段相切、两段曲线之间插入直线段等绘图技法，因而适宜于绘制线画图形。图 7-36 是使用多段三次 B 样条曲线绘制的"枫叶"一笔画的效果图。

(a) 控制多边形和三次B样条曲线　　　(b) 三次B样条曲线

图 7-36　三次 B 样条曲线绘制的"枫叶"一笔画

7.5　B 样条曲面

7.5.1　B 样条曲面的定义

B 样条曲面是 B 样条曲线的二维推广,给定 $(m+1) \times (n+1)$ 个控制点 $P_{i,j}(i=0,1,\cdots,m;j=0,1,\cdots,n)$, $m \times n$ 次 B 样条曲面的定义为

$$p(u,v) = \sum_{i=0}^{m} \sum_{j=0}^{n} P_{i,j} N_{i,m}(u) N_{j,n}(v), \quad (u,v) \in [0,1] \times [0,1] \tag{7-29}$$

式中, $P_{i,j}(i=0,1,\cdots,m;j=0,1,\cdots,n)$ 是 $(m+1) \times (n+1)$ 个控制点。$N_{i,m}(u)$ 和 $N_{j,n}(v)$ 是 B 样条基函数。

依次用线段连接点列 $P_{i,j}(i=0,1,\cdots,m;j=0,1,\cdots,n)$ 中相邻两点所形成的空间网格称为控制网格。如果 $m=n=3$,则由 $4 \times 4 = 16$ 个顶点构成控制网格,其相应的曲面称为双三次 B 样条曲面。

7.5.2　双三次 B 样条曲面的定义

双三次 B 样条曲面定义为

$$P(u,v) = \sum_{i=0}^{3} \sum_{j=0}^{3} P_{ij} N_{i,3}(u) N_{j,3}(v), \quad (u,v) \in [0,1] \times [0,1] \tag{7-30}$$

将式(7-30)展开,有

$$p(u,v) = [N_{0,3}(u) \quad N_{1,3}(u) \quad N_{2,3}(u) \quad N_{3,3}(u)]$$
$$\cdot \begin{bmatrix} P_{0,0} & P_{0,1} & P_{0,2} & P_{0,3} \\ P_{1,0} & P_{1,1} & P_{1,2} & P_{1,3} \\ P_{2,0} & P_{2,1} & P_{2,2} & P_{2,3} \\ P_{3,0} & P_{3,1} & P_{3,2} & P_{3,3} \end{bmatrix} \cdot \begin{bmatrix} N_{0,3}(v) \\ N_{1,3}(v) \\ N_{2,3}(v) \\ N_{3,3}(v) \end{bmatrix} \tag{7-31}$$

式中, $N_{0,3}(u)$、$N_{1,3}(u)$、$N_{2,3}(u)$、$N_{3,3}(u)$、$N_{0,3}(v)$、$N_{1,3}(v)$、$N_{2,3}(v)$ 和 $N_{3,3}(v)$ 是三次 B 样条基函数。

$$\begin{cases} N_{0,3}(u) = \dfrac{1}{6}(-u^3 + 3u^2 - 3u + 1) \\ N_{1,3}(u) = \dfrac{1}{6}(3u^3 - 6u^2 + 4) \\ N_{2,3}(u) = \dfrac{1}{6}(-3u^3 + 3u^2 + 3u + 1) \\ N_{3,3}(u) = \dfrac{1}{6}u^3 \end{cases}, \quad \begin{cases} N_{0,3}(v) = \dfrac{1}{6}(-v^3 + 3v^2 - 3v + 1) \\ N_{1,3}(v) = \dfrac{1}{6}(3v^3 - 6v^2 + 4) \\ N_{2,3}(v) = \dfrac{1}{6}(-3v^3 + 3v^2 + 3v + 1) \\ N_{3,3}(v) = \dfrac{1}{6}v^3 \end{cases}$$

$$\tag{7-32}$$

将式(7-32)代入式(7-31)得到

$$p(u,v) = \frac{1}{36} \cdot [u^3 \quad u^2 \quad u \quad 1] \cdot \begin{bmatrix} -1 & 3 & -3 & 1 \\ 3 & -6 & 3 & 0 \\ -3 & 0 & 3 & 0 \\ 1 & 4 & 1 & 0 \end{bmatrix} \cdot \begin{bmatrix} P_{0,0} & P_{0,1} & P_{0,2} & P_{0,3} \\ P_{1,0} & P_{1,1} & P_{1,2} & P_{1,3} \\ P_{2,0} & P_{2,1} & P_{2,2} & P_{2,3} \\ P_{3,0} & P_{3,1} & P_{3,2} & P_{3,3} \end{bmatrix}$$

$$\cdot \begin{bmatrix} -1 & 3 & -3 & 1 \\ 3 & -6 & 0 & 4 \\ -3 & 3 & 3 & 1 \\ 1 & 0 & 0 & 0 \end{bmatrix} \cdot \begin{bmatrix} v^3 \\ v^2 \\ v \\ 1 \end{bmatrix} \tag{7-33}$$

令

$$\boldsymbol{U} = \begin{bmatrix} u^3 & u^2 & u & 1 \end{bmatrix}, \quad \boldsymbol{V} = \begin{bmatrix} v^3 & v^2 & v & 1 \end{bmatrix},$$

$$\boldsymbol{M}_b = \frac{1}{6} \cdot \begin{bmatrix} -1 & 3 & -3 & 1 \\ 3 & -6 & 3 & 0 \\ -3 & 0 & 3 & 0 \\ 1 & 4 & 1 & 0 \end{bmatrix}, \quad \boldsymbol{P} = \begin{bmatrix} P_{0,0} & P_{0,1} & P_{0,2} & P_{0,3} \\ P_{1,0} & P_{1,1} & P_{1,2} & P_{1,3} \\ P_{2,0} & P_{2,1} & P_{2,2} & P_{2,3} \\ P_{3,0} & P_{3,1} & P_{3,2} & P_{3,3} \end{bmatrix}$$

则有

$$p(u,v) = \boldsymbol{U} \cdot \boldsymbol{M}_b \cdot \boldsymbol{P} \cdot \boldsymbol{M}_b^{\mathrm{T}} \cdot \boldsymbol{V}^{\mathrm{T}} \tag{7-34}$$

从图 7-37 可以看出，双三次 B 样条曲面是由三次 B 样条曲线交织而成。曲面生成时可以先固定 u，变化 v 得到一簇三次 B 样条曲线；然后固定 v，变化 u 得到另一簇三次 B 样条曲线。与三次 B 样条曲线相似，双三次 B 样条曲面一般情况下不通过控制网格的任何顶点。

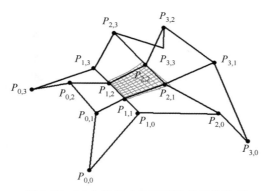

图 7-37　16 个控制点的双三次 B 样条曲面

7.5.3　双三次 B 样条曲面的连续性

给定次数的 Bezier 曲面的控制点个数是确定的。如果要描述复杂的曲面形状，只能升高曲面的次数或者用多张 Bezier 曲面片拼接起来表示，这在实际应用中会增大计算量并且使算法变得复杂。B 样条曲面可以较好地解决这个问题，对于给定的曲面次数，B 样条曲面的控制点数目可以根据曲面的形状来自由决定，而且可以保持曲面处处光滑，因此 B 样条曲面在曲面造型方面具有更大的灵活性。

例如，只要将控制网格沿某一个方向延伸一排，就可以决定另一个曲面片，此时曲面片理所当然地保证二者之间达到了 C^2 连续性。

给定空间控制网格顶点 $P_{i,j}(i=0,1,\cdots,p\,;j=0,1,\cdots,q\,;\ p>4,q>4)$，构造双三次 B

样条曲面。其控制点矩阵 $\boldsymbol{P}_{i,j} = \begin{bmatrix} P_{0,0} & P_{0,1} & \cdots & P_{0,q} \\ P_{1,0} & P_{1,1} & \cdots & P_{1,q} \\ P_{2,0} & P_{2,1} & \cdots & P_{2,q} \\ \vdots & \vdots & \ddots & \vdots \\ P_{p,0} & P_{p,1} & \cdots & P_{p,q} \end{bmatrix}$。因为双三次 B 样条曲面的控制

顶点矩阵是 4×4 的，所以需要将 $\boldsymbol{P}_{i,j}$ 控制点矩阵进行分块。

双三次 B 样条曲面的分块顶点矩阵为

$$\boldsymbol{P}_{r,s} = \begin{bmatrix} P_{r,s} & P_{r,s+1} & P_{r,s+2} & P_{r,s+3} \\ P_{r+1,s} & P_{r+1,s+1} & P_{r+1,s+2} & P_{r+1,s+3} \\ P_{r+2,s} & P_{r+2,s+1} & P_{r+2,s+2} & P_{r+2,s+3} \\ P_{r+3,s} & P_{r+3,s+1} & P_{r+3,s+2} & P_{r+3,s+3} \end{bmatrix} \tag{7-35}$$

式中，$r = 0, 1, \cdots, p+1-4; s = 0, 1, \cdots, q+1-4$。

这样双三次 B 样条曲面在一个正交方向由 $p-2$ 段三次 B 样条曲线构成，在另一个正交方向由 $q-2$ 段三次 B 样条曲线构成。依次用 $P_{r,s}$ 替换式（7-34）的 $\boldsymbol{P}$ 矩阵，就可以绘制连续的双三次 B 样条曲面。

例 7-1 已知 $p = q = 5$，空间控制网格 $P_{i,j}$ 共有 36 个顶点，计算该网格的分块矩阵。

$$\boldsymbol{P}_{i,j} = \begin{bmatrix} P_{0,0} & P_{0,1} & P_{0,2} & P_{0,3} & P_{0,4} & P_{0,5} \\ P_{1,0} & P_{1,1} & P_{1,2} & P_{1,3} & P_{1,4} & P_{1,5} \\ P_{2,0} & P_{2,1} & P_{2,2} & P_{2,3} & P_{2,4} & P_{2,5} \\ P_{3,0} & P_{3,1} & P_{3,2} & P_{3,3} & P_{3,4} & P_{3,5} \\ P_{4,0} & P_{4,1} & P_{4,2} & P_{4,3} & P_{4,4} & P_{4,5} \\ P_{5,0} & P_{5,1} & P_{5,2} & P_{5,3} & P_{5,4} & P_{5,5} \end{bmatrix}$$

因为 $p = q = 5$，所以在每个正交方向 B 样条曲线共由 6 个顶点构成。由式（7-35）可知，分块矩阵的行下标 $r = 0, 1, 2$；列下标 $q = 0, 1, 2$。分块矩阵共有 9 个，分别为 $P_{0,0}$、$P_{1,0}$、$P_{2,0}$、$P_{0,1}$、$P_{1,1}$、$P_{2,1}$、$P_{0,2}$、$P_{1,2}$ 和 $P_{2,2}$。

$$\boldsymbol{P}_{0,0} = \begin{bmatrix} P_{0,0} & P_{0,1} & P_{0,2} & P_{0,3} \\ P_{1,0} & P_{1,1} & P_{1,2} & P_{1,3} \\ P_{2,0} & P_{2,1} & P_{2,2} & P_{2,3} \\ P_{3,0} & P_{3,1} & P_{3,2} & P_{3,3} \end{bmatrix}, \quad \boldsymbol{P}_{1,0} = \begin{bmatrix} P_{1,0} & P_{1,1} & P_{1,2} & P_{1,3} \\ P_{2,0} & P_{2,1} & P_{2,2} & P_{2,3} \\ P_{3,0} & P_{3,1} & P_{3,2} & P_{3,3} \\ P_{4,0} & P_{4,1} & P_{4,2} & P_{4,3} \end{bmatrix}$$

$$\boldsymbol{P}_{2,0} = \begin{bmatrix} P_{2,0} & P_{2,1} & P_{2,2} & P_{2,3} \\ P_{3,0} & P_{3,1} & P_{3,2} & P_{3,3} \\ P_{4,0} & P_{4,1} & P_{4,2} & P_{4,3} \\ P_{5,0} & P_{5,1} & P_{5,2} & P_{5,3} \end{bmatrix}, \quad \boldsymbol{P}_{0,1} = \begin{bmatrix} P_{0,1} & P_{0,2} & P_{0,3} & P_{0,4} \\ P_{1,1} & P_{1,2} & P_{1,3} & P_{1,4} \\ P_{2,1} & P_{2,2} & P_{2,3} & P_{2,4} \\ P_{3,1} & P_{3,2} & P_{3,3} & P_{3,4} \end{bmatrix}$$

$$\boldsymbol{P}_{1,1} = \begin{bmatrix} P_{1,1} & P_{1,2} & P_{1,3} & P_{1,4} \\ P_{2,1} & P_{2,2} & P_{2,3} & P_{2,4} \\ P_{3,1} & P_{3,2} & P_{3,3} & P_{3,4} \\ P_{4,1} & P_{4,2} & P_{4,3} & P_{4,4} \end{bmatrix}, \quad \boldsymbol{P}_{2,1} = \begin{bmatrix} P_{2,1} & P_{2,2} & P_{2,3} & P_{2,4} \\ P_{3,1} & P_{3,2} & P_{3,3} & P_{3,4} \\ P_{4,1} & P_{4,2} & P_{4,3} & P_{4,4} \\ P_{5,1} & P_{5,2} & P_{5,3} & P_{5,4} \end{bmatrix}$$

$$\boldsymbol{P}_{0,2} = \begin{bmatrix} P_{0,2} & P_{0,3} & P_{0,4} & P_{0,5} \\ P_{1,2} & P_{1,3} & P_{1,4} & P_{1,5} \\ P_{2,2} & P_{2,3} & P_{2,4} & P_{2,5} \\ P_{3,2} & P_{3,3} & P_{3,4} & P_{3,5} \end{bmatrix}, \quad \boldsymbol{P}_{1,2} = \begin{bmatrix} P_{1,2} & P_{1,3} & P_{1,4} & P_{1,5} \\ P_{2,2} & P_{2,3} & P_{2,4} & P_{2,5} \\ P_{3,2} & P_{3,3} & P_{3,4} & P_{3,5} \\ P_{4,2} & P_{4,3} & P_{4,4} & P_{4,5} \end{bmatrix}$$

$$\boldsymbol{P}_{2,2} = \begin{bmatrix} P_{2,2} & P_{2,3} & P_{2,4} & P_{2,5} \\ P_{3,2} & P_{3,3} & P_{3,4} & P_{3,5} \\ P_{4,2} & P_{4,3} & P_{4,4} & P_{4,5} \\ P_{5,2} & P_{5,3} & P_{5,4} & P_{5,5} \end{bmatrix}$$

使用以上分块矩阵绘制的 25 个控制点的双三次 B 样条曲面如图 7-38 所示。

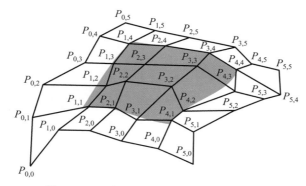

图 7-38　36 个控制点的双三次 B 样条曲面

基于 MFC 使用双三次 B 样条曲面绘制的花瓶如图 7-39 所示。

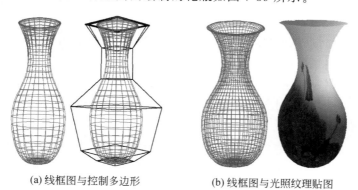

(a) 线框图与控制多边形　　　　(b) 线框图与光照纹理贴图

图 7-39　使用双三次 B 样条曲面绘制的花瓶

7.6　本章小结

　　本章讲解了 Bezier 曲线和 B 样条曲线以及双三次 Bezier 曲面和双三次 B 样条曲面。Bezier 曲线曲面与 B 样条曲线曲面均属于逼近范畴。B 样条曲线和 Bezier 曲线的最主要差别在于基函数不同。Bernstein 基函数是一个整体函数,而 B 样条基函数一个分段函数,所以 B 样条曲线可以进行局部控制点调整。Bezier 曲线曲面的阶次与控制多边形的顶点数有关,B 样条曲线曲面的阶次可以自由决定。这样如果控制多边形顶点数超过 4 个时,两段三次 Bezier 曲线或两张双三次 Bezier 曲面片之间连接时就存在拼接的问题,而 B 样条曲线曲面可以自由地扩展到多个控制点,始终保持阶次不变,而且扩展后的分段曲线或分段曲面实现了自然连接。

习　题　7

1. 根据二次 Bezier 曲线的基函数,使用 MFC 编程绘制图 7-40 所示二次 Bezier 曲线,要求使用鼠标左键拖动控制多边形的顶点时,曲线能随之发生变化。

2. 根据三次 Bezier 曲线的基函数,使用 MFC 编程绘制图 7-41 所示三次 Bezier 曲线。要求可以使用鼠标左键拖动控制多边形的顶点,同时曲线能随之发生变化。

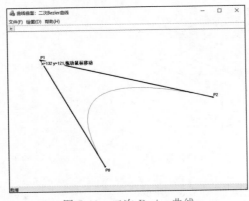

图 7-40　二次 Bezier 曲线

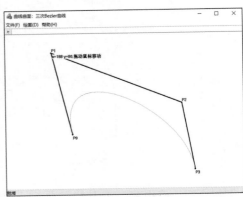

图 7-41　三次 Bezier 曲线

3. 在屏幕上使用鼠标绘制任意控制点的控制多边形,基于 de Casteljau 算法根据控制多边形的阶次绘制如图 7-42 所示的 Bezier 曲线。

4. 在屏幕上使用鼠标左键绘制数量大于 4 的任意顶点形成控制多边形,右击鼠标绘制三次 B 样条曲线,同时在控制多边形的每一个特征三角形内用虚线显示三次 B 样条曲线的几何生成原理,效果如图 7-43 所示,请使用 MFC 编程实现。

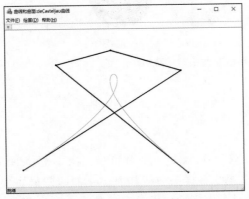

图 7-42　de Casteljau 算法

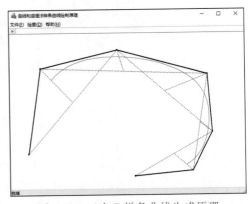

图 7-43　三次 B 样条曲线生成原理

5. 使用 4 段二次 Bezier 曲线拼接圆,效果如图 7-44(a)所示。使用 4 段三次 Bezier 曲线拼接相同半径的圆,效果如图 7-44(b)所示。试编程实现。

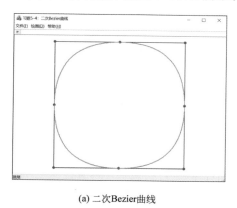
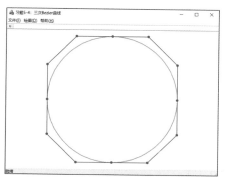

(a) 二次Bezier曲线　　　　　　　　　　　　(b) 三次Bezier曲线

图 7-44　圆的拼接

6. 拼接多段三次 Bezier 曲线,逼近葫芦的轮廓线。在读取控制点的二维坐标后,旋转生成三维葫芦。编程绘制如图 7-45(b)所示的葫芦透视投影图。

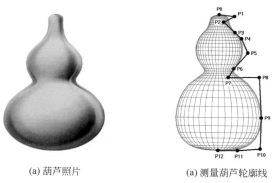

(a) 葫芦照片　　　　　　　　　　　(a) 测量葫芦轮廓线

图 7-45　绘制葫芦三维效果图

7. 使用图 7-46 所示的正八边形顶点作为控制点,绘制闭合的三次 B 样条曲线来逼近圆。试用虚线表示三次 B 样条曲线的几何生成原理。编程实现如图 7-47 所示的效果。

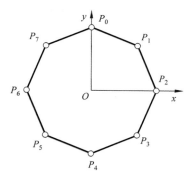
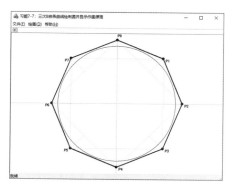

图 7-46　圆的作图法　　　　　　　图 7-47　三次均匀 B 样条曲线绘制圆

8. 使用三次 B 样条曲线的特殊构造技巧绘制图 7-48 所示的 QQ 图标。

(a) 绘制效果图

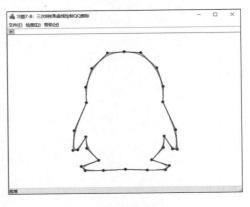

(b) 控制网络

图 7-48 曲线构造技巧

9. 正八边形在 xOy 平面内可以很好地绘制一个圆。取该圆的右半圆,绕 y 轴回转,按照位于 xOz 面内的正八边形生成控制点。试编程绘制如图 7-49 所示的双三次 B 样条曲面片构成的球面的透视投影图。

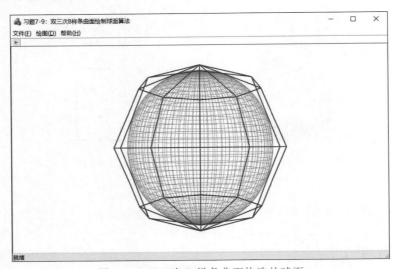

图 7-49 双三次 B 样条曲面构造的球面

第8章　建模与消隐

在二维显示器上绘制三维物体时,需要将物体的三维几何模型投影为屏幕二维图形。由于投影变换失去了图形的深度信息,往往会导致对图形的理解产生二义性。要生成具有真实感的图形,就要根据给定的视点位置和视线方向,决定场景中物体上哪些线段或表面是可见的,哪些线段或表面是不可见的。这一问题习惯上称为消除隐藏线或消除隐藏面,简称消隐。

8.1　三维物体的数据结构

W.K.Giloi 在《Interactive Computer Graphics》一书中提出了 Computer Graphics＝Data Structure＋Graphics Algorithms＋Language 的观点,可见数据结构在图形几何建模中占有重要的位置。

8.1.1　物体的几何信息与拓扑信息

几何信息是描述几何元素空间位置的信息。拓扑信息是描述几何元素之间相互连接关系的信息。

描述一个物体不仅需要几何信息而且还需要拓扑信息。因为只有几何信息的描述,在表示上不存在唯一性。图 8-1 所示的 5 个顶点,其几何信息已经确定,如果拓扑信息不同,则可以产生图 8-2 和图 8-3 所示的两种不同的线框图形。这说明对物体信息的描述不仅应该包括顶点坐标的几何信息,而且应该包括每条边是由哪些顶点连接而成,每个表面是由哪些边连接而成,或者每个表面是由哪些顶点通过边连接而成的等拓扑信息。

图 8-1　5 个顶点　　　　　图 8-2　五角星　　　　　图 8-3　五边形

8.1.2　三表数据结构

在三维坐标系下,描述一个物体不仅需要顶点表描述其几何信息,而且还需要借助于边表和面表描述其拓扑信息,才能完全确定物体的几何形状。在制作多面体或曲面体的旋转动画时,常将物体的体心设置为回转中心。假定立方体体心位于三维坐标系原点,立方体的

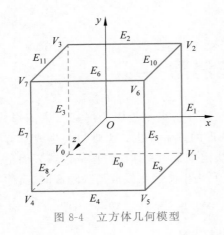

图 8-4　立方体几何模型

边与坐标轴平行，且每条边的长度为 $2a$。建立立方体几何模型如图 8-4 所示。立方体是凸多面体，满足欧拉公式：

$$V+F-E=2 \qquad (8\text{-}1)$$

式中，V（vertex）是多面体的顶点数，F（face）是多面体的面数，E（edge）是多面体的边数。对于立方体，有 $V=8$，$F=6$，$E=12$。立方体的顶点表如表 8-1 所示，记录了立方体顶点的几何信息。边表如表 8-2 所示，记录了每条边的顶点索引号，即记录了立方体边的拓扑信息。面表如表 8-3 所示，记录了立方体每个面上边的索引号，即记录了立方体面的拓扑信息。

表 8-1　立方体的顶点表

顶点	x 坐标	y 坐标	z 坐标	顶点	x 坐标	y 坐标	z 坐标
V_0	$x_0=-a$	$y_0=-a$	$z_0=-a$	V_4	$x_4=-a$	$y_4=-a$	$z_4=a$
V_1	$x_1=a$	$y_1=-a$	$z_1=-a$	V_5	$x_5=a$	$y_5=-a$	$z_5=a$
V_2	$x_2=a$	$y_2=a$	$z_2=-a$	V_6	$x_6=a$	$y_6=a$	$z_6=a$
V_3	$x_3=-a$	$y_3=a$	$z_3=-a$	V_7	$x_7=-a$	$y_7=a$	$z_7=a$

表 8-2　立方体的边表

边	起点	终点	边	起点	终点
E_0	V_0	V_1	E_6	V_6	V_7
E_1	V_1	V_2	E_7	V_7	V_4
E_2	V_2	V_3	E_8	V_0	V_4
E_3	V_3	V_0	E_9	V_1	V_5
E_4	V_4	V_5	E_{10}	V_2	V_6
E_5	V_5	V_6	E_{11}	V_3	V_7

表 8-3　立方体的面表

面	边 1	边 2	边 3	边 4	说明	面	边 1	边 2	边 3	边 4	说明
F_0	E_4	E_5	E_6	E_7	前面	F_3	E_1	E_{10}	E_5	E_9	右面
F_1	E_0	E_3	E_2	E_1	后面	F_4	E_2	E_{11}	E_6	E_{10}	顶面
F_2	E_3	E_8	E_7	E_{11}	左面	F_5	E_0	E_9	E_4	E_8	底面

8.1.3　物体的表示模型

计算机中三维物体的描述经历了从线框模型、表面模型到实体模型的发展，所表达的几何体信息越来越完整。

1. 线框模型

线框模型（wireframe model）是计算机图形学中表示物体最早使用的模型。线框模型使用顶点和棱边来表示物体，就如同用边线搭出的框架一样，线框模型中没有表面、体积等信息。线框模型只使用顶点表和边表就可以完全描述其数据结构。图 8-5 所示为立方体的线框模型。线框模型的优点是可以产生任意方向的视图，视图间能保持正确的投影关系。线框模型的缺点也很明显，因为所有棱边全部绘制出来，理解方面容易产生二义性，如图 8-6 所示。从原理上说，线框模型不能划分有限元网格、不能进行两个面的求交运算。

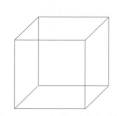

图 8-5　立方体的线框模型

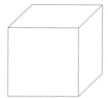

(a) 从左下方看去理解　　(b) 从右上方看去理解

图 8-6　线框模型表示的二义性

2. 表面模型

表面模型（surface model）使用物体外表面的集合来定义物体，就如同在线框模型上蒙了一层外皮。表面模型仍缺乏体的概念，是一个物体的外壳。与线框模型相比，表面模型增加了一个面表，用以记录边与面之间的拓扑关系。表面模型的优点是可以进行面着色，隐藏面消隐，以及表面积计算，有限元网格划分等。缺点是无法进行物体之间的并、交、差运算。图 8-7 表示的是双三次 Bezier 曲面的网格模型（线框模型）。图 8-8 表示的是双三次 Bezier 曲面的表面模型，绘制一个映射了国际象棋棋盘图案的光照纹理表面。在图 8-8 中，Bezier 曲面没有围成一个封闭的空间，只是一张很薄的面片，其表面无内外之分，哪面是正面、哪面是反面，没有给出明确的定义。

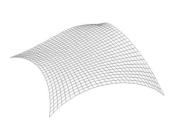

图 8-7　双三次 Bezier 线框模型

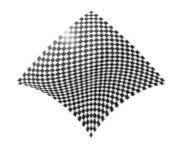

图 8-8　双三次 Bezier 表面模型

3. 实体模型

几何模型发展到实体模型（solid model）阶段，如同在封闭的表面模型内部进行了填充，使之具有了体积、重量等特性，更能反映物体的真实性，这时的物体才具有"体"的概念。实体模型有内部和外部的概念，明确定义了在表面模型的哪一侧存在实体。因此实体模型的表面有正面与反面之分，如图 8-9 所示。在表面模型的基础上可以采用有向棱边隐含地表示出表面的外法矢量方向，常使用右手螺旋法则定义，4 根手指沿闭合的棱边方向，大拇指方向与表面外法矢量方向一致。拓扑合法的物体在相邻两个表面的公共边界上，棱边的方向正好相反，如图8-10所示。实体模型与表面模型数据结构的差异是将表面的顶点索引号按照从物体外部观察的逆时针方向的顺序排列，就可确切地分清体内与体外。实体模型、线框模型和表面模型的根本区别在于其数据结构不仅记录了顶点的几何信息，而且记录了线、面、体的拓扑信息。

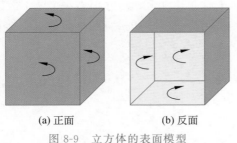

(a) 正面   (b) 反面

图 8-9　立方体的表面模型

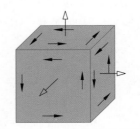

图 8-10　立方体的实体模型

目前常用的实体造型方法主要有边界表示法（boundary representation，B-rep）和构造表示法（constructive solid geometry，CSG）两类。B-rep 使用表面、棱边、顶点等物体的边界信息来表示物体。CSG 通过基本体素（指一些简单的基本物体，如立方体、圆柱体、圆锥体等）的交、并、差来构造复杂物体。本章将采用 B-rep 来建立柏拉图多面体和常用曲面体的几何模型。

在几何造型阶段，首先绘制的是物体的线框模型，进而可以绘制表面模型或实体模型。一般情况下，使用顶点表、边表和面表 3 张表可以方便地检索出物体的任意一个顶点、任意一条边和任意一个表面，而且数据结构清晰。在实际的建模过程中，由于实体模型中定义了表面外环的棱边方向，相邻两个表面上共享的同一条棱边的定义方向截然相反，导致无法确定棱边的顶点顺序，因而一般放弃使用边表。无论建立的是物体的线框模型、表面模型还是实体模型都统一到只使用顶点表和面表两种数据结构来表示，并且要求面表中按照表面法矢量向外的方向遍历多边形顶点索引号，表明处理的是物体的正面。仅使用顶点表和面表表示物体数据结构的缺点是物体的每条棱边都要被重复地绘制两次。例如考虑最简单的立方体，如果从边表的角度看，总共有 12 条棱边；但从面表的角度看，却有 24 条棱边。

8.1.4　双表数据结构

无论是凸多面体还是曲面体，只要给出顶点表和面表数据结构，就可以正确地描述其几

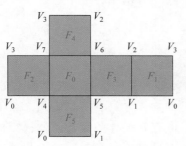

图 8-11　立方体的表面展开图

何模型。在双表结构中，立方体的顶点表依然使用表 8-1。面表需要重新按照顶点索引号设计。图 8-11 所示为图 8-4 所示立方体的表面展开图，沿着立方体的棱边拆开然后铺平，就可以观察到立方体的全部表面了。表 8-4 根据立方体的表面展开图重新设计了面表结构。为了清晰起见，每个表面的第一个顶点索引号取最小值。例如立方体的"前面" F_0 按照表面外法矢量的右手法则确定顶点索引号，可以有 4 种结果：4567、5674、6745 和 7456，最后约定 4567 作为"前面" F_0 的顶点索引号。

表 8-4　立方体的面表

面	顶点1	顶点2	顶点3	顶点4	说明	面	顶点1	顶点2	顶点3	顶点4	说明
F_0	4	5	6	7	前面	F_3	1	2	6	5	右面
F_1	0	3	2	1	后面	F_4	2	3	7	6	顶面
F_2	0	4	7	3	左面	F_5	0	1	5	4	底面

8.2　常用物体的几何模型

场景中常用的物体有多面体（Platonic polyhedra）以及球体（sphere）、圆柱体（cylinder）、圆锥体（cone）和圆环体（torus）等曲面体（curved surface）。通过建立物体的几何模型，可以很容易地获得物体的顶点表和面表数据结构。建立三维用户坐标系为右手系 $\{O; x, y, z\}$，x 轴水平向右为正，y 轴垂直向上为正，z 轴指向观察者。

8.2.1　多面体

正多面体只有正四面体（tetrahedron）、正六面体（hexahedron）、正八面体（octahedron）、正十二面体（dodecahedron）和正二十面体（icosahedron）5 种[23]，如图 8-12 所示，表 8-5 给出了其几何信息。这 5 种多面体统称为柏拉图多面体。柏拉图多面体属于凸多面体，是计算机图形学中描述最多的物体。在几何学中，若一种多面体的每个顶点均能对应到另一种多面体每个面的中心，二者互称为对偶多面体。对偶多面体具有相同的边数 E，且一个多面体的顶点数 V 等于对偶多面体的面数 F。正四面体的对偶多面体依然是正四面体，正六面体与正八面体互为对偶多面体，正十二面体与正二十面体互为对偶多面体，如图 8-13 所示。

表 8-5　柏拉图多面体的几何信息统计

正多面体	正四面体	正六面体	正八面体	正十二面体	正二十面体
顶点数（V）	4	8	6	20	12
边数（E）	6	12	12	30	30
面数（F）	4	6	8	12	20
表面的形状	正三角形	正方形	正三角形	正五边形	正三角形

图 8-12　柏拉图多面体

1. 正四面体

正四面体有 4 个顶点、6 条边和 4 个面，每个表面为正三角形。正四面体的对偶多面体

图 8-13　柏拉图多面体与对偶多面体

依然是正四面体。通过建立正四面体的伴随立方体可以很容易地确定正四面体的顶点表和面表。

在一个立方体的相对两个表面上,取两条不共面的面对角线 V_0V_2 和 V_1V_3,再将这两条对角线的 4 个端点两两相连,便得到一个正四面体 $V_0V_1V_2V_3$。此立方体被称为正四面体的伴随立方体,如图 8-14 所示。正四面体的外接球与其伴随立方体的外接球是同一个球;正四面体外接球的直径就是立方体的对角线。假设立方体的边长为 $2a$,它的顶点坐标为 $(\pm a,\pm a,\pm a)$,令正四面体的 V_0 点为 (a,a,a),可以得到正四面体的顶点表,如表 8-6 所示。根据图 8-15 所示的正四面体表面展开图可以得到正四面体的面表,如表 8-7 所示。

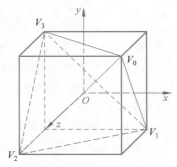

图 8-14　正四面体的几何模型

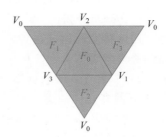

图 8-15　正四面体的表面展开图

表 8-6　正四面体的顶点表

顶点	x 坐标	y 坐标	z 坐标	顶点	x 坐标	y 坐标	z 坐标
V_0	$x_0=a$	$y_0=a$	$z_0=a$	V_2	$x_2=-a$	$y_2=-a$	$z_2=a$
V_1	$x_1=a$	$y_1=-a$	$z_1=-a$	V_3	$x_3=-a$	$y_3=a$	$z_3=-a$

表 8-7　正四面体的面表

面	顶点 1	顶点 2	顶点 3	面	顶点 1	顶点 2	顶点 3
F_0	1	2	3	F_2	0	1	3
F_1	0	3	2	F_3	0	2	1

2. 正八面体

正八面体有 6 个顶点、12 条边和 8 个面,每个表面为正三角形。正八面体的对偶多面体为正六面体。设正八面体的外接球的半径为 r,6 个顶点都取自坐标轴,并且两两关于原点对称,如图 8-16 所示,顶点表如表 8-8 所示。根据图 8-17 所示的正八面体表面展开图可以得到正八面体的面表,如表 8-9 所示。

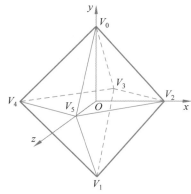

图 8-16   正八面体的几何模型

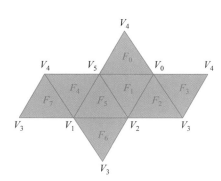

图 8-17   正八面体的表面展开图

表 8-8   正八面体的顶点表

顶点	x 坐标	y 坐标	z 坐标	顶点	x 坐标	y 坐标	z 坐标
V_0	$x_0 = 0$	$y_0 = r$	$z_0 = 0$	V_3	$x_3 = 0$	$y_3 = 0$	$z_3 = -r$
V_1	$x_1 = 0$	$y_1 = -r$	$z_1 = 0$	V_4	$x_4 = -r$	$y_4 = 0$	$z_4 = 0$
V_2	$x_2 = r$	$y_2 = 0$	$z_2 = 0$	V_5	$x_5 = 0$	$y_5 = 0$	$z_5 = r$

表 8-9   正八面体的面表

面	顶点 1	顶点 2	顶点 3	面	顶点 1	顶点 2	顶点 3
F_0	0	4	5	F_4	1	5	4
F_1	0	5	2	F_5	1	2	5
F_2	0	2	3	F_6	1	3	2
F_3	0	3	4	F_7	1	4	3

3. 正十二面体

正十二面体有 20 个顶点、30 条边和 12 个面,每个面为正五边形。正十二面体的对偶多面体是正二十面体。

建立正十二面体的坐标系如图 8-18 所示。3 个互相垂直的矩形是黄金矩形。所谓黄金矩形就是矩形的短边与长边之比为 $\varphi = (\sqrt{5} - 1)/2 = 0.618$,$\varphi$ 被称为黄金分割(golden section)数。黄金矩形的顶角位于正二十面体的 12 个顶点上,根据对偶性,黄金矩形的顶角位于正十二面体的 12 个表面的中心点。设黄金矩形的短边半边长为 b,则黄金矩形的长边半边长为 $a = b/\varphi$。表 8-10 为正十二面体的顶点表。根

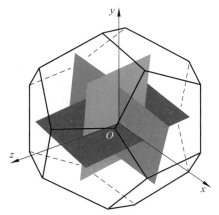

图 8-18   正十二面体的几何模型

据图 8-19 所示的正十二面体表面展开图可以得到正十二面体的面表，如表 8-11 所示。

表 8-10　正十二面体的顶点表

顶点	x 坐标	y 坐标	z 坐标	顶点	x 坐标	y 坐标	z 坐标
V_0	$x_0=a$	$y_0=a$	$z_0=a$	V_{10}	$x_{10}=0$	$y_{10}=b$	$z_{10}=-a-b$
V_1	$x_1=a+b$	$y_1=0$	$z_1=b$	V_{11}	$x_{11}=a$	$y_{11}=-a$	$z_{11}=-a$
V_2	$x_2=a$	$y_2=-a$	$z_2=a$	V_{12}	$x_{12}=b$	$y_{12}=-a-b$	$z_{12}=0$
V_3	$x_3=0$	$y_3=-b$	$z_3=a+b$	V_{13}	$x_{13}=-b$	$y_{13}=-a-b$	$z_{13}=0$
V_4	$x_4=0$	$y_4=b$	$z_4=a+b$	V_{14}	$x_{14}=-a-b$	$y_{14}=0$	$z_{14}=b$
V_5	$x_5=a+b$	$y_5=0$	$z_5=-b$	V_{15}	$x_{15}=-a$	$y_{15}=a$	$z_{15}=a$
V_6	$x_6=a$	$y_6=a$	$z_6=-a$	V_{16}	$x_{16}=-a$	$y_{16}=-a$	$z_{16}=-a$
V_7	$x_7=b$	$y_7=a+b$	$z_7=0$	V_{17}	$x_{17}=0$	$y_{17}=-b$	$z_{17}=-a-b$
V_8	$x_8=-b$	$y_8=a+b$	$z_8=0$	V_{18}	$x_{18}=-a$	$y_{18}=-a$	$z_{18}=a$
V_9	$x_9=-a$	$y_9=a$	$z_9=-a$	V_{19}	$x_{19}=-a-b$	$y_{19}=0$	$z_{19}=-b$

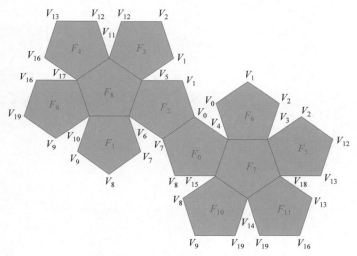

图 8-19　正十二面体的表面展开图

表 8-11　正十二面体的面表

面	顶点 1	顶点 2	顶点 3	顶点 4	顶点 5	面	顶点 1	顶点 2	顶点 3	顶点 4	顶点 5
F_0	0	7	8	15	4	F_6	0	4	3	2	1
F_1	6	10	9	8	7	F_7	3	4	15	14	18
F_2	1	5	6	7	0	F_8	5	11	17	10	6
F_3	1	2	12	11	5	F_9	9	10	17	16	19
F_4	11	12	13	16	17	F_{10}	8	9	19	14	15
F_5	2	3	18	13	12	F_{11}	13	18	14	19	16

4. 正二十面体

正二十面体有 12 个顶点、30 条边和 20 个面。每个表面为正三角形。正二十面体的对偶多面体是正十二面体。图 8-20 中三个黄金矩形两两正交,这些矩形的顶角是正二十面体的 12 个顶点。设黄金矩形的长边半边长为 a,则黄金矩形的短边半边长为 $b = a \times \varphi$。把每一个黄金矩形与一个二维坐标面重合,可以得到表 8-12 所示的顶点表。这里是根据黄金矩形的长边边长计算黄金矩形的短边边长。容易知道,正二十面体的外接球面的半径为 $r = \sqrt{a^2 + b^2}$。根据图 8-21 所示的正二十面体表面展开图可以得到正二十面体的面表,如表 8-13 所示。

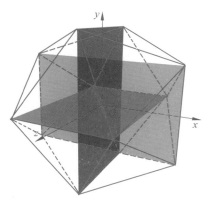

图 8-20　使用黄金矩形定义的正二十面体

表 8-12　正二十面体的顶点表

顶点	x 坐标	y 坐标	z 坐标	顶点	x 坐标	y 坐标	z 坐标
V_0	$x_0 = 0$	$y_0 = a$	$z_0 = b$	V_6	$x_6 = b$	$y_6 = 0$	$z_6 = a$
V_1	$x_1 = 0$	$y_1 = a$	$z_1 = -b$	V_7	$x_7 = -b$	$y_7 = 0$	$z_7 = a$
V_2	$x_2 = a$	$y_2 = b$	$z_2 = 0$	V_8	$x_8 = b$	$y_8 = 0$	$z_8 = -a$
V_3	$x_3 = a$	$y_3 = -b$	$z_3 = 0$	V_9	$x_9 = -b$	$y_9 = 0$	$z_9 = -a$
V_4	$x_4 = 0$	$y_4 = -a$	$z_4 = -b$	V_{10}	$x_{10} = -a$	$y_{10} = b$	$z_{10} = 0$
V_5	$x_5 = 0$	$y_5 = -a$	$z_5 = b$	V_{11}	$x_{11} = -a$	$y_{11} = -b$	$z_{11} = 0$

表 8-13　正十二面体的面表

面	顶点 1	顶点 2	顶点 3	面	顶点 1	顶点 2	顶点 3
F_0	0	6	2	F_{10}	1	8	9
F_1	2	6	3	F_{11}	3	4	8
F_2	3	6	5	F_{12}	3	5	4
F_3	5	6	7	F_{13}	4	5	11
F_4	0	7	6	F_{14}	7	10	11
F_5	2	3	8	F_{15}	0	10	7
F_6	1	2	8	F_{16}	4	11	9
F_7	0	2	1	F_{17}	4	9	8
F_8	0	1	10	F_{18}	5	7	11
F_9	1	9	10	F_{19}	9	11	10

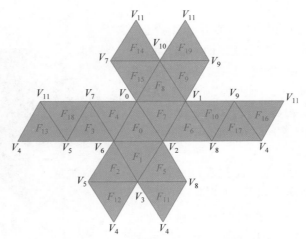

图 8-21　正二十面体的表面展开图

8.2.2　曲面体

前面介绍的多面体是由平面多边形组成的物体,多面体没有连续方程表示形式,用顶点表和面表直接给出数据结构定义。对于球体、圆柱体、圆锥体、圆环体等光滑物体,表面已有确定的参数方程表示形式。在计算机上绘制曲面体时,需要进行网格划分,即将光滑曲面离散为平面多边形来表示,这些多边形一般为平面三角形或四边形网格,简称为小面。随着网格单元数量的增加,多边形网格可以较好地逼近光滑曲面。曲面体的网格顶点表和面表由参数方程离散后计算得到。

1. 球体

球心在原点,半径为 r 的球面三维坐标系如图 8-22 所示。球面的参数方程表示为

$$\begin{cases} x = r\sin\alpha\sin\beta \\ y = r\cos\alpha \\ z = r\sin\alpha\cos\beta \end{cases}, \quad 0 \leqslant \alpha \leqslant \pi \text{ 且 } 0 \leqslant \beta \leqslant 2\pi \tag{8-2}$$

球面是一个三维二次曲面,可以使用经纬线划分为若干小面片,这些小面片被称为经纬区域。北极和南极区域采用三角形网格逼近,其他区域采用四边形网格逼近。与真实地理划分不同的是,余纬度角 α 是从北向南递增的,即在北极点纬度为 $0°$,在南极点纬度为 $180°$(地球的赤道上纬度为 $0°$,北极为北纬 $90°$,南极为南纬 $90°$,所以 α 被称为余纬度角)。经度角 β 是 $0° \sim 360°$ 递增的(国际上规定以本初子午线作为计算经度的 $0°$,东经共 $180°$,西经共 $180°$)。

假定将球面划分为 $n_1 = 4$ 个纬度区域,$n_2 = 8$ 个经度区域,则纬度方向的角度增量和经度方向的角度增量均为 $\alpha = \beta = 45°$,示例球面的网格模型如图 8-23 所示。

此时球面共有 $(n_1 - 1) \times n_2 + 2 = 26$ 个顶点。顶点索引号为 $0 \sim 25$。北极点序号为 0,然后从 z 轴正向开始,绕 y 轴按逆时针方向确定第 1 条纬度线与各条经度线的交点,图 8-24 所示为北半球顶点编号。图 8-25 所示为南半球顶点编号,南极点序号为 25。北极点坐标为 $V_0(0, r, 0)$,南极点坐标为 $V_{25}(0, -r, 0)$。

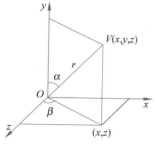

图 8-22 球面的几何模型

图 8-23 示例球面

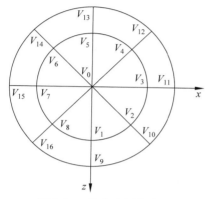

图 8-24 北半球顶点编号

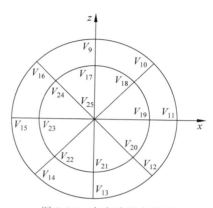

图 8-25 南半球顶点编号

面表用二维数组定义,第一维表示纬度自北极向南极递增的方向,第二维表示在同一纬度线上从 z 轴正向开始,绕 y 轴的逆时针旋转方向。首先定义北极圈内的三角形网格,$F_{0,0} \sim F_{0,7}$。接着定义南北极以外球面上的四边形网格,$F_{1,0} \sim F_{1,7}$ 和 $F_{2,0} \sim F_{2,7}$。最后定义南极圈内的三角形网格 $F_{3,0} \sim F_{3,7}$,如图 8-26 和图 8-27 所示。所有网格的顶点索引号排列顺序应以小面的法线指向球面外部的右手法则为准。

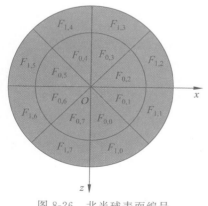

图 8-26 北半球表面编号

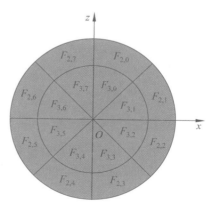

图 8-27 南半球表面编号

以上球面网格化的方法称为地理划分法。地理划分法预先定义了球面的南北极,使得靠近"南北极"的三角形网格变小,有聚集的趋势,而靠近"赤道"的三角形网格变大,有扩散的趋势。当球体旋转时,就会露出南北极,影响球面的美观,如图 8-28 所示。另一种常用的球面划分法是递归划分法。首先绘制一个由等边三角形构成的正二十面体(或正八面体),对于每个等边三角形网格,计算每条边的中点,中点和中点之间使用直线段连接,如图 8-29 所示。这样一个等边三角形网格就由 4 个更小的等边三角形网格来代替。最后把新生成的 3 个中点所表示的位置矢量单位化,并将此单位矢量乘以球体的半径,这相当于将新增加的中点拉到球面上。$n=1$ 递归的结果是正二十面体用 80 个网格来逼近球面。如此细分下去,直到精度满足要求为止。正二十面体的递归过程如图 8-30 所示。很显然,使用递归划分法绘制球面不需要处理南北极的特殊情况。此时根本不存在两极,每个网格均处于对等状态,特别适宜于绘制足球等各向同性的球面。

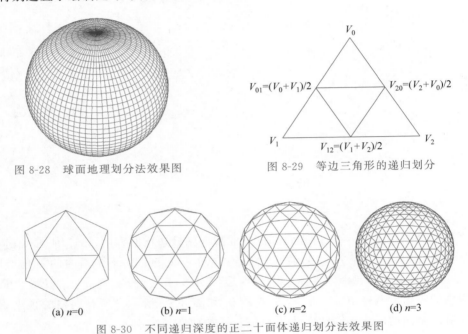

图 8-28　球面地理划分法效果图　　　　　图 8-29　等边三角形的递归划分

(a) $n=0$　　　　(b) $n=1$　　　　(c) $n=2$　　　　(d) $n=3$

图 8-30　不同递归深度的正二十面体递归划分法效果图

2. 圆柱体

假定圆柱的中心轴与 y 轴重合,横截面是半径为 r 的圆,圆柱的高度沿着 y 轴方向从 0 拉伸到 h,三维坐标系原点 O 位于底面中心,如图 8-31 所示。

如果不考虑顶面和底面,圆柱侧面的参数方程为

$$\begin{cases} x = r\cos\theta \\ z = r\sin\theta \end{cases}, \quad 0 \leqslant y \leqslant h \text{ 且 } 0 \leqslant \theta \leqslant 2\pi \tag{8-3}$$

圆柱侧面展开后是一个矩形,使用四边形网格逼近。圆柱顶面和底面使用三角形网格逼近。假定圆柱的周向网格数 $n_1=8$,纵向网格数 $n_2=3$,示例圆柱面的网格模型如图 8-32 所示。圆柱侧面的顶点总数为 $n_1 \times (n_2+1)$,加上底面中心的顶点和顶面中心的顶点,圆柱面网格模型的顶点总数为 $n_1 \times (n_2+1)+2=34$。圆柱顶面和底面各有 8 个三角形网格,如图 8-33 和图 8-34 所示。侧面有 24 个四边形网格,如图 8-35 所示。圆柱面网格模型的面片总数为 $n_1 \times (n_2+2)=40$。适当加大周向和纵向划分的网格数,圆柱面网格模型趋向光滑,圆柱面网格模型的透视投影效果如图 8-36 所示。

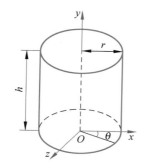

图 8-31 圆柱面的几何模型

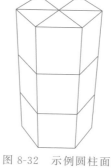

图 8-32 示例圆柱面

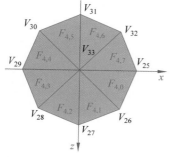

图 8-33 圆柱顶面的网格划分

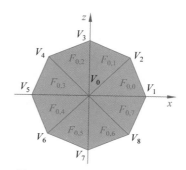

图 8-34 圆柱底面的网格划分

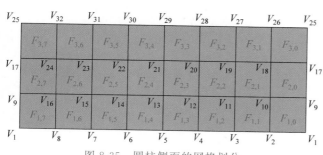

图 8-35 圆柱侧面的网格划分

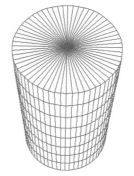

图 8-36 圆柱面网格模型效果图

3. 圆锥体

假定圆锥的中心轴与 y 轴重合，横截面的最大半径为 r，横截面的最小半径为 0，圆锥的高度沿着 y 轴方向从 0 拉伸到 h，三维坐标系原点 O 位于底面中心，如图 8-37 所示。

如果不考虑底面，圆锥侧面的参数方程为

$$\begin{cases} x = \left(1 - \dfrac{y}{h}\right) r\cos\theta \\ z = \left(1 - \dfrac{y}{h}\right) r\sin\theta \end{cases}, \quad 0 \leqslant y \leqslant h \text{ 且 } 0 \leqslant \theta \leqslant 2\pi \tag{8-4}$$

圆锥侧面展开后是一个扇形，使用三角形网格和四边形网格逼近，如图 8-38 所示。圆锥底面使用三角形网格逼近,如图 8-39 所示。假定圆锥的周向网格数 $n_1 = 8$,纵向网格数 $n_2 = 3$,示例圆锥面的网格模型如图 8-38 所示。网格侧面的顶点总数为 $n_1 \times n_2$,加上锥顶和底面的中心顶点,圆锥网格模型的顶点总数为 $n_1 \times n_2 + 2 = 26$。圆锥底面划分为 8 个三角形网格,侧面有 8 个三角形网格和 16 个四边形网格,圆锥网格模型的面片总数为 $n_1(n_2+1) = 32$。示例圆锥面侧面的顶点和表面编号如图 8-40 和图 8-41 所示。适当加大周向和纵向划分的网格数,圆锥面网格模型趋向光滑,圆锥面网格模型的透视投影效果如图 8-42 所示。

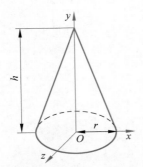

图 8-37　圆锥面的几何模型

图 8-38　示例圆锥面

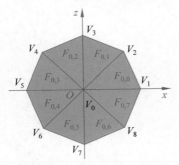

图 8-39　圆锥底面的网格划分

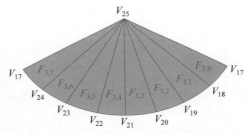

图 8-40　圆锥侧面的三角形网格划分

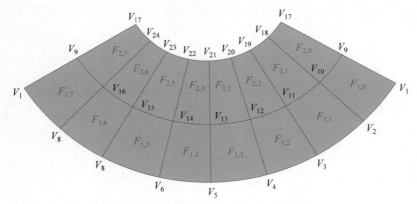

图 8-41　圆锥侧面的四边形网格划分

· 200 ·

4. 圆环

圆环面由一个在 xOy 面内偏置的圆周绕 y 轴进行旋转扫掠而成,如图 8-43 所示。环的中心线半径为 r_1,截面半径为 r_2。建立右手用户坐标系 $\{O;x,y,z\}$,原点 O 位于圆环中心,x 轴水平向右,y 轴垂直向上,z 轴指向观察者。圆环在 xOz 坐标面内水平放置。沿着环体的中心线建立右手动态参考坐标系 $\{O';x',y',z'\}$,O' 点位于环体的中心线上,x' 轴沿着矢径 $O'O$ 的方向向外,y' 轴与 y 轴同向,z' 轴沿着环体中心线切线的顺时针方向,如图 8-44 所示。

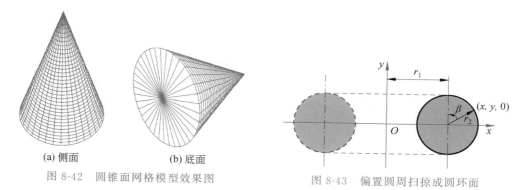

(a) 侧面   (b) 底面

图 8-42   圆锥面网格模型效果图

图 8-43   偏置圆周扫掠成圆环面

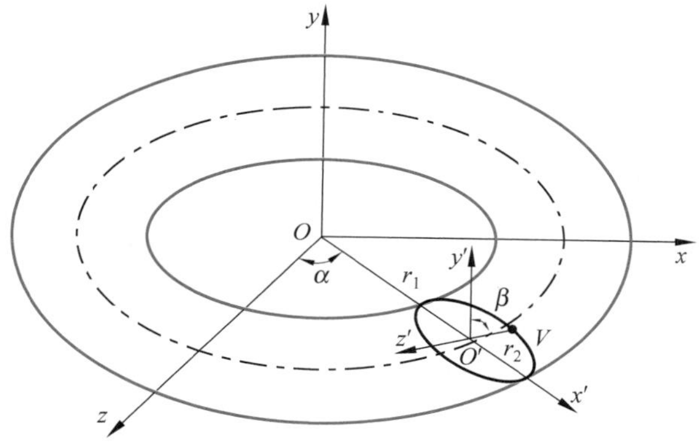

图 8-44   圆环面的几何模型

圆环面的参数方程为

$$
\begin{cases}
x = (r_1 + r_2\sin\beta)\sin\alpha \\
y = r_2\cos\beta \\
z = (r_1 + r_2\sin\beta)\cos\alpha
\end{cases}, \quad 0 \leqslant \alpha \leqslant 2\pi \text{ 且 } 0 \leqslant \beta \leqslant 2\pi
\tag{8-5}
$$

假定将圆环划分为 $n_1=6$ 和 $n_2=6$ 的 36 个区域,圆环的截面是正六边形,示例圆环面的网格模型如图 8-45 所示。圆环面的顶点总数 $n_1 \times n_2 = 36$ 个,顶点索引号为 $0 \sim 35$。沿 z 轴正向的横截面与圆环面交为正六边形,顶点从 y 轴正向开始绕圆环中心线顺时针计数,第一圈为 $V_0 \sim V_5$,如图 8-46 所示。沿圆环周向绕 y 轴逆时针旋转,每隔 $60°$ 划分一个圆环网格,则增加 6个顶点。圆环划分后的每个网格为平面四边形,圆环网格模型

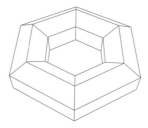

图 8-45   示例圆环面

的网格总数为 $n_1 \times n_2 = 36$。示例圆环面的顶点编号和表面编号如图 8-47 所示。适当加大周向和纵向划分的网格数，圆环面网格模型趋向光滑，圆环面网格模型的透视投影效果如图 8-48 所示。

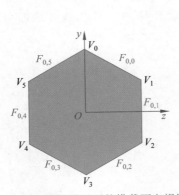

图 8-46　示例圆环面的横截面左视图

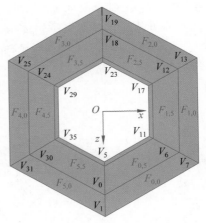

图 8-47　圆环面的顶点和表面划分

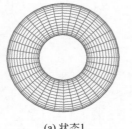
(a) 状态1

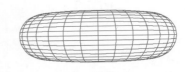
(b) 状态2

图 8-48　圆环面的网格模型效果图

8.3　消隐算法分类

在三维场景中从视点观察，一个物体的表面可能被另一物体部分遮挡，也可能被自身的其他表面遮挡，这些被遮挡的表面称为隐藏面，被遮挡的边界线称为隐藏线。计算机图形学的一个重要任务就是根据视点的位置和视线方向对空间物体的表面进行可见性检测，绘制出可见边界和可见表面。

根据消隐方法的不同，消隐算法可分为两类。

（1）隐线算法。用于消除物体上不可见的边界线。隐线算法主要是针对线框模型提出的，它只要求绘制物体的各可见边界线，如图 8-49 所示。

（2）隐面算法。用于消除物体上不可见的表面。隐面算法主要是针对表面模型提出的，一般不绘制物体的可见边界线，只绘制物体的各可见表面，如图 8-50 所示。

1974 年，计算机图形学之父 Ivan Sutherland 根据消隐空间的不同，将消隐算法分为 3 类[24]。

（1）物体空间法（object space algorithm）。物体空间消隐算法主要在三维观察空间中完成。根据模型的几何关系来判断哪些表面可见，哪些表面不可见。物体空间法与显示器的分辨率无关。

（2）图像空间法（image space algorithm）。图像空间消隐算法主要在物体投影后的三维图像空间中利用帧缓冲信息确定哪些表面遮挡了其他表面。图像空间法受限于显示器的分辨率。

（3）物像空间法（object and image space algorithm）。在描述物体的三维观察空间和二维图像空间中同时进行消隐。

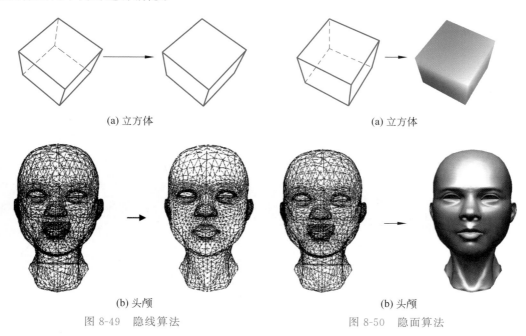

(a) 立方体   (a) 立方体

(b) 头颅   (b) 头颅

图 8-49 隐线算法   图 8-50 隐面算法

8.4　隐　线　算　法

线框模型消隐一般在物体空间中进行。物体空间法是根据可见性检测条件，判断哪些边界线是可见的，哪些边界线是不可见的，在屏幕上只绘制可见边界线。

8.4.1　凸多面体消隐算法

在消隐问题中，柏拉图多面体等凸多面体消隐是最简单和最基本的情形。凸多面体具备这样的性质：连接物体上不同表面的任意两点的直线段完全位于该凸多面体之内。凸多面体是由凸多边形构成，其表面要么完全可见，要么完全不可见。凸多面体消隐算法的关键是给出测试表面边界线可见性的判别式。

事实上，对于凸多面体的任意一个表面，可以根据其外法矢量与视矢量的夹角 α 来进行可见性检测。如果两个矢量的夹角 $0° \leqslant \alpha \leqslant 90°$ 时，表示该表面可见，绘制边界线；如果 $90° < \alpha \leqslant 180°$ 时，表示该表面不可见，不绘制边界线。

众所周知，从任意一个方向，只能看到立方体的 3 个表面。下面，以图 8-51 所示的立方体为例来进行具体的说明。"前面"$V_4 V_5 V_6 V_7$ 的外法矢量沿着 z 轴正向，$\boldsymbol{N}_{\text{front}} = \overrightarrow{V_4 V_5} \times \overrightarrow{V_4 V_6}$；"后面"$V_0 V_3 V_2 V_1$ 的外法矢量沿着 z 轴负向，$\boldsymbol{N}_{\text{back}} = \overrightarrow{V_0 V_3} \times \overrightarrow{V_0 V_2}$；"左面"$V_0 V_4 V_7 V_3$ 的外法矢量沿着 x 轴负向，$\boldsymbol{N}_{\text{left}} = \overrightarrow{V_0 V_4} \times \overrightarrow{V_0 V_7}$；"右面"$V_1 V_2 V_6 V_5$ 的外法矢量沿着 x 轴正向，$\boldsymbol{N}_{\text{right}} = \overrightarrow{V_1 V_2} \times \overrightarrow{V_1 V_6}$；"顶面"$V_2 V_3 V_7 V_6$ 的外法矢量沿着 y 轴正向，$\boldsymbol{N}_{\text{top}} = \overrightarrow{V_2 V_3} \times \overrightarrow{V_2 V_7}$；"底面"$V_0 V_1 V_5 V_4$ 的外法矢量沿着 y 轴负向，$\boldsymbol{N}_{\text{bottom}} = \overrightarrow{V_0 V_1} \times \overrightarrow{V_0 V_5}$。

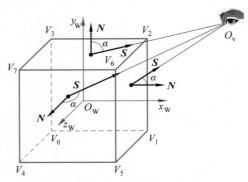

图 8-51　凸多面体消隐原理

利用各个表面的三维顶点坐标，可以计算出该表面的外法矢量。对于"前面"$V_4 V_5 V_6 V_7$，取 V_4 点为参考点。该点的外法矢量 $\boldsymbol{N} = \overrightarrow{V_4 V_5} \times \overrightarrow{V_4 V_6}$。

$$\overrightarrow{V_4 V_5} = \{x_5 - x_4, y_5 - y_4, z_5 - z_4\}$$
$$\overrightarrow{V_4 V_6} = \{x_6 - x_4, y_6 - y_4, z_6 - z_4\}$$

法矢量 $\boldsymbol{N}$ 的 3 个分量为

$$N_x = (y_5 - y_4)(z_6 - z_4) - (z_5 - z_4)(y_6 - y_4)$$
$$N_y = (z_5 - z_4)(x_6 - x_4) - (x_5 - x_4)(z_6 - z_4)$$
$$N_z = (x_5 - x_4)(y_6 - y_4) - (y_5 - y_4)(x_6 - x_4)$$

"前面"的外法矢量可以表示为

$$\boldsymbol{N} = N_x \boldsymbol{i} + N_y \boldsymbol{j} + N_z \boldsymbol{k} \tag{8-6}$$

式中，$\boldsymbol{i}$、$\boldsymbol{j}$、$\boldsymbol{k}$ 为三维坐标系的标准单位矢量。

给定视点位置球面坐标为 $O_v(R\sin\varphi\sin\theta, R\cos\varphi, R\sin\varphi\cos\theta)$，其中 R 为视径，$0 \leqslant \varphi \leqslant \pi$，$0 \leqslant \theta \leqslant 2\pi$。

视矢量从"前面"的参考点 V_4 指向视点，视矢量的计算公式为

$$\boldsymbol{S} = \{R\sin\varphi\sin\theta - x_4, R\cos\varphi - y_4, R\sin\varphi\cos\theta - z_4\}$$

视矢量表示为

$$\boldsymbol{S} = S_x \boldsymbol{i} + S_y \boldsymbol{j} + S_z \boldsymbol{k} \tag{8-7}$$

式中，$\boldsymbol{i}$、$\boldsymbol{j}$、$\boldsymbol{k}$ 为三维坐标系的标准单位矢量。

表面外法矢量与视矢量的数量积为

$$\boldsymbol{N} \cdot \boldsymbol{S} = N_x S_x + N_y S_y + N_z S_z$$

将外法矢量 $\boldsymbol{N}$ 规范化为单位矢量 $\boldsymbol{n}$，视矢量 $\boldsymbol{S}$ 规范化为单位矢量 $\boldsymbol{s}$ 后，则有

$$n \cdot s = \cos\alpha = n_x s_x + n_y s_y + n_z s_z \tag{8-8}$$

由式(8-8)可见，$\cos\alpha$ 的正负取决于表面的单位外法矢量与单位视矢量的数量积：$n_x s_x + n_y s_y + n_z s_z$。

凸多面体表面可见性检测条件如下：

当 $0° \leqslant \alpha < 90°$ 时，$n_x s_x + n_y s_y + n_z s_z > 0$，表面可见，绘制该表面多边形的边界线；当 $\alpha = 90°$ 时，$n_x s_x + n_y s_y + n_z s_z = 0$，表面外法矢量与视矢量垂直，表面多边形退化为一段直线；当 $90° < \alpha \leqslant 180°$ 时，$n_x s_x + n_y s_y + n_z s_z < 0$，凸多面体表面不可见，不绘制该表面的多边形的边界线。因此，可以将 $n \cdot s \geqslant 0$ 作为绘制可见表面边界的基本条件。由于 $n \cdot s \geqslant 0$ 剔除了背向视点的不可见表面，只绘制朝向视点的可见表面，因此本算法也被称为背面剔除(back culling)算法。

在渲染多边形表面之前，背面剔除算法常用于预先剔除不可见的表面，然后对所有可见表面再进行遮挡判断。立方体消隐前的线框模型透视投影如图 8-52(a)所示，画出了全部 6 个表面的边界线；立方体消隐后的线框模型透视投影如图 8-52(b)所示，剔除了不可见表面的边界线，只画出了 3 个可见表面的边界线。在实际应用中，有时并不是完全不绘制不可见表面的边界，而是采用虚线绘制不可见面的边界线，图 8-53～图 8-56 所示为柏拉图多面体的虚线消隐效果图。因为双表结构中未包含边表，棱边的定义存在二义性，每条棱边被相邻表面重复绘制。特别是当相邻的表面分别为可见表面与不可见表面时，这条棱边就出现虚

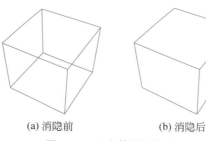

(a) 消隐前　　　　(b) 消隐后

图 8-52　立方体的透视投影

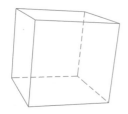

图 8-53　立方体的虚线消隐透视投影

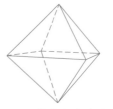

图 8-54　正八面体的虚线消隐透视投影

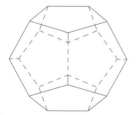

图 8-55　正十二面体的虚线消隐透视投影

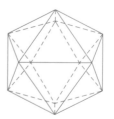

图 8-56　正二十面体的虚线消隐透视投影

线与实线重叠的情况。此时需要使用顶点表、边表和面表三表结构才能正确完成虚线绘制。采用虚线表示不可见棱边的方法在真实感图形中并不多见,常见于示例性的说明图表中。

8.4.2 曲面体消隐算法

球体、圆柱体、圆锥体、圆环体等曲面体可以采用有限单元法划分为若干个小网格区域。常用的方法是采用三角形网格或四边形网格来逼近曲面,这样曲面体消隐的主要工作就是确定各三角形网格或四边形网格的可见性,可参照凸多面体消隐算法进行类似的处理,即利用网格的外法矢量与视矢量的数量积来进行可见性检测。

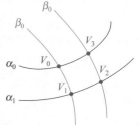

图 8-57 球面的经纬网格

以球面的消隐为例来讲解曲面体的隐线算法,球面方程表示为式(8-2)。

球面可采用 α 参数曲线簇与 β 参数曲线簇所构成的四边形经纬网格来表示,如图 8-57 所示。设相邻的两条纬线分别为 α_0、α_1,相邻的两条经线分别为 β_0、β_1,则四边形网格 $V_0V_1V_2V_3$ 各点的坐标为 $V_0(\alpha_0,\beta_0)$、$V_1(\alpha_1,\beta_0)$、$V_2(\alpha_1,\beta_1)$ 和 $V_3(\alpha_0,\beta_1)$。

以 $\overrightarrow{V_0V_1}$ 和 $\overrightarrow{V_0V_2}$ 为边矢量,计算四边形网格的 $V_0V_1V_2V_3$ 外法矢量为

$$N = \overrightarrow{V_0V_1} \times \overrightarrow{V_0V_2} \tag{8-9}$$

给定视点位置球面坐标表示为 $O_v(R\sin\varphi\sin\theta, R\cos\varphi, R\sin\varphi\cos\theta)$。

对于四边形网格 $V_0V_1V_2V_3$ 的参考点 $V_0(\alpha_0,\beta_0)$,视矢量分量的计算公式为

$$\begin{cases} S_x = R\sin\varphi\sin\theta - r\sin\alpha_0\sin\beta_0 \\ S_y = R\cos\varphi - r\cos\alpha_0 \\ S_z = R\sin\varphi\cos\theta - r\sin\alpha_0\cos\beta_0 \end{cases}$$

式中,R 为视点的矢径,φ 和 θ 为视点的位置角;r 为球面的半径,α_0 和 β_0 为球面上一点 V_0 的位置角。

四边形网格 $V_0V_1V_2V_3$ 的参考点 $V_0(\alpha_0,\beta_0)$ 处的法矢量 N 的计算方法与凸多面体类似。特别地,球面上 $V_0(\alpha_0,\beta_0)$ 点的平均外法矢量可以使用该点的位置矢量代替。

将法矢量 N 规范化为单位矢量 n,视矢量 S 规范化为单位矢量 s,有

$$n \cdot s = n_x s_x + n_y s_y + n_z s_z$$

球面四边形网格可见性检测条件为,当 $n \cdot s \geqslant 0$ 时,绘制该网格边界。也可以用类似方法处理球面三角形网格。球面消隐前的线框模型透视投影如图 8-58(a)所示,北极点和南

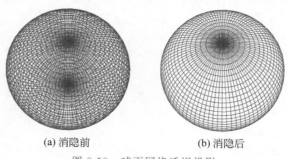

(a) 消隐前   (b) 消隐后

图 8-58 球面网格透视投影

极点同时绘制出来,无法确认究竟是北极点朝向读者还是南极点朝向读者。使用背面剔除算法后,可以看出图 8-58(a)中球面的北极点朝向读者,如图 8-58(b)所示。

8.5　隐面算法

要绘制光照模型,就需要渲染表面模型。物体表面可以被平面着色或光滑着色,且表面区分了正面与反面。隐面算法是指从视点的角度观察物体的表面,离视点近的表面的投影遮挡了离视点远的表面的投影,屏幕上绘制的结果为所有可见表面最终投影的集合。表面消隐的最常用方法有两种,这两种方法都考察了物体的伪深度坐标。一种方法是与表面的投影顺序有关,在屏幕上先投影离视点远的表面,再投影离视点近的表面,后绘制的表面遮挡了先绘制的表面,称为深度排序算法。另一种方法与表面的投影顺序无关,但使用缓冲器记录了物体表面在屏幕上投影所覆盖范围内的全部像素的伪深度值,依次访问屏幕范围内物体表面所覆盖的每一像素,用深度小(深度用 z 值表示,z 值小表示离视点近)的像素点颜色替代深度大(z 值大表示离视点远)的像素点颜色,就可以实现面消隐,称为深度缓冲器算法。

8.5.1　深度缓冲器消隐算法

1. 算法原理

Catmull 于 1974 年提出的深度缓冲器算法(depth-buffer algorithm)[25]属于图像空间消隐算法。在观察空间内不对物体表面的可见性进行检测,在图像空间中根据每个像素的深度值确定最终绘制的物体表面上各个像素的颜色。深度缓冲器算法也称为 Z-Buffer 算法。在屏幕坐标系中,通常用 z_s 表示物体上各个面的深度,故名 Z-Buffer 算法。

建立图 8-59 所示的三维屏幕坐标系,原点 O_s 位于屏幕客户区中心,x_s 轴水平向右为正,y_s 轴垂直向上为正,z_s 轴指向屏幕内部,$\langle O; x_s, y_s, z_s \rangle$ 成左手坐标系。设视点位于 z_s 轴负向,视线方向沿着 z_s 轴正向,指向 $x_s O_s y_s$ 坐标面。图 8-59 中所示为立方体的透视投影图,假定平行于 z_s 轴的视线与立方体的"前面"交于 (x_1, y_1, z_1) 点,与立方体的"后面"交于 (x_1, y_1, z_2) 点。"前面"和"后面"在屏幕上($x_s O_s y_s$ 面)的投影坐标 $(x_1, y_1, 0)$ 相同,但

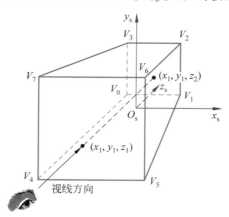

图 8-59　三维屏幕坐标系

$z_1 < z_2$，(x_1, y_1, z_1)点离视点近，(x_1, y_1, z_2)点离视点远。对于屏幕上的投影像素(x_1, y_1)，"前面"的(x_1, y_1, z_1)点的颜色将覆盖"后面"的(x_1, y_1, z_2)点的颜色，像素(x_1, y_1)的最终显示颜色为"前面"的(x_1, y_1, z_1)点的颜色。

Z-Buffer 算法需要建立两个缓冲器：一个是深度缓冲器，用以存储图像空间中每一个像素点相应的伪深度值，初始化为最大伪深度值（z_s 坐标）；另一个是帧缓冲器，用以存储图像空间中的每个像素的颜色值，初始化为屏幕的背景色。Z-Buffer 算法计算准备写入帧缓冲器当前像素的伪深度值，并与已经存储在深度缓冲器中的原可见像素的伪深度值进行比较。如果当前像素的伪深度值小于原可见像素的伪深度值，表明当前像素更靠近观察者且遮住了原像素，则将当前像素的颜色写入帧缓冲器，同时用当前像素的伪深度值更新深度缓冲器。否则，不作更改。本算法的实质是对给定视线上与屏幕的交点(x_s, y_s)，查找离视点最近的$z_s(x_s, y_s)$值。一般在使用深度缓冲器算法之前，先使用背面剔除算法对物体的不可见表面进行剔除，然后再对所有可见表面使用深度缓冲器算法消隐。

2. 算法描述

(1) 帧缓冲器初始值置为背景色。

(2) 确定深度缓冲器的宽度、高度和初始伪深度。一般将初始伪深度置为最大伪深度值。

(3) 对于多边形表面中的每一像素(x_s, y_s)，计算其伪深度值$z_s(x_s, y_s)$。

(4) 将z_s与存储在深度缓冲器中的伪深度值 zBuffer(x_s, y_s)进行比较。

(5) 如果$z_s(x_s, y_s) \leqslant$ zBuffer(x_s, y_s)，则将此像素的颜色写入帧缓冲器，且用$z_s(x_s, y_s)$重置 zBuffer(x_s, y_s)。

3. 计算伪深度

若多边形表面的平面方程已知，一般采用增量法计算扫描线上每一像素点的伪深度值。当立方体旋转到图 8-60 所示的位置时，6 个表面都不与投影面 xOy 面平行，且每个表面顶点的三维坐标已知，这时需要根据每个表面的平面方程计算多边形内各个像素点处的伪深度值。

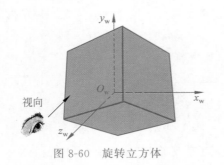

图 8-60　旋转立方体　　　　　　　图 8-61　旋转立方体的任意一个表面

对于图 8-61 所示的一个立方体表面$V_0 V_1 V_2 V_3$，其平面一般方程为

$$Ax + By + Cz + D = 0 \tag{8-10}$$

式中，系数 A, B, C 是该平面法矢量 $\boldsymbol{N}$ 的坐标，即 $\boldsymbol{N} = \{A, B, C\}$。

根据多边形表面顶点的坐标可以计算出两个边矢量

$$矢量 \overrightarrow{V_0 V_1} = \{x_1 - x_0, y_1 - y_0, z_1 - z_0\}$$

$$矢量\overrightarrow{V_0V_2}=\{x_2-x_0,y_2-y_0,z_2-z_0\}$$

根据两个边矢量的叉积,可求得表面的法矢量 **N**,得到系数 A,B,C

$$A=(y_1-y_0)\cdot(z_2-z_0)-(z_1-z_0)\cdot(y_2-y_0)$$
$$B=(z_1-z_0)\cdot(x_2-x_0)-(x_1-x_0)\cdot(z_2-z_0)$$
$$C=(x_1-x_0)\cdot(y_2-y_0)-(y_1-y_0)\cdot(x_2-x_0)$$

将 A、B、C 和点 (x_0,y_0,z_0) 代入方程(8-10),得

$$D=-Ax_0-By_0-Cz_0 \tag{8-11}$$

这样,从式(8-10)可以得到当前像素点 (x_s,y_s) 处的深度值

$$z_s(x_s,y_s)=-\frac{Ax_s+By_s+D}{C} \tag{8-12}$$

这里,如果 $C=0$,说明多边形表面的法矢量与 z_s 轴垂直,在 $x_sO_sy_s$ 面内的投影为一条直线,在算法中可以不予以考虑。

如果已知扫描线 y_i 与多边形表面的投影相交,左边界像素 (x_i,y_i) 的深度值为 $z_s(x_i,y_i)$,其相邻点 (x_{i+1},y_i) 处的伪深度值为 $z_s(x_{i+1},y_i)$。

$$z_s(x_i+1,y_i)=\frac{-A(x_i+1)-By_i-D}{C}=z_s(x_i,y_i)-\frac{A}{C} \tag{8-13}$$

令伪深度步长为 $zStep=-\dfrac{A}{C}$,则式(8-13)写为

$$z_s(x_i+1,y_i)=z_s(x_i,y_i)+zStep \tag{8-14}$$

式(8-14)可以根据扫描线上前一个像素点的伪深度值计算出后续所有像素点的深度值。同一扫描线上的伪深度增量可由一步加法完成。

对于下一条扫描线 $y=y_{i+1}$,其最左边的像素点坐标的 x 值为

$$x_s(y_{i+1})=x_s(y_i)+\frac{1}{k} \tag{8-15}$$

式中,k 为有效边的斜率。

深度缓冲器算法的最大优点在于计算简单,有利于硬件实现。由于物体表面可以按照任意次序写入帧缓冲器和深度缓冲器,故无须按深度优先级对表面进行排序,节省了排序时间。深度缓冲器算法的缺点是需要占用大量的存储单元。实际工作中一般很少将深度缓冲器的宽度和高度取为屏幕客户区的大小,而是先检测物体表面全部投影所覆盖的最大范围,然后再适当扩大以确定深度缓冲器数组的大小,这样可以有效减少帧缓冲器与深度缓冲器的存储容量。

4. 匹配深度缓冲器下标

对于场景中的单个物体,一般将其回转中心放在屏幕坐标系原点,也即位于屏幕客户区中心,屏幕客户区如图 8-62 中白色矩形所示。图 8-62 中灰色矩形代表宽度为 w,高度为 h 的深度缓冲器。深度缓冲器使用二维数组实现。使用 Z-Buffer 算法消隐时,需要根据物体表面投影的二维坐标 (x_s,y_s) 去检索深度缓冲器的 z_s 值,而 (x_s,y_s) 的取值有正有负。为了避免深度缓冲器数组 zBuffer 下标的索引号为负值,二维深度缓冲

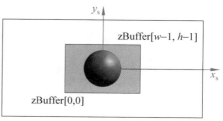

图 8-62　匹配深度缓冲器数组的下标

器数组采用 zBuffer$[x_s+w/2][y_s+h/2]$进行匹配。假设物体占据整个深度缓冲器,则满足:$-w/2 \leqslant x_s \leqslant w/2, -h/2 \leqslant y_s \leqslant h/2$。此时,深度缓冲器左下角的索引号为$[0][0]$,右上角的索引号为$[w-1][h-1]$。

5. 相对透视深度的进一步讨论

真实感场景中一般绘制的是三维物体的透视投影。使用深度缓冲器算法消隐时,需要在透视变换后保留物体表面顶点的伪深度坐标。设视域四棱台的近剪切面为 Near,远剪切面为 Far,透视变换公式为

$$
\begin{cases}
x_s = \text{Near} \cdot \dfrac{x_v}{z_v} \\[2mm]
y_s = \text{Near} \cdot \dfrac{y_v}{z_v} \\[2mm]
z_s = \text{Far} \cdot \dfrac{1 - \text{Near}/z_v}{\text{Far} - \text{Near}}
\end{cases}
\tag{8-16}
$$

式中,(x_v, y_v, z_v)为物体在观察坐标系中的坐标,(x_s, y_s, z_s)为物体在屏幕坐标系中的坐标。

将$z_v = 0$代入式(8-16)中,有$z_s = -\infty$。这说明,透视变换把所有通过视点的直线映射为平行于z_s轴的直线。图 8-63 中,透视变换把一个位于观察坐标系中的立方体变换为屏幕坐标系内的正四棱台。观察坐标系中连接立方体顶点与视点的直线变成了屏幕坐标系中的平行线。因此,屏幕坐标系中只有具有相同(x_s, y_s)的点才可能发生遮挡,判别一个点是否位于另一个点的前面则可简化为z_s值得比较。采用伪深度坐标非常适合于隐藏面的剔除。

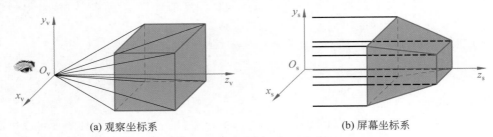

| (a) 观察坐标系 | (b) 屏幕坐标系 |

图 8-63　立方体视线的变换

6. 算法应用

图 8-64(a)中,红、绿、蓝三角形的深度相互交叉,无法区分前后顺序。使用 Z-Buffer 算法根据三角形上每一点的深度值确定填充颜色,可以绘制出该图形。使用 Z-Buffer 算法同样可以绘制图 8-64(b)和图 8-64(c)所示的交叉条与交叉面。

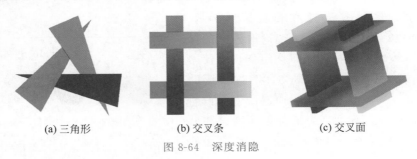

| (a) 三角形 | (b) 交叉条 | (c) 交叉面 |

图 8-64　深度消隐

对于一些特殊的凹多面体如圆环,绘制网格模型时,使用背面剔除算法并不能完全消除隐藏线。当环面垂直于投影面时,使用背面剔除算法产生的消隐结果存在"错误",如图 8-65 所示,背面剔除算法保留了内环面的"前面"和外环面的"前面"。圆环网格模型的消隐需要考虑伪深度才能获得正确结果,效果如图 8-48(b)所示。如果使用 Z-Buffer 算法绘制圆环的表面模型,则可以直接得到正确的消隐结果,如图 8-66 所示,请读者认真体会伪深度的含义。

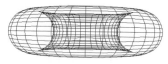

图 8-65 圆环网格模型消隐

图 8-66 圆环表面模型消隐效果图

8.5.2 深度排序消隐算法

深度排序算法同时运用了物像空间法。在观察空间中将物体表面按深度优先级排序,然后在图像空间中从伪深度值最大的表面开始,依次绘制各个表面。这种消隐算法通常被称为画家算法(painter's algorithm)。画家在创作一幅如图 8-67 所示的油画时,总是先画远景,再画中景,最后才画近景。这样不同的颜料将依次堆积覆盖,形成层次分明的艺术作品。

深度排序算法的原理是,先把屏幕置成背景色,再把物体的各个表面按伪深度排序形成深度优先级表,离视点远者伪深度大(z_s 值)位于表头,离视点近者伪深度小(z_s 值)位于表尾。然后按照从表头到表尾的顺序,逐个取出多边形表面投影到屏幕上,后绘制的表面颜色取代先绘制的表面颜色,相当于消除了隐藏面。在算法上需要构造顶点表、面表双表结构来实现。顶点表存放物体顶点的三维坐标;面表存放面上顶点索引号以及该面的最大深度值。

深度优先级排序算法的难点在于确定物体表面的深度优先级。对于平行于投影面的表面,其伪深度值很容易确定。但对于图 8-68(a)所示的旋转中的立方体线框模型而言,其每个表面常不平行于投影面,如何计算面的伪深度值呢? 一般情况下,取每个表面 4 个顶点的最大伪深度值或平均伪深度值为该面的伪深度值。这样,在每个瞬时都能得到一个包含 6 个表面伪深度值的深度优先级表,消隐效果如图 8-68(b)所示。

图 8-67 一幅油画

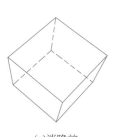

(a)消隐前

(b)消隐后

图 8-68 计算立方体表面的深度值

对于图 8-69 所示的 4 个条相互叠压(简称为叠压条),以红、绿、黄、蓝颜色表示的每个条平行于投影面,且只有一个独立的深度,而且 4 个条的深度彼此不同,则可以直接建立一个确定的深度优先级表。对于图 8-70 所示的 4 个条相互交叉(简称为交叉条),以红、绿、黄、蓝颜色表示的每个条不平行于投影面,且每个条至少有两个深度,不能简单地建立深度优先级表。红色条在绿色条的前面,绿色条在黄色条的前面,黄色条在蓝色条的前面,而蓝色条反过来又在红色条的前面。一种解决方法是沿着图中虚线循环地分割每个交叉条,直至最终可建立确定的深度优先级表。另一种解决方法是使用深度缓冲器算法直接绘制交叉条。

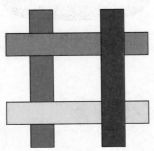 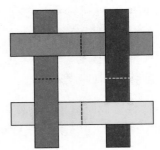

图 8-69 "叠压条"线框模型　　　　　　　　图 8-70 "交叉条"线框模型

8.6　本章小结

本章主要讲述了建立多面体和曲面体的几何模型的方法。根据给出的顶点表和面表双表结构,可以方便地绘制物体的三维模型。三维物体的消隐算法分为隐线算法和隐面算法。隐线算法主要针对线框模型(多面体)或网格模型(曲面体)进行,只根据表面法矢量和视矢量的点积就可以进行背面剔除。事实上凸多面体隐线算法也是一种隐面算法,先判断表面的可见性,然后才绘制表面的边界,只不过该方法可用于绘制线框模型,才称为隐线算法。隐面算法中重点讲解了 Z-Buffer 算法,该算法是计算机图形学中最主要的消隐算法,也是 OpenGL 中唯一使用的隐面算法。在面消隐之前,一般先对物体的多边形表面进行背面剔除预处理,然后才对可见表面使用 Z-Buffer 算法,从像素级角度对物体进行消隐。

习　题　8

1. 图 8-71 所示为正四面体线框模型,使用 MFC 编程实现正四面体的透视投影动态隐线算法。这里的"动态"是指使用键盘方向键或动画按钮可以对正四面体进行任意角度的旋转。

2. 图 8-72 所示为正三棱柱线框模型,使用 MFC 编程实现正三棱柱的透视投影动态隐线算法。

3. 立方体的表面 F_0 可以通过 4 个顶点 $V_0V_1V_2V_3$ 来定义,也可以通过 4 条边 $E_0E_1E_2E_3$ 来定义,如图 8-73 所示。编程绘制消隐线为虚线的立方体线框模型透视投影,效果如图 8-74 所示。

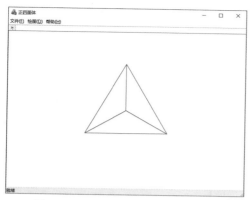

图 8-71　正四面体的消隐线框模型

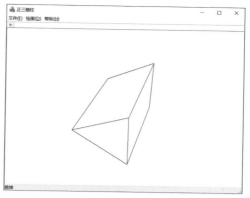

图 8-72　正三棱柱的消隐线框模型

　　说明：如果仅使用顶点表和面表的双表结构绘制立方体线框模型，每条边被绘制两次。只有借助于边表，使用三表结构才能完成本题。

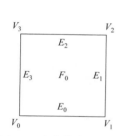

图 8-73　立方体表面的定义

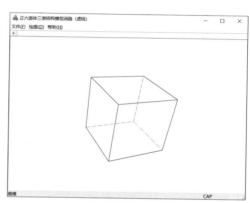

图 8-74　立方体的虚线消隐线框模型

　　4. 如果一个平面在三维坐标系的 3 个坐标轴上的截距都相等，在第一卦限内的图形如图 8-75 所示。在 8 个卦限内的图形可以组成正八面体，如图 8-76 所示，使用 MFC 编程实现正八面体的动态隐线算法。

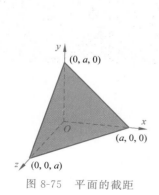

图 8-75　平面的截距

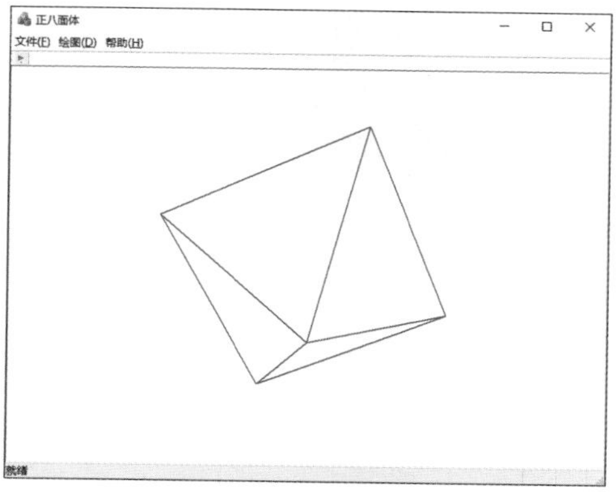

图 8-76　正八面体的线框模型

5. 房屋的三视图如图 8-77 所示,以图中的圆点所代表的回转中心为原点建立三维右手坐标系,根据三视图重建物体的三维几何模型。使用 MFC 绘制如图 8-78 所示的房屋动态消隐线框模型透视图。

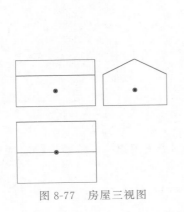

图 8-77　房屋三视图

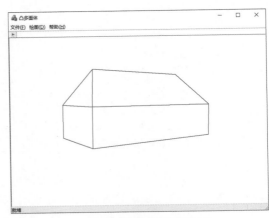

图 8-78　房屋消隐线框模型

6. 立方体的画家算法也可以这样来实现。立方体共有 6 个面和 8 个顶点,每 3 个面共用一个顶点。分别确定每个顶点周围的 3 个面,共有 8 种情况。在立方体旋转的任意角度,计算立方体离视点近的顶点和最远的顶点的 z 坐标值。先绘制 z 值大(离视点远)的顶点所对应的 3 个面,后绘制 z 值小(离视点近)的顶点所对应的 3 个面,就可以绘制立方体正交投影消隐后的三维动画。事实上,立方体属于凸多面体,只绘制离视点近的顶点所对应的 3 个面就可以实现消隐,效果如图 8-79 所示,使用 MFC 编程实现。

7. Z-Buffer 算法的典型案例是绘制 3 个相互交叉的颜色分别为红色、绿色和蓝色的彩条,如图 8-80 所示。使用 MFC 编程实现。

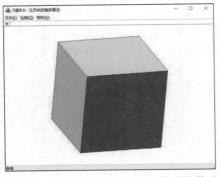

图 8-79　立方体表面模型的画家消隐算法

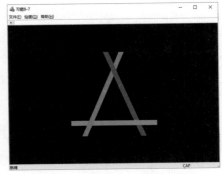

图 8-80　3 个相互交叉的彩条

8. 交叉面的三视图如图 8-81(a)所示。交叉面分别使用红、绿、蓝、黄 4 种颜色进行光滑着色。绘制交叉面的透视投影三维动画。

9. 先使用三角形网格和四边形网格绘制球体的网格模型,然后使用红色填充所有网格单元。使用 MFC 编程实现,效果如图 8-82 所示。要求所填充的球面网格连接处不能出现漏点。

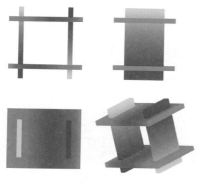

(a) 三视图与立体图

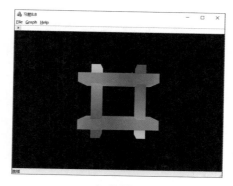

(b) 效果图

图 8-81   交叉面

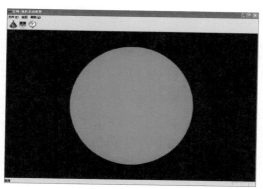

图 8-82   球体的表面模型

*10. 正二十面体有 12 个顶点,且从每个顶点引出 5 条边。假设用一把锋利的刀沿着每条边长的 1/3 处斜截每一个顶点,这样会留下由 12 个正五边形和 20 个正六边形组成的球体,如图 8-83 所示。这个有 60 个顶点的球体被称为 Bucky 球,类似于足球。编写点表和面表绘制如图 8-84 所示的 Bucky 球网格图。

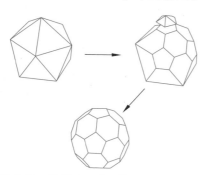

图 8-83   斜截正二十面体形成 Bucky 球

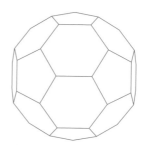

图 8-84   Bucky 球网格图

*11. Bucky 网格图的五边形与六边形表面均为平面。使用直线段连接正五边形的中心点和正五边形的每个顶角,并将该中心点拉至球面上。对正六边形也行类似的操作,得到了

足球的网格模型。绘制图 8-85 所示的足球网格图。

*12. 以窗口客户区中心为三维坐标系原点,绘制图 8-86 所示的圆环透视投影网格模型。圆环填充为白色,要求绘制网格边界线。试使用画家算法进行消隐。

图 8-85　足球网格图

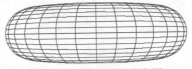
图 8-86　圆环网格消隐图

第 9 章　光　照　模　型

真实感图形(photorealism computer graphics)是计算机图形学的核心内容之一,也是计算机图形学中最有魅力的分支之一。从技术角度而言,目前计算机绘制的真实感图形已经达到了"像照片一样真实"的效果。

使用透视投影绘制的三维物体已经具有近大远小的立体效果,经过背面剔除和Z-Buffer 消隐后,初步生成了具有较强立体感的图形,但要模拟真实物体,还必须为其表面添加材质、映射纹理、施加光照、绘制阴影后才能产生真实感图形。计算机图形学绘制真实感图形的方法与传统的照相过程很相似。照相的步骤为,架设照相机、选择场景、拍摄照片、冲洗成像。在计算机图形学中,如果将视点看作照相机,真实感图形则是三维场景的一张快照。事实上,架设照相机相当于选择视点,选择场景相当于建立三维场景并确定观察空间。拍摄照片相当于完成一系列图形变换,并对三维场景进行透视投影。冲洗成像相当于根据光照、材质、纹理等模型将三维场景以二维图像方式显示在计算机屏幕上。

绘制三维场景以生成二维图像是一个复杂的过程,需要在世界坐标系内建立包括光源、屏幕和视点的三维场景。三维物体从用户坐标系变换到世界坐标系后位于三维场景的某一位置,受到点光源照射后,其反射光或透射光沿着观察者的视向投影到屏幕上形成一幅二维真实感图像。三维场景的架构如图 9-1 所示。

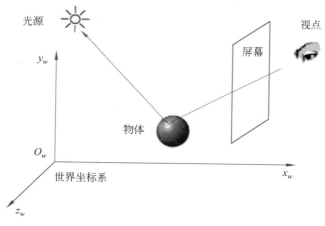

图 9-1　三维场景

9.1　颜　色　模　型

光是波长在可见光谱范围内的电磁波。可见光的波长范围为 $400 \sim 700 \mathrm{nm}$,正是这些电磁波使人产生了红、橙、黄、绿、青、蓝、紫等颜色的感觉,但光本身并没有颜色,颜色是外来的光线刺激人的视觉器官而产生的主观感觉。物体的颜色不仅取决于物体对光的反射率,还与观察者的视觉系统有关。

人眼的视网膜包含两种视觉感知细胞:视锥细胞和视杆细胞。视锥细胞对明亮光线敏感,视杆细胞对微弱光线敏感。视锥细胞用来分辨物体的细节和颜色,视杆细胞在微弱的光线下观察物体时才起作用。红、绿、蓝三原色是基于人眼视觉颜色感知的三刺激理论设计的。三刺激理论认为,人眼的视网膜中有3种类型的视锥细胞,它们分别对红、绿、蓝3种色光最敏感。人眼光谱灵敏度实验曲线证明,这些光在波长为700nm(红色)、546nm(绿色)和435.8nm(蓝色)时的刺激点达到高峰。三原色有这样的两个性质:以适当比例混合可以得到白色,三原色中的任意两种原色的组合都得不到第3种原色;通过三原色的混合可以得到可见光谱中的任何一种颜色。

计算机图形学中常用的颜色模型有RGB颜色模型、HSV颜色模型和CMYK颜色模型等,其中RGB和CMYK颜色模型是最基础的模型,其余的颜色模型在显示时都需要转换为RGB颜色模型,在打印或印刷时都需要转换为CMYK颜色模型。

9.1.1 原色系统

计算机图形学中有两种重要的原色混合系统:一种是红(red)、绿(green)、蓝(blue)加色系统,简称RGB加色系统,如图9-2(a)所示。另一种是青(cyan)、品红(magenta)、黄(yellow)减色系统,简称CMY减色系统,如图9-2(b)所示。两种系统中的颜色互为补色。某种颜色的补色是指从白色中减去这种颜色后得到的颜色。可以说红色、绿色、蓝色的补色是青色、品红和黄色,也可以说青色、品红和黄色的补色是红色、绿色和蓝色。习惯上常将红色、绿色、蓝色称为原色,而将青色、品红和黄色称为补色。

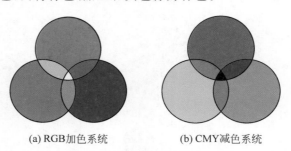

(a) RGB加色系统　　　　　(b) CMY减色系统

图9-2　原色系统

对于发光体(如显示器等)使用的是RGB加色系统,对于反射体(如印刷品等)使用的是CMY减色系统。未通电的显示器为黑色,空白印刷纸为白色。

加色系统中,通过对颜色分量的叠加产生新颜色。红色和绿色等量叠加产生黄色,红色和蓝色等量叠加产生品红;绿色和蓝色等量叠加产生青色;如果红色、绿色和蓝色等量叠加,则产生白色。

减色系统中,通过消除颜色分量来产生新颜色,这是因为光线在物体表面上反射时,有些颜色被物体吸收而去除了。减色系统是从白光光谱中减去其补色。假定各种油墨的浓度为100%,当在纸面上涂上品红油墨时,该纸面就不反射绿光,品红油墨从白光中滤去绿光;当在纸面上涂上黄色油墨时,该纸面就不反射蓝光,黄色油墨从白光中滤去蓝光;当在纸面上涂上青色油墨时,该纸面就不反射红光,青色油墨从白光中滤去红光;假设在纸面上涂上等量的品红油墨和黄色油墨,纸面上将呈现红色,因为白光被吸收了绿光和蓝光。如果在纸面上涂上等量的品红油墨、黄色油墨和青色油墨,那么所有的红光、绿光和蓝光都被吸收,纸面呈现黑色。

由 RGB 系统到 CMY 系统的变换为

$$\begin{bmatrix} R \\ G \\ B \end{bmatrix} = \begin{bmatrix} 1 \\ 1 \\ 1 \end{bmatrix} - \begin{bmatrix} C \\ M \\ Y \end{bmatrix} \tag{9-1}$$

由 CMY 系统到 RGB 系统的变换为

$$\begin{bmatrix} C \\ M \\ Y \end{bmatrix} = \begin{bmatrix} 1 \\ 1 \\ 1 \end{bmatrix} - \begin{bmatrix} R \\ G \\ B \end{bmatrix} \tag{9-2}$$

9.1.2　RGB 颜色模型

RGB 颜色模型是显示器的物理模型,无论软件开发中使用何种颜色模型,只要绘制到显示器上,图像最终是以 RGB 颜色模型表示的。

RGB 颜色模型可以用一个三维单位立方体表示,如图 9-3(a)所示。若将 R、G、B 分量归一化到 [0,1] 区间内,则所定义的颜色位于 RGB 单位立方体内部。原点 (0, 0, 0) 代表黑色,顶点 (1,1,1) 代表白色。坐标轴上的 3 个单位立方体顶点 (1, 0, 0)、(0, 1, 0) 和 (0, 0, 1) 分别表示 RGB 三原色红、绿、蓝,余下的 3 个顶点 (0,1,1)、(1,0,1) 和 (1,1,0) 则表示三原色的补色青色、品红、黄色。单位立方体的体对角线上的颜色是互补色。在单位立方体的主对角线上,颜色从黑色过渡到白色顶点,各原色的变化率相等,产生了从黑到白的灰度变化,称为灰度色。灰度色就是指纯黑、纯白以及两者中的一系列由暗到明的过渡色,灰度色中不包含任何色调。例如 RGB(0,0,0) 代表黑色,RGB(1,1,1) 代表白色,而 RGB(0.5,0.5,0.5) 代表其中一个灰度。只有当 R、G、B 三原色的变化率不同步时,才会出现彩色。

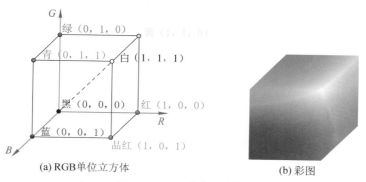

(a) RGB单位立方体　　　　(b) 彩图

图 9-3　RGB 单位立方体

在计算机图形学中,为了对颜色进行融合以产生透明效果,往往还给 RGB 模型加入一个 alpha 分量,形成 RGBA 模型。当两种颜色进行融合时,alpha 分量决定了两种颜色为融合操作各贡献了多少颜色成分。

在计算机上使用 MFC 进行颜色设计时,一般选择 RGB 宏表示颜色模型。每个原色分量用一字节表示,最大强度为 255,最小强度为 0,各有 256 级亮度。RGB 宏总共能组合出 $2^{24} = 16777216$ 种颜色,通常称为千万色或 24 位真彩色。本节将颜色分量规范化到闭区间 [0,1] 内,使用时将颜色分量直接乘以 255,就可以使用 MFC 中的 RGB 宏来表示。

9.1.3 HSV 颜色模型

HSV 颜色模型是一种直观的颜色模型,包含 3 个要素:色调(hue)、饱和度(saturation) 和明度(value)。色调 H 是一种颜色区别于其他颜色的基本要素,如红、橙、黄、绿、青、蓝、紫等。当人们谈论颜色时,实际上是指它的色调,特别地,黑色和白色无色调。饱和度 S 是指颜色的纯度。没有与任何颜色相混合的颜色,其纯度为全饱和。要想降低饱和度可以在当前颜色中加入白色,鲜红色饱和度高,粉红色饱和度低。明度 V 是颜色的相对明暗程度。要想降低明度则可以在当前颜色中加入黑色,明度最高得到纯白,明度最低得到纯黑。

HSV 模型是从 RGB 单位立方体演化而来,在图 9-3 中,沿 RGB 单位立方体的主对角线由白色向黑色看去,在平面上的投影构成一个正六边形,RGB 三原色和相应的补色分别位于正六边形的各个顶点上,其中红、绿、蓝三原色分别相隔 120°,互补色相隔 180°(红色与青色、黄色与蓝色、绿色与品红分别相隔 180°),如图 9-4(a) 所示。该六边形是 HSV 圆锥底面的一个饱和度 $S=1$,明度 $V=1$ 的真子集。降低饱和度与明度得到一个较小的 RGB 立方体,小 RGB 立方体的投影生成一个较小的正六边形,成为 HSV 圆锥中某个与 V 轴垂直的截面的真子集。因此可以认为 RGB 立方体的主对角线对应于 HSV 颜色模型的 V 轴。将 RGB 立方体及其子立方体的投影,沿着 V 轴层层堆积,就形成一个三维正六棱锥,称为 HSV 颜色模型,如图 9-5 所示。锥顶表示黑色,位于 HSV 极坐标系原点,锥底面的中心表

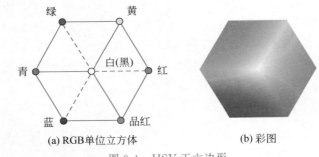

(a) RGB 单位立方体   (b) 彩图

图 9-4　HSV 正六边形

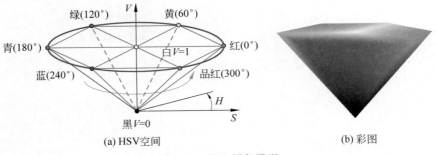

(a) HSV 空间   (b) 彩图

图 9-5　HSV 颜色模型

示白色,6 个顶点分别表示 6 种纯色。对应黑色一端的明度值为 $V=0$,对应白色一端锥底面的明度值为 $V=1$,明度用百分比表示。色调 H 在正六棱锥的垂直于 V 轴的各个截面内沿逆时针方向用离开红色的角度来表示,范围为 $0°\sim360°$。饱和度 S 由棱锥上的点至 V 轴的距离决定,是所选颜色的纯度和该颜色的最大纯度的比率,用百分比表示。注意,当 $S=0$ 时,只有灰度,即非彩色光的饱和度为 0。

　　HSV 颜色模型的思想完全基于画家作画的配色过程。画家一般采用色泽、色深和色调的概念来配色,如图 9-6 所示。在一纯色的颜料中加入白色以改变色泽,加入黑色颜料以改变色深,同时加入不同比例的白色与黑色颜料可以得到不同色调的颜色。纯色颜料对应于 $S=1$ 和 $V=1$。添加白色相当于减小 S,而 V 值不变;添加黑色相当于减小 V,而 S 值不变;形成不同的色调需要同时减小 S 和 V。HSV 颜色模型在图像编辑软件(如 Adobe 公司的 Photoshop)中使用较为广泛。在 Photoshop 软件中,HSV 颜色模型也被称为 HSB 颜色模型。图 9-7 为 Adobe Photoshop CS3 Extended 中的 RGB 颜色与

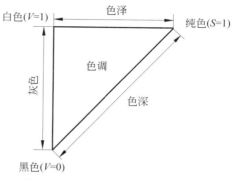

图 9-6　色泽、色深和色调的关系图

HSB 颜色的转换界面。例如品红的 RGB 值为 $(255,0,255)$,转换后的 HSB 值为 $(300, 100\%,100\%)$,即 $(300,1,1)$。常用的 HSV 颜色与 RGB 颜色的对应关系如表 9-1 所示。HSV 颜色模型不适宜于光照模型,因为无法从 HSV 颜色模型中直接计算出光强。

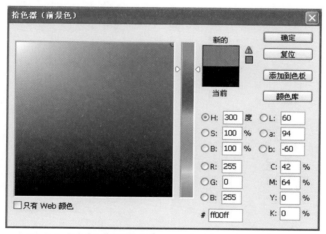

图 9-7　RGB 颜色模型与 HSB 颜色模型的转换界面

表 9-1　RGB 与 HSV 的对应关系

颜色	RGB	HSV	颜色	RGB	HSV
红色	$(255,0,0)$	$(0,1,1)$	黄色	$(255,255,0)$	$(60,1,1)$
绿色	$(0,255,0)$	$(120,1,1)$	品红	$(255,0,255)$	$(300,1,1)$
蓝色	$(0,0,255)$	$(240,1,1)$	青色	$(0,255,255)$	$(180,1,1)$

9.1.4 CMYK 颜色模型

CMYK 也称为印刷颜色模型,顾名思义就是用来制作印刷品的。在印刷品上看到的图像,就使用了 CMYK 模型。其中 K 表示黑色(black),之所以不使用黑色的首字母 B,是为了避免与蓝色(blue)相混淆。从理论上讲,只需要 CMY 这 3 种油墨就足够了,浓度为 100%的 3 种油墨加在一起就可以得到黑色。但是由于目前工艺还不能造出高纯度的油墨,CMY 相加的结果实际是一种"灰"黑色。同时,由于使用一种黑色油墨要比使用青色、品红和黄色 3 种油墨便宜,所以黑色油墨被用于代替等量的青色、品红和黄色油墨。这就是四色套印工艺采用 CMYK 模型的理由。

CMYK 颜色模型如图 9-8 所示。CMYK 颜色模型中,彩色图像中的每个像素值用青色、品红、黄色和黑色油墨的百分比来度量颜色。浅颜色像素的油墨百分比较低,深颜色像素油墨的百分比较高,没有油墨的情况为白色。CMYK 的所有颜色都包含于 RGB 颜色中,但 CMYK 的颜色数量少于 RGB 颜色。这意味着如果用 RGB 模型去制作印刷用的图像,那么某些色彩也许是无法印刷的。如果图像只在计算机上显示,就选用 RGB 模式。如果图像需要打印或者印刷,就必须使用 CMYK 模式,进行"色域警告"的检查后才可确保印刷品颜色与设计时一致。在印刷图像时,一般需要把 CMYK 这 4 个通道的图像制成胶片后,再上印刷机进行套印。一张白纸进入印刷机后要被套印 4 次,先印上图像中青色的部分,再印上品红、黄色和黑色部分,如图 9-9 所示。

(a) CMY空间

(b) 彩图

图 9-8 CMYK 颜色模型

(a) C (b) CM

(c) CMY (d) CMYK

图 9-9 四色套印顺序

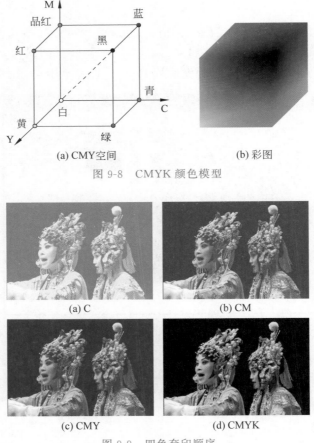

9.2　简单光照模型

绘制球体表面模型时,如果每个三角形网格和四边形网格的顶点全部设置为同一种颜色(如红色),效果如图 9-10(a)所示。从图中可以看出,虽然球面是使用三维坐标建立的几何模型,但透视投影效果却是二维的圆。要使球面具有立体感,必须使用光照模型渲染。假设场景中有一个点光源(point light source)位于球体右上方,视点位于光源位置,球面光照效果如图 9-10(b)所示(这里假定光源与视点位置重合,意思是暂不考虑阴影)。这说明光照是增强图形真实感的重要技术。

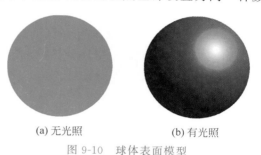

(a) 无光照　　　　　　(b) 有光照

图 9-10　球体表面模型

光照模型(illumination model)是根据光学物理的有关定律,计算在特定光源的照射下,物体表面上一点投向视点的光强。光线投射到物体表面时,可能被物体吸收(absorption)、反射(reflection)或透射(transmission)。其中被吸收的入射光转化为热,其余部分则向四周反射或透射。朝向视点的反射光或透射光进入人眼视觉系统,使物体可见。若朝向视点的反射光或透射光的各种波长光的光强相等时,物体表面呈现白色或不同层次的灰色;反之,物体表面则呈现彩色,其颜色取决于反射光或透射光的主波长。

计算机图形学的光照模型分为局部光照模型与全局光照模型。局部光照模型仅考虑光源直接照射到物体表面所产生的效果,通常假设物体表面不透明且具有均匀的反射率。局部光照模型能够表现出光源直接投射在漫反射物体表面上所形成的连续明暗色调、镜面高光以及由于物体相互遮挡而形成的阴影。全局光照模型除了考虑上述因素外,还考虑周围环境对物体表面的影响,能模拟镜面的映像、光的折射以及相邻表面之间的颜色辉映等精确的光照效果。关于全局光照模型读者可参考相关书籍。本章只讨论简单的局部光照模型,简称为简单光照模型。简单光照模型假定:光源为点光源,入射光仅由红、绿、蓝 3 种不同波长的光组成;物体是非透明物体,物体表面所呈现的颜色仅由反射光决定,不考虑透射光的影响;反射光被细分为漫反射光(diffuse light)和镜面反射光(specular light)两种。简单光照模型只考虑物体对直接光照的反射作用,而物体之间的反射作用,用环境光(ambient light)常量统一表示。点光源是对场景中比物体小得多的光源的最适合的逼近,如灯泡就是一个点光源。简单光照模型分为环境光模型、漫反射光模型和镜面反射光模型,全部属于经验模型。

简单光照模型表示为

$$I = I_e + I_d + I_s \tag{9-3}$$

式中,I 表示物体表面上一点反射到视点的光强;I_e 表示环境光光强;I_d 表示漫反射光光强;I_s 表示镜面反射光光强。

9.2.1　材质模型

物体的材质是指物体表面对光的吸收、反射和透射的性能。由于研究的是简单光照模型,所以只考虑材质的反射特性来建立物体的材质模型。

同光源一样,材质也由环境色、漫反射色和镜面反射色等分量组成,分别说明了物体对环境光、漫反射光和镜面反射光的反射率。材质决定物体的颜色,在进行光照计算时,材质对环境光的反射率与光源的环境光分量相结合,对漫反射光的反射率与光源的漫反射光分量相结合,对镜面反射光的反射率与光源的镜面反射光分量相结合。由于镜面反射光影响范围很小,而环境光是常数,所以物体的颜色由材质的漫反射光反射率决定。

设物体材质的漫反射光反射率的 RGB 值为($m_{dR}=1.0,m_{dG}=0.5,m_{dB}=0.0$),则它反射全部红光,反射一半绿光,不反射蓝光。现在假定有一个点光源的漫反射光的 RGB 值为($I_{dR}=1.0,I_{dG}=1.0,I_{dB}=1.0$)。那么,当点光源照射到物体表面上时,反射到眼睛的光强的 RGB 值为($I_{dR}m_{dR},I_{dG}m_{dG},I_{dB}m_{dB}$)=(1.0,0.5,0.0)。假定点光源颜色为白光,镜面反射率为($m_{sR}=0.8$,$m_{sG}=0.8$,$m_{sB}=0.8$),同时假设物体对环境光的反射率和对漫反射光的反射率相等,如取为表 9-2 所示的 6 组值,可以绘制出不同颜色的物体,如图 9-11 所示。

表 9-2　材质模型中漫反射光反射率对物体颜色的影响

m_{dR}	m_{dG}	m_{dB}	高光指数
1.0	0.5	0.0	
1.0	0.0	0.5	
0.5	1.0	0.0	30
0.5	0.0	1.0	
0.0	1.0	0.5	
0.0	0.5	1.0	

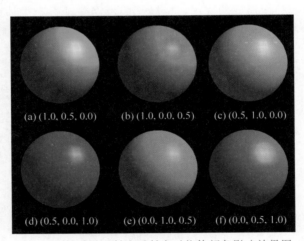

图 9-11　材质漫反射光反射率对物体颜色影响效果图

表 9-3 给出了常用物体的材质属性。例如,"金"材质的环境光反射率的红、绿、蓝分量为 0.247、0.20 和 0.075,漫反射光反射率的红、绿、蓝分量为 0.752、0.606 和 0.226,镜面反射光反射率的红、绿、蓝分量为 0.628、0.556 和 0.366。表 9-3 中的最后一列为高光指数,描述了镜面反射光的会聚程度,一般使用实验方法确定。

表 9-3 常用物体的材质属性

材质名称	RGB 分量	环境光反射率	漫反射光反射率	镜面反射光反射率	高光指数
金	R	0.247	0.752	0.628	
	G	0.200	0.606	0.556	50
	B	0.075	0.226	0.366	
银	R				
	G	0.192	0.508	0.508	50
	B				
红宝石	R	0.175	0.614	0.728	
	G	0.012	0.041	0.527	30
	B				
绿宝石	R	0.022	0.076	0.633	
	G	0.175	0.614	0.728	30
	B	0.023	0.075	0.633	

9.2.2 环境光模型

物体没有受到光源的直射,但其表面仍有一定的亮度,这是环境光在起作用。环境光是环境中其他物体上的光散射到物体表面后再反射出来的光。由周围物体多次反射所产生的环境光来自各个方向,又均匀地向各个方向反射,如图 9-12 所示。例如均匀照亮整个房间的光就是环境光。在简单光照模型中,环境光是一种全局光,独立于任何一个普通的点光源,即使场景中没有直接受到光的照射,物体依然可见。通常用一个常数来近似模拟环境光。环境光的反射光强 I_e 可表示为

$$I_e = k_a \cdot I_a, \quad 0 \leqslant k_a \leqslant 1 \tag{9-4}$$

式中,I_a 表示来自周围环境的光强;k_a 为材质的环境光反射率。

9.2.3 漫反射光模型

漫反射光可以认为是在点光源的照射下,光被物体表面吸收后重新反射出来的光。一个理想漫反射体表面是非常粗糙的,漫反射光不会集中到某个角度附近。漫反射光是从一点照射,均匀地向各个方向散射,因此漫反射光与视点无关,如图 9-13 所示。正是由于漫反射光才使物体清晰可见。

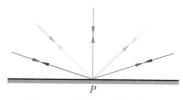

图 9-12 环境光几何表示

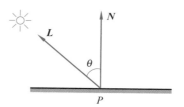

图 9-13 漫反射光几何表示

Lambert 于 1760 年提出了 Lambert 余弦定律。Lambert 余弦定律总结了点光源发出的光线照射在一个理想漫反射体上的反射法则。根据 Lambert 余弦定律,一个理想漫反射体表面上反射出来的漫反射光强同入射光与物体表面法线之间夹角的余弦成正比。漫反射光强 I_d 表示为

$$I_d = k_d \cdot I_p \cdot \cos\theta, \quad 0 \leqslant \theta \leqslant \pi/2 \text{ 且 } 0 \leqslant k_d \leqslant 1 \tag{9-5}$$

式中,I_p 为点光源所发出的入射光强;k_d 为材质的漫反射光反射率;θ 为入射光与物体表面法矢量之间的夹角,称为入射角。当入射角 θ 在 $0°\sim90°$ 时,即 $0 \leqslant \cos\theta \leqslant 1$ 时,点光源才能照亮物体表面;当入射角 $\theta > 90°$ 时,$\cos\theta < 0$,点光源位于 P 点的背面,对 P 点的光强贡献应取为零。当入射角 θ 为 $0°$ 时,点光源垂直照射在物体表面的 P 点上,此时漫反射光最强。当入射光以相同的入射角照射在不同材质的物体表面时,这些表面会呈现不同的颜色,这是由于不同的物体具有不同的漫反射光反射率。在简单光照模型中,只能通过设置物体的漫反射光反射率 k_d 来改变物体的颜色。

设物体表面上一点 P 的单位法矢量为 N,从 P 点指向光源的单位光矢量为 L,有 $\cos\theta = L \cdot N$。式(9-5)改写为

$$I_d = k_d \cdot I_p \cdot (L \cdot N) \tag{9-6}$$

考虑到点光源位于 P 点的背面时,$L \cdot N$ 计算结果为负值,应取为零,有

$$I_d = k_d \cdot I_p \cdot \max(L \cdot N, 0) \tag{9-7}$$

9.2.4 镜面反射光模型

漫反射体表面粗糙不平,而镜面反射体表面则比较光滑。镜面反射光是只朝一个方向反射的光,具有很强的方向性,并遵守反射定律,如图 9-14 所示。镜面反射光会在光滑物体表面上形成一片非常亮的区域,称为高光(highlight)区域。用 R 表示镜面反射方向的单位矢量,L 表示从物体表面指向点光源的单位矢量,V 表示从物体表面指向视点的单位矢量,α 是 V 与 R 之间的夹角。对于一个理想的镜面反射体表面,仅在反射方向 R 上能观察到镜面反射光,即仅当 V 与 R 重合时才能观察到镜面反射光,在其他方向上几乎观察不到镜面反射光。对于一般的光滑物体表面,镜面反射光集中在一个范围内,且 R 方向的镜面反射光光强最强。在 V 方向上仍然能够观察到镜面反射光,只是随着 α 角的增大,镜面反射光光强逐渐减弱。Phong 于 1975 年提出一个计算镜面反射光光强的经验公式,用余弦函数的幂次方来模拟镜面反射光光强的空间分布,称为 Phong 反射模型[5]。

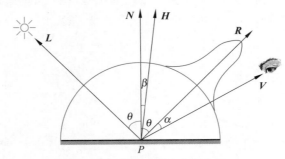

图 9-14　镜面反射光几何表示

镜面反射光的光强 I_s 表示为

$$I_s = k_s \cdot I_p \cdot \cos^n\alpha, \quad 0 \leqslant \alpha \leqslant \pi/2 \text{ 且 } 0 \leqslant k_s \leqslant 1 \tag{9-8}$$

式中，I_p 为入射光光强；k_s 为材质的镜面光反射率；镜面反射光光强与 $\cos^n\alpha$ 成正比，$\cos^n\alpha$ 近似地描述了镜面反射光的空间分布；n 为镜面反射光的高光指数，反映了物体表面的光滑程度。光滑的金属表面，n 值较大，高光斑点较小；粗糙的非金属表面，n 值则较小，高光斑点较大。n 的取值范围一般为 $1\sim100$，具体数值需要通过实验测定。图 9-14 的蓝色凸起部分表示了镜面反射光的会聚程度，图 9-15 给出了 $\cos^n\alpha$ 曲线的空间分布情况，由外向内 n 分别取为 $1\sim100$。图 9-16 是相应的高光指数影响效果图。

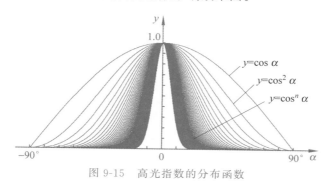

图 9-15　高光指数的分布函数

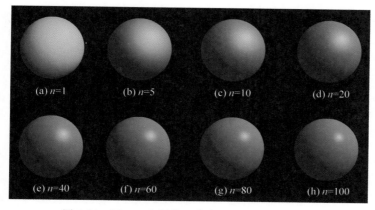

图 9-16　Phong 光照模型中高光指数影响效果图

在简单光照模型中，镜面反射光颜色与入射光颜色相同，也即镜面反射光只反映光源的颜色。在白光的照射下，物体的高光区域显示白色；在红光的照射下，物体的高光区域显示红色。镜面光反射率 k_s 是一个与物体颜色无关的参数。

对于单位矢量 $\boldsymbol{R}$ 和 $\boldsymbol{V}$，有 $\cos\alpha = \boldsymbol{R} \cdot \boldsymbol{V}$，式(9-8)可改写为

$$I_s = k_s \cdot I_p \cdot (\boldsymbol{R} \cdot \boldsymbol{V})^n \tag{9-9}$$

式(9-9)被称为 Phong 反射模型(Phong reflection model)。从式中不难看出，镜面反射光光强依赖于光源与视点的相对位置。只有当视点位于比较合适的位置时，才可以观察到物体表面某些区域呈现出的高光，当视点位置改变时，高光区域也会随之消失。所以在真实感光照模型中，"视点不动，旋转物体"和"物体不动，旋转视点"所看到的效果是有差别的。

只要光源位置不动,前者的高光区域在物体旋转过程中不会改变。后者的高光区域在视点旋转过程中会逐渐消失,如图 9-17 所示。

图 9-17 "物体不动,旋转视点"的光照动画

假设光源位于无穷远处,即单位光矢量 L 为常数。假设视点在无穷远处,即单位视矢量 V 为常数。Blinn 提出[26],$R \cdot V \approx H \cdot N$,其中 H 取单位矢量 L 和 V 的平分矢量。

$$H = \frac{L+V}{|L+V|} \qquad (9\text{-}10)$$

镜面反射光模型表述为

$$I_s = k_s \cdot I_p \cdot (H \cdot N)^n \qquad (9\text{-}11)$$

式(9-11)被称为 Blinn-Phong 反射模型(Blinn-Phong reflection model)。考虑 $\beta > 90°$ 时,$H \cdot N$ 计算结果为负值,应取为 0,有

$$I_s = k_s \cdot I_p \cdot \max(H \cdot N, 0)^n \qquad (9\text{-}12)$$

由于 L 和 V 都是常量,因此 H 只需计算一次,节省了计算时间。图 9-14 中,β 为 H 和 N 的夹角,α 为 R 和 V 的夹角。容易得到 $\beta = \frac{\alpha}{2}$。使用式(9-9)和式(9-11)的计算结果有一定差异,后者的高光区域小于前者。但由于光照模型是经验公式,可以通过调节高光指数 n 来减小误差。

这样综合考虑环境光、漫反射光和镜面反射光且只有一个点光源的简单光照模型为

$$I = I_e + I_d + I_s = k_a I_a + k_d I_p \max(L \cdot N, 0) + k_s I_p \max(H \cdot N, 0)^n \qquad (9\text{-}13)$$

9.2.5 光强衰减

入射光的光强随着光源与物体之间距离的增加而减弱,强度则按照光源到物体距离 (d) 的 $1/d^2$ 进行衰减,表明接近光源的物体表面(d 较小)得到的入射光强度较强,而远离光源的物体表面(d 较大)得到的入射光强度较弱。因此,绘制真实感图形时,在光照模型中应该计算光强的衰减。对于点光源,常用 d 的二次函数的倒数来衰减光强。

$$f(d) = \min\left(1, \frac{1}{c_0 + c_1 \cdot d + c_2 \cdot d^2}\right) \qquad (9\text{-}14)$$

式中,d 为点光源位置到物体表面顶点 P 的距离,也即光传播的距离,其值可以通过计算光矢量 L 的模长得到;c_0 为常数衰减因子;c_1 为线性衰减因子;c_2 为二次衰减因子。调整这 3 个系数可以得到场景中不同的光照效果。例如系数 c_0 是用来防止 d 很小时,$f(d)$ 变得过大。光强衰减只对包含点光源的漫反射光和镜面反射光起作用。

考虑光强衰减的单光源简单光照模型为

$$I = I_e + I_d + I_s = k_a I_a + f(d)[k_d I_p \max(L \cdot N, 0) + k_s I_p \max(H \cdot N, 0)^n] \qquad (9\text{-}15)$$

如果场景中有多个点光源,简单光照模型表示为

$$I = k_a I_a + \sum_{i=1}^{n} f(d_i) \left[k_d I_{P,i}(L_i \cdot \boldsymbol{N}) + k_s I_{P,i} \max(H_i \cdot \boldsymbol{N}, 0)^n \right] \qquad (9\text{-}16)$$

式中，n 为点光源数量；d_i 为第 i 个光源到物体表面顶点 P 的距离。

9.2.6 增加颜色

前面介绍的光照模型只考虑了光的强度（光的明暗），没有考虑光的颜色，所以也称为明暗模型。在真实感图形绘制中解决的是彩色表面反射彩色光的问题，也即光照是通过颜色来表示的，需要为明暗模型增加颜色信息。由于计算机中采用的是 RGB 颜色模型，因此需要为颜色的红、绿、蓝 3 个分量分别建立光照模型。

环境光光强 I_a 可以表示为

$$I_a = (I_{aR}, I_{aG}, I_{aB}) \qquad (9\text{-}17)$$

式中，I_{aR}、I_{aG} 和 I_{aB} 分别为环境光光强的红、绿、蓝分量。类似地，入射光的光强 I_p 可以表示为

$$I_p = (I_{pR}, I_{pG}, I_{pB}) \qquad (9\text{-}18)$$

而环境光反射率 k_a 可以表示为

$$k_a = (k_{aR}, k_{aG}, k_{aB}) \qquad (9\text{-}19)$$

式中，k_{aR}、k_{aG} 和 k_{aB} 分别为环境光反射率的红、绿、蓝分量。类似地，漫反射光反射率 k_d 可以表示为

$$k_d = (k_{dR}, k_{dG}, k_{dB}) \qquad (9\text{-}20)$$

镜面光反射率 k_s 可以表示为

$$k_s = (k_{sR}, k_{sG}, k_{sB}) \qquad (9\text{-}21)$$

对式(9-16)进行扩展，计算多个点光源照射下物体表面 P 点所获得的光强的红、绿、蓝分量的公式为

$$\begin{cases} I_R = k_{aR} I_{aR} + \sum_{i=1}^{n} f(d_i) \left[k_{dR} I_{pR,i} \max(L_i \cdot \boldsymbol{N}, 0) + k_{sR} I_{pR,i} \max(H_i \cdot \boldsymbol{N}, 0)^n \right] \\[2mm] I_G = k_{aG} I_{aG} + \sum_{i=1}^{n} f(d_i) \left[k_{dG} I_{pG,i} \max(L_i \cdot \boldsymbol{N}, 0) + k_{sG} I_{pG,i} \max(H_i \cdot \boldsymbol{N}, 0)^n \right] \\[2mm] I_B = k_{aB} I_{aB} + \sum_{i=1}^{n} f(d_i) \left[k_{dB} I_{pB,i} \max(L_i \cdot \boldsymbol{N}, 0) + k_{sB} I_{pB,i} \max(H_i \cdot \boldsymbol{N}, 0)^n \right] \end{cases} \qquad (9\text{-}22)$$

编程实现时，入射光光强不再用单一的 I_p 表达，而是采用 I_d^p 和 I_s^p 来表示，分别表示光源的漫反射光强和镜面反射光强。这样式(9-22)可以修改为

$$\begin{cases} I_R = k_{aR} I_{aR} + \sum_{i=1}^{n} f(d_i) \left[k_{dR} I_{dR,i}^p \max(L_i \cdot \boldsymbol{N}, 0) + k_{sR} I_{sR,i}^p \max(H_i \cdot \boldsymbol{N}, 0)^n \right] \\[2mm] I_G = k_{aG} I_{aG} + \sum_{i=1}^{n} f(d_i) \left[k_{dG} I_{dG,i}^p \max(L_i \cdot \boldsymbol{N}, 0) + k_{sG} I_{sG,i}^p \max(H_i \cdot \boldsymbol{N}, 0)^n \right] \\[2mm] I_B = k_{aB} I_{aB} + \sum_{i=1}^{n} f(d_i) \left[k_{dB} I_{dB,i}^p \max(L_i \cdot \boldsymbol{N}, 0) + k_{sB} I_{sB,i}^p \max(H_i \cdot \boldsymbol{N}, 0)^n \right] \end{cases} \qquad (9\text{-}23)$$

由于光强的颜色分量为计算值，最终结果需要归一化到[0,1]区间，才能用 RGB 颜色模型正确显示。

9.3　光　滑　着　色

多边形可以使用平面着色模式或光滑着色模式填充。平面着色是指多边形所有顶点的颜色都相同,多边形内部具有同顶点(一般取第一个顶点)一样的颜色。光滑着色是指多边形各个顶点的颜色不同,多边形内部各点的颜色是由顶点颜色的双线性插值得到。

具有复杂表面的光滑三维物体常使用平面多边形网格(三角形网格或四边形网格)逼近。图 9-18(a)所示的圆锥面使用三角形网格逼近,使用平面着色渲染每个三角形网格后,在三角形网格的交界处出现了马赫带效应,使得边界非常突出,破坏了圆锥的完整性,如图 9-18(b)所示。如果使用光滑着色并正确处理边界点的法矢量后,可以产生光滑表面的视觉效果,圆锥面光照效果如图 9-18(c)所示。图 9-19(a)所示的圆柱面使用四边形网格逼近,使用平面着色后,边界非常明显,如图 9-19(b)所示,如果使用光滑着色后并正确处理边界点的法矢量后,可以产生光滑表面的视觉效果,如图 9-19(c)所示。人眼的视觉系统对光强微小的差别表现出极强的敏感性,在绘制真实感图形时应使用多边形的光滑着色代替平面着色,以减弱多边形边界所带来的马赫带效应,同时计算共享表面的顶点的法矢量时,应采用平均法矢量以避免面法矢量的突变而导致颜色的突变。多边形的光滑着色模式主要有 Gouraud 明暗处理和 Phong 明暗处理。这两种技术更准确地应称为 Gouruad 光强插值或 Phong 法矢插值。

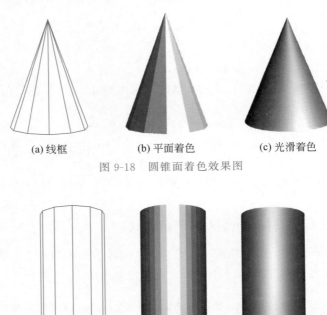

(a) 线框　　　　　(b) 平面着色　　　　　(c) 光滑着色

图 9-18　圆锥面着色效果图

(a) 线框　　　　　(b) 平面着色　　　　　(c) 光滑着色

图 9-19　圆柱面着色效果图

9.3.1　直线的光滑着色

直线的光滑着色是光照模型的基础,使用直线光滑着色技术可以绘制物体的光照线框模型。给定直线段两个顶点的坐标和颜色值,使用线性插值算法可以实现直线段颜色从起点到终点的光滑过渡。

直线的参数方程为

$$P = (1-t)P_0 + tP_1 \quad t \in [0,1]$$

展开式为

$$\begin{cases} x = (1-t)x_0 + tx_1 \\ y = (1-t)y_0 + ty_1 \\ c = (1-t)c_0 + tc_1 \end{cases}$$

式中,$P_0(x_0,y_0,c_0)$ 为直线段的起点坐标和颜色;$P_1(x_1,y_1,c_1)$ 为直线段的终点坐标和颜色;$P(x,y,c)$ 为直线段上任意一点的坐标和颜色。

如果直线段的斜率 $|k| \leqslant 1$,则 x 方向为主位移方向,如图 9-20(a)所示。t 解为

$$t = \frac{x - x_0}{x_1 - x_0} \quad \text{或} \quad 1 - t = \frac{x_1 - x}{x_1 - x_0} \tag{9-24}$$

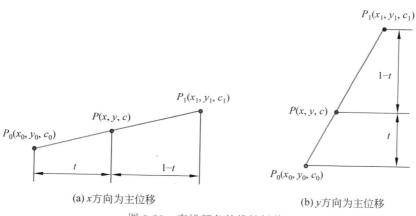

(a) x 方向为主位移   (b) y 方向为主位移

图 9-20　直线颜色的线性插值

如果直线段的斜率 $|k| > 1$,y 方向为主位移方向,如图 9-20(b)所示。t 解为

$$t = \frac{y - y_0}{y_1 - y_0} \quad \text{或} \quad 1 - t = \frac{y_1 - y}{y_1 - y_0} \tag{9-25}$$

为了兼顾 x 方向和 y 方向颜色的线性插值,式(9-24)与式(9-25)可以统一表示为

$$c = \frac{m_1 - m}{m_1 - m_0}c_0 + \frac{m - m_0}{m_1 - m_0}c_1, \quad t \in [0,1] \tag{9-26}$$

与式(9-26)相应的线性插值函数为

```
CRGB CLine::LinearInterpolation(double m, double m0, double m1, CRGB c0, CRGB c1)
{
    CRGB c;
    c = (m1 - m) / (m1 - m0) * c0 + (m - m0) / (m1 - m0) * c1;
    return c;
}
```

颜色线性插值函数定义在第 3 章讲解的直线中点算法 CLine 类中。假定场景中的球体

前面的左下方和右上方各放置一个点光源,照射使用地理划分法绘制的球面网格模型,对球面的每个三角形网格或四边形网格的边界都使用直线的光滑着色模式处理,效果如图 9-21 所示。

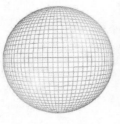  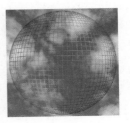

(a) 白色背景　　　　　　　(b) 黑色背景　　　　　　　(c) 位图背景

图 9-21　光照线框球

9.3.2　Gouraud 明暗处理

具有复杂表面的光滑物体常使用多边形网格逼近。这些网格一般分为三角形网格或平面四边形网格。图 9-21 所示球体网格的南北极采用三角形网格逼近,如图 9-22 所示。除南北极之外的其余球面全部采用平面四边形网格逼近,如图 9-23 所示。图 9-23 中的虚线表示每个平面四边形网格可以进一步细分为两个三角形网格。

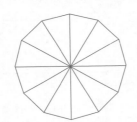 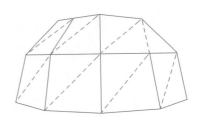

图 9-22　南北极的三角形网格　　　　　　图 9-23　球面的四边形网格

法国计算机学家 Gouraud 于 1971 年提出了双线性光强插值模型,被称为 Gouraud 明暗处理[4]。主要思想是,先计算物体表面多边形各顶点的平均法矢量,然后调用简单光照模型计算各顶点的光强,多边形内部各点的光强则通过对多边形顶点光强的双线性插值得到。

在图 9-24 中,三角形的顶点为 $A(x_A,y_A)$,光强为 I_A;$B(x_B,y_B)$,光强为 I_B;$C(x_C,y_C)$,光强为 I_C。任一扫描线与边 AC 的交点为 $D(x_D,y_D)$,光强为 I_D;与边 BC 的交点为 $E(x_E,y_E)$,光强为 I_E,扫描线与三角形相交的 DE 区间内的任一点为 $F(x_F,y_F)$,光强为 I_F。Gouraud 明暗处理要求根据顶点 A、B、C 的光强插值计算三角形内点 F 的光强。

边 AC 上的 D 点的光强为

$$I_D = (1-t)I_A + tI_c, \quad t \in [0,1] \tag{9-27}$$

边 BC 上的 E 点的光强为

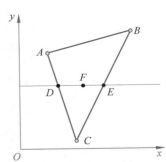

图 9-24　Gouraud 双线性光强
插值模型

$$I_E = (1-t)I_B + tI_C, \quad t \in [0,1] \tag{9-28}$$

扫描线 DE 上的 F 点的光强为

$$I_F = (1-t)I_D + tI_E, \quad t \in [0,1] \tag{9-29}$$

这里需要指出的是,使用 Gouraud 双线性插值的基础是第 4 章讲解的有效边表算法,因为三角形内点颜色需要按照边的方向与扫描线方向分别进行插值。使用 Gouraud 光滑着色模式填充的三角形和四边形网格如图 9-25 所示。使用三角形的平面着色模式和三角形的 Gouraud 光滑着色模式分别填充的正六边形如图 9-26 所示。使用四边形的平面着色模式与四边形的 Gouraud 光滑着色模式分别填充的立方体透视投影如图 9-27 所示。

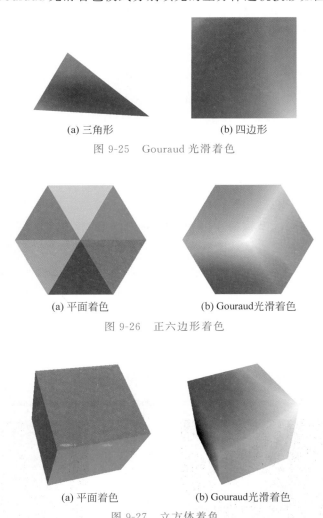

(a) 三角形   (b) 四边形

图 9-25   Gouraud 光滑着色

(a) 平面着色   (b) Gouraud 光滑着色

图 9-26   正六边形着色

(a) 平面着色   (b) Gouraud 光滑着色

图 9-27   立方体着色

Gouraud 明暗处理的实现步骤如下。

(1) 计算多边形顶点的平均法矢量。图 9-28 所示的多边形网格中,顶点 P 被 $n(n=8)$ 个三角形所共享。P 点的平均法矢量 N 应取共享 P 点的所有三角形面片的法矢量 N_i 的平均值。

$$N = \frac{\sum\limits_{i=0}^{n-1} N_i}{\left| \sum\limits_{i=0}^{n-1} N_i \right|} \qquad (9-30)$$

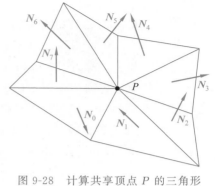

式中，$N_i(i=0,1,\cdots,7)$为共享顶点 P 的三角形面片的法矢量，N 为平均法矢量。

（2）对多边形网格的每个顶点调用简单光照模型计算光强。

（3）根据每个多边形网格顶点的光强，按照扫描线顺序使用线性插值计算多边形网格边界上每一点的光强。

图 9-28　计算共享顶点 P 的三角形面片的法矢量

（4）在扫描线与多边形相交区间内，使用线性插值计算区间内每一点的光强。然后再将光强分解为该点的 RGB 颜色。

从以上步骤可知，Gouraud 明暗处理的优点是算法简单，计算量小，解决了多边形网格之间亮度不连续过渡的问题。但是，Gouraud 明暗处理也存在一些缺陷：

（1）使用 Gouraud 双线性光强插值实现相邻多边形之间的光滑过渡时，仅计算了多边形顶点的光强，多边形内部各点的光强是顶点光强的双线性插值结果。高光区域的多边形边界明显，马赫带效应没有完全消除。

（2）镜面反射的高光区域只能在最小面片的周围形成，不能在面片的内部形成，导致 Gouraud 明暗处理生成的高光区域明显大于 Phong 明暗处理生成的高光区域。

图 9-29～图 9-34 所示为笔者使用 Gouraud 明暗处理绘制的球面光照模型效果图，交互地演示了材质与光源的作用效果。图 9-29 中材质为表 9-3 给出的"红宝石"的环境光模型，图 9-30 为"红宝石"材质的环境光加漫反射光模型。图 9-31 为光源位于右上方，材质为"红宝石"的简单光照模型。图 9-32 为光源位于左上方，材质为表 9-3 给出的"绿宝石"的简单光照模型。图 9-33 为光源位于左下方，材质为表 9-3 给出的"金"的简单光照模型。图 9-34 为光源位于右下方，材质为表 9-3 给出的"银"的简单光照模型。

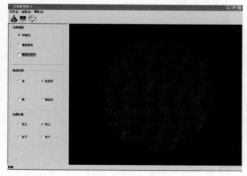

图 9-29　环境光模型

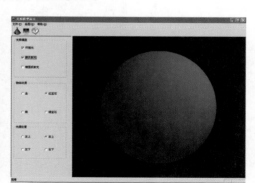

图 9-30　环境光加漫反射光模型

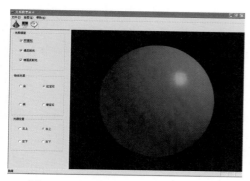

图 9-31 "红宝石"材质简单光照模型

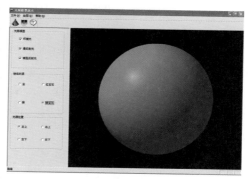

图 9-32 "绿宝石"材质简单光照模型

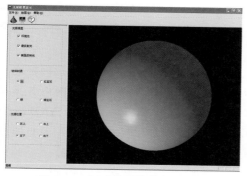

图 9-33 "金"材质简单光照模型

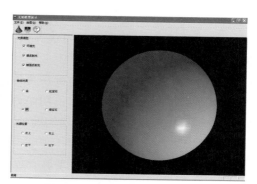

图 9-34 "银"材质简单光照模型

9.3.3 Phong 明暗处理

Phong 于 1975 年提出的双线性法矢插值模型[5]可以有效解决 Gouraud 明暗处理存在的缺陷,产生正确的高光区域。Phong 明暗处理首先计算多边形网格的每个顶点的平均法矢量,然后使用双线性插值计算多边形内部各点的法矢量,最后才使用多边形内部各点的法矢量调用简单光照模型计算其所获得的光强。Phong 明暗处理的实现步骤如下。

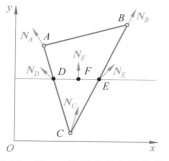

图 9-35 Phong 双线性法矢插值模型

（1）计算多边形顶点的平均法矢量。

$$\boldsymbol{N} = \frac{\sum\limits_{i=0}^{n-1} \boldsymbol{N}_i}{\left| \sum\limits_{i=0}^{n-1} \boldsymbol{N}_i \right|} \qquad (9\text{-}31)$$

式中,$\boldsymbol{N}_i$ 为共享顶点的多边形面片的法矢量(如图 9-28 所示);$\boldsymbol{N}$ 为平均法矢量。

（2）线性插值计算多边形内部各点的法矢量。

在图 9-35 中,三角形的顶点坐标为 $A(x_A, y_A)$,法矢量为 $\boldsymbol{N}_A$;$B(x_B, y_B)$,法矢量为 $\boldsymbol{N}_B$;$C(x_C, y_C)$,法矢量为 $\boldsymbol{N}_C$。任意一条扫描线与三角形边 AC 的交点为 $D(x_D, y_D)$,法矢量为 $\boldsymbol{N}_D$;与边 BC 的交点为 $E(x_E, y_E)$,法矢量为 $\boldsymbol{N}_E$;$F(x_F, y_F)$ 为 DE 内的任意一点,法矢量为 $\boldsymbol{N}_F$。

Phong 明暗处理是根据三角形顶点 A、B、C 的法矢量进行双线性插值计算三角形内点 F 的法矢量。

边 AC 上任意一点 D 的法矢量 N_D，可由 A 点的法矢量 N_A 与 C 点的法矢量 N_C 使用拉格朗日线性插值得到

$$N_D = (1-t)N_A + tN_C, \quad t \in [0,1] \tag{9-32}$$

边 BC 上任意一点 E 的法矢量 N_E，可由 C 点的法矢量 N_C 与 B 点的法矢量 N_B 使用拉格朗日线性插值得到

$$N_E = (1-t)N_B + tN_C, \quad t \in [0,1] \tag{9-33}$$

扫描线 DE 上 F 点的法矢量 N_F 可由 D 点的法矢量 N_D 与 E 点的法矢量 N_E 使用拉格朗日线性插值得到

$$N_F = (1-t)N_D + tN_E, \quad t \in [0,1] \tag{9-34}$$

(3) 对多边形内的每一点使用法矢量调用简单光照模型计算光强，然后再将光强分解为该点的 RGB 颜色。

从以上步骤可知，Phong 明暗处理可以产生正确的高光区域，解决了三角形网格之间颜色不连续过渡的问题。但是，Phong 明暗处理的主要缺点是既要通过三角形网格各顶点的法矢量来插值计算多边形内各点的法矢量，还要调用光照模型计算其光强，计算时间是 Gouraud 明暗处理的 6～8 倍。对于表 9-3 给出的"红宝石"材质的球面，取同样的光源位置与朝向，使用平面着色、Gouraud 光滑着色和 Phong 光滑着色绘制的单光源简单光照模型如图 9-36 所示。图 9-37 给出了使用两种明暗处理绘制的立方体光照效果图，可以看出 Phong 明暗处理正确绘制了高光。

(a) Flat　　　　　(b) Gouraud　　　　　(c) Phong

图 9-36　球面着色模式效果图

(a) Gouraud光照　　　　　(b) Phong光照

图 9-37　立方体光照效果

9.4 简单透明模型

简单透明模型是一个应用非常广泛的经验模型。假定制作一个立方体体心处内置一个球体的案例。设物体 A 为立方体，是透明度可控制的物体；物体 B 为球体，完全不透明，如图 9-38 所示。简单透明模型将物体 A 上各像素处的光强与其后的另一个物体 B 上相应像素处的光强作线性插值以确定物体 A 上各像素最终显示的光强。

$$I=(1-t)I_A+tI_B, \quad t \in [0,1] \tag{9-35}$$

式中，I_A 为物体 A 上某一像素的光强；I_B 为物体 B 上相应像素的光强；t 为透明度，其值通常取自 RGBA 模型的 alpha 分量。当 $t=1.0$ 时，物体 A 透明，可以完全看到物体 B；当 $t=0.0$ 时，物体 A 完全不透明，物体 B 被物体 A 遮挡。当 t 的取值位于区间[0,1]内时，如 $t=0.5$，物体的最终颜色是物体 A 的颜色与物体 B 的颜色的融合，即物体 A 的颜色与物体 B 的颜色各占 50%，如图 9-38 所示。绘制结果表明：如果物体 A 是透明的，透过物体 A 可以看到物体 B。

$$\begin{cases} I_R=(1-t)I_{AR}+tI_{BR} \\ I_G=(1-t)I_{AG}+tI_{BG} \\ I_B=(1-t)I_{AB}+tI_{BB} \end{cases} \tag{9-36}$$

式中 I_R、I_B、I_C 代表最终光强的红色、绿色和蓝色分量；I_{AR}、I_{AB}、I_{AC} 代表物体 A 光强的红色、绿色和蓝色分量；I_{BR}、I_{BB}、I_{BC} 代表物体 B 光强的红色、绿色和蓝色分量。

透明度的变化效果图如图 9-39 所示。简单透明模型的优点是计算简单，但只能模拟透明效果，不能模拟光的折射效果。计算机图形学中也常用简单透明模型模拟雾(fog)效果，使远处的物体看上去逐渐变得模糊，从而增加了场景的真实感，这称为景深处理(depth cueing)。雾的颜色由式(9-37)计算

$$C=(1-f)C_f+fC_o, \quad f \in [0,1] \tag{9-37}$$

式中，C_f 是雾的颜色；C_o 是被观察对象本身的颜色；f 是一个到观察者距离递减的函数，称为雾因子。当观察者距离对象越远，雾的颜色越浓，而对象自身的颜色越淡，此时对象看起来像消失在雾里。通常情况下，雾因子 f 可以看成是距离的线性函数、指数函数或高斯函数。Utah 茶壶的雾效果如图 9-40 所示。

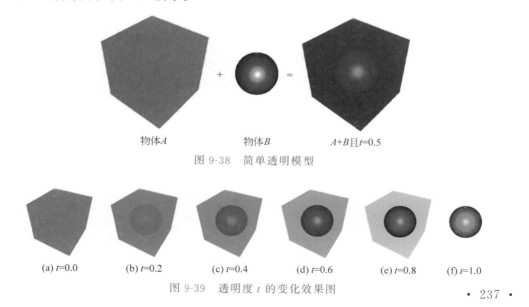

物体A　　　　　物体B　　　　$A+B$且$t=0.5$

图 9-38 简单透明模型

(a) $t=0.0$　　(b) $t=0.2$　　(c) $t=0.4$　　(d) $t=0.6$　　(e) $t=0.8$　　(f) $t=1.0$

图 9-39 透明度 t 的变化效果图

图 9-40 Utah 茶壶的雾效果

9.5 简单阴影模型

自然界中,物体只要受到光照,就会产生阴影。阴影效果对增强场景的真实感有着非常重要的作用,阴影可以反映物体之间的相对位置,增强场景的立体感和层次感。图 9-41(a)中,球体无阴影,单纯从画面上无法确定球体与地面的相对位置,球体可能悬浮在画面的任何位置;图 9-41(b)和图 9-41(c)中加入了阴影,为球体与地面之间的相对位置提供了信息,可以明显看出,图 9-41(b)中球体悬浮于地面之上,而图 9-41(c)中,球体正好搁在了地面上。

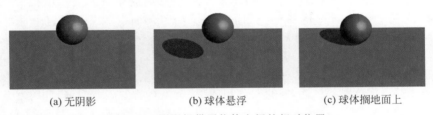

(a) 无阴影   (b) 球体悬浮   (c) 球体搁地面上

图 9-41 阴影提供了物体之间的相对位置

阴影是由于物体截断了光线而产生的,如果光源位于物体的一侧,阴影总是位于物体的另一侧,也就是与光源相反的一侧。如果视点与光源在同一方向上,得不到光照的阴影面同时又是看不到的隐藏面,不会产生阴影。为了减少阴影计算的工作量,常假定视点位于光源的位置。如果视点与光源不在同一方向上,那些从视点看过去是可见的,而从光源看过去是不可见的面,落在阴影区域之内。对于物体的表面,如果在阴影区域内部,则该表面的光强就只有环境光一项;否则就用正常的光照模型计算光强。对于单点光源,阴影算法与隐面算法相似。隐面算法确定哪些表面从视点看过去是不可见的,而阴影算法确定哪些表面从光源看过去是不可见的。从光源位置看过去不可见的区域就是阴影区域。计算阴影相当于两次消隐过程。

在单点光源的照射下,阴影分为自身阴影与投射阴影。图 9-42 中假设单点光源位于立方体左上方的无穷远处,视点位于立方体正前方。这时产生的阴影包括两个部分:一部分是由于物体自身的遮挡而使光线照射不到它的某些表面产生自身阴影;另一部分是由于不透明的物体遮挡光线使得位于物体另一侧的区域受不到光照而形成投射阴影。

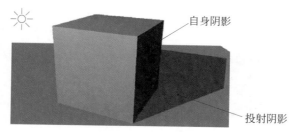

图 9-42　阴影的分类

1978 年，Atherton 等人提出了阴影多边形算法[27]，在这个算法中第一次提出用隐面算法来生成阴影。绘制自身阴影与投射阴影图形的算法如下。

（1）根据视点原来的观察位置，对物体实施隐面算法，使用正常的光照模型计算光强来绘制可见表面。

（2）将视点移到光源的位置。从光源处向物体所有背光面投射光线，建立光线的参数方程，计算该光线与投影面（地面）的交点，使用深灰色填充交点所构成的阴影多边形，形成投射阴影。若选用简单光照模型，对于背光面，由于得不到光源的直接照射，只有环境光对其光强有贡献。

9.6　本 章 小 结

本章重点讲解了如何为三维物体的表面添加材质以及使用点光源照射后生成真实感图形的方法，同时也简单介绍了透明模型和阴影模型的制作方法。简单光照模型是一种经验模型，认为材质的漫反射光反射率 k_d 决定着物体的颜色，镜面高光只反映光源的颜色。由于简单光照模型认为镜面反射率与物体表面的材质无关，这使得物体看上去更像塑料。为了实现曲面体的光滑着色，常采用 Gouraud 明暗处理或 Phong 明暗处理。Gouraud 明暗处理是根据多边形的顶点的光强，使用双线性插值算法计算多边形内每一点的光强；Phong 明暗处理是根据多边形顶点的法矢量，使用双线性插值算法计算多边形内每一点的法矢量后，才调用光照模型计算该点的光强。Phong 模型的渲染时间是 GouraudShader 的 $1 \sim 2$ 倍。由于 Phong 模型计算多边形内每一点的光强，如果材质属性取自一幅图像，就可以为物体添加纹理效果，因此 Phong 模型是主流着色算法，下一章讲解基于 Phong 模型的纹理映射。

习 题 9

1. 计算机图形学中有两种重要的原色混合系统，图 9-43 所示为 RGB（红绿蓝）加色系统，图 9-44 所示为 CMY（青品红黄）减色系统。两种系统中的原色互为补色，使用 MFC 编程绘制。

2. 建立如图 9-45 所示的 RGB 立方体模型，使用透视投影制作 RGB 立方体表面模型的旋转动画，立方体使用背面剔除算法消隐，效果如图 9-46 所示。

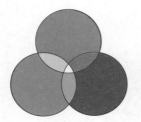

图 9-43　RGB 加色系统

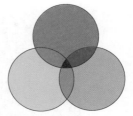

图 9-44　CMY 减色系统

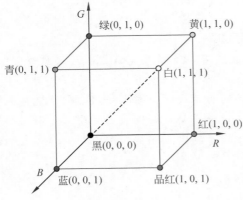

图 9-45　RGB 颜色模型

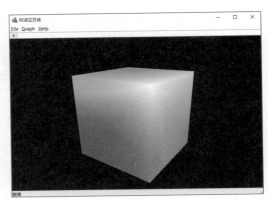

图 9-46　RGB 立方体光滑着色模型

3. 建立 HSV 圆锥的几何模型。圆锥顶点的颜色为黑色,底面的颜色分别设置为红色、黄色、绿色、青色、蓝色和品红,圆锥底面中心的颜色为白色,如图 9-47 所示。使用双线性插值公式绘制 HSV 圆锥光滑着色模型消隐后的旋转动画,效果如图 9-48 所示。

图 9-47　HSV 几何模型

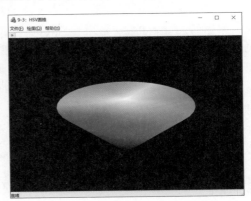

图 9-48　HSV 颜色模型

4. 设球体的材质为"红宝石",双光源位于球体前面的"左上方"和"右下方"位置。使用中点 Bresenham 算法绘制颜色渐变直线。制作球体线框模型的光照三维动画,效果如图 9-49 所示。

5. 建立图 9-50 所示的三维五角星的线框几何模型,5 个角点的颜色全部设置为红色,五角星表面上下中心点处的颜色设为白色,使用 Gouraud 明暗处理算法填充五角星。编程绘制图 9-51 所示的五角星旋转动画。

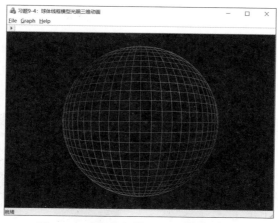

图 9-49 球体线框模型双光源照射动画

图 9-50 三维五角星线框模型

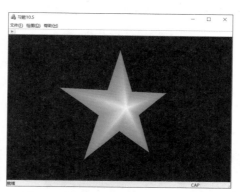

图 9-51 三维五角星表面模型效果图

6. 绘制如图 9-52 所示的立方体透视消隐表面模型。使用单点光源对立方体进行照射，明暗处理模型选为 Phong。选择不同颜色的光源，为立方体选择不同颜色的材质，演示光源与材质的交互作用光照效果。

7. 绘制如图 9-53 所示的正二十面体透视消隐模型。使用单点光源进行照射，明暗处理模型选为 Gouraud。选择不同颜色的光源和材质，演示光源和材质的交互作用光照效果。

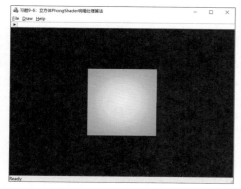

图 9-52 立方体光照效果图

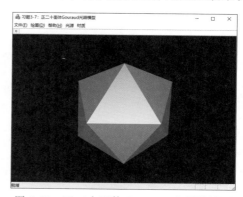

图 9-53 正二十面体 Gouraud 光照效果图

8. 设球面材质为"银",使用双点光源照射,请绘制如图 9-54 所示的银质球面 Phong 明暗处理光照模型。

9. "白光"单点光源位于圆环正前方,圆环材质为"金",请使用 Gouraud 明暗处理绘制圆环真实感图形,效果如图 9-55 所示。

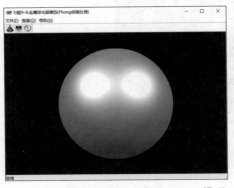

图 9-54 "银"质球面的双光源 Phong 模型

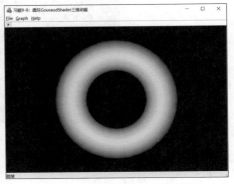

图 9-55 圆环 Gouraud 光照模型

*10. 在 Bucky 球的基础上绘制足球的光照模型,如图 9-56 所示。

11. 建立圆锥面的三维模型,对圆锥面使用 Phong 明暗处理施加光照并制作图 9-57 所示的圆锥面阴影。

图 9-56 光照足球

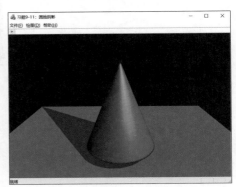

图 9-57 圆锥阴影

第 10 章　纹 理 映 射

计算机图形学中的纹理(texture)一词通常是指物体表面细节。现实世界中的物体表面具有丰富的纹理细节,人们正是依据这些纹理细节来区分各种具有相同形状的物体。图 10-1(a)所示的空白场景包括 3 个空白区域用于绘制窗户、砖墙和门。事实上,不必采用几何方法建立窗户、砖墙和门的几何模型,而是采用直接将窗户、砖墙和门 3 幅图像映射到场景中,如图 10-1(b)所示。纹理映射方法既节省了造型的工作量,又提高了场景的真实感,同时也加快了计算机处理效率。

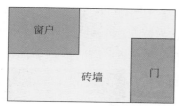

(a) 空白场景　　　　　　　(b) 纹理映射场景

图 10-1　为场景添加纹理细节

10.1　纹理的定义

为三维物体表面添加纹理的技术称为纹理映射(texture mapping)。纹理映射是将纹理空间(texture space)的二维坐标(u,v)映射为物体空间(object space)的三维坐标(x,y,z),再进一步映射为图像空间(image space)的二维坐标(x,y)的过程,如图 10-2 所示。

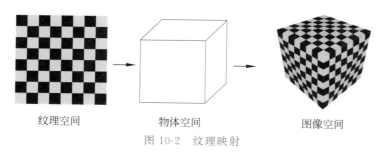

纹理空间　　　　　　物体空间　　　　　　图像空间

图 10-2　纹理映射

对于包含单点光源的简单光照模型,当什么属性发生改变时,可以产生纹理效果呢?单光源简单光照模型的计算公式为

$$I = k_a I_a + f(d)[k_d I_p \max(\boldsymbol{L} \cdot \boldsymbol{N},0) + k_s I_p \max(\boldsymbol{H} \cdot \boldsymbol{N},0)^n] \tag{10-1}$$

式中,k_a 为材质的环境光反射率;I_a 为来自周围环境的光强;d 为点光源位置到物体顶点的距离;k_d 为材质的漫反射光反射率,简称漫反射率;k_s 为材质的镜面光反射率;I_p 为入射光光强;$\boldsymbol{L}$ 为单位光矢量;$\boldsymbol{N}$ 为单位法矢量;$\boldsymbol{H}$ 为平分单位矢量;n 为高光指数。

根据上式计算物体表面上任意一点的光强 I 时,需要确定物体表面的单位光矢量 L、单位法矢量 N 以及材质的反射率 k_d。当光源和视点的位置不变时,单位光矢量 L 和 H 是定值。影响光强的只有漫反射率 k_d 和单位法矢量 N。

1974 年,Catmull 首先采用二维图像来定义物体表面材质的漫反射率 k_d,这种纹理被称为颜色纹理[25]。1978 年,Blinn 提出了在光照模型中适当扰动物体表面的单位法矢量 N 的方向产生表面凹凸效果的方法,被称为几何纹理[28]。上述两类纹理是最常用的纹理类型。

颜色纹理映射可以有两种实现方法,一种方法是直接用纹理的颜色替代物体表面的颜色。在这种情况下,可以不进行光照计算。另一种方法是纹理数据参加光照计算,物体表面的纹理会显示出光照效果。在后一种方法中,物体的漫反射光从任何角度观察都是相同的,由于这一与视点无关的性质,漫反射光对表面的贡献可以用纹理附加到表面上来刻画。有时纹理数据会影响到镜面反射光颜色,而镜面反射光的颜色是由光源颜色决定的,与物体本身材质颜色无关。处理方法是先将镜面反射光分离出来,然后通过设置材质漫反射率 k_d 完成纹理映射后,才将镜面反射光分量叠加上去,如图 10-3 所示。

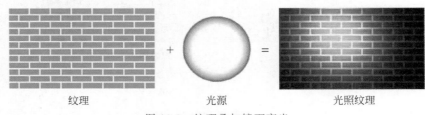

纹理　　　　　　　　光源　　　　　　　　光照纹理

图 10-3　纹理叠加镜面高光

10.2　颜色纹理

在简单光照模型中,可以通过设置材质的漫反射率 k_d 来控制物体的颜色。前面由于假设 k_d 为一常数,只能生成颜色单一的光滑着色表面。现实世界中的物体表面通常具有不同的纹理细节,如大理石表面和木质家具表面呈现出清晰的自然纹理,商品包装盒上印有的各种装饰性图案,如图 10-4 所示。在上述情形中,物体表面各点的颜色依据纹理图案呈现有序的分布,k_d 不再是常数,而是逐点变化。这种通过颜色变化表现出来的表面细节,称为颜色纹理。颜色纹理难以直接构造,常采用函数纹理(连续纹理)或图像纹理(离散纹理)来描述。为了使映射在物体表面的颜色纹理不因物体位置的改变而漂移,需要将颜色纹理绑定到物体相应的表面上,即建立物体空间坐标 (x,y,z) 与纹理空间坐标 (u,v) 之间的对应关系,这相当于对物体表面进行参数化。

10.2.1　函数纹理

二维纹理一般定义在单位正方形区域$(0 \leqslant u \leqslant 1, 0 \leqslant v \leqslant 1)$之上,称为纹理空间。理论上,任何定义在此空间内的函数都可以作为函数纹理,实际应用中,常采用一些特殊的函数来模拟现实世界中存在的纹理,例如国际象棋棋盘函数纹理、粗布函数纹理[12]等。

(a) 大理石   (b) 木纹   (c) 包装盒

图 10-4   纹理素材

1. 国际象棋棋盘函数纹理

$$g(u,v)=\begin{cases}a, & \lfloor u\times 8\rfloor+\lfloor v\times 8\rfloor\text{为偶数}\\ b, & \lfloor u\times 8\rfloor+\lfloor v\times 8\rfloor\text{为奇数}\end{cases}$$ (10-2)

式中，a 和 b 是归一化后的颜色分量，$0\leqslant a<b\leqslant 1$；$\lfloor x\rfloor$ 表示不大于 x 的最大整数。

式(10-2)的函数纹理模拟了国际象棋棋盘的黑白相间方格，如图 10-5 所示。

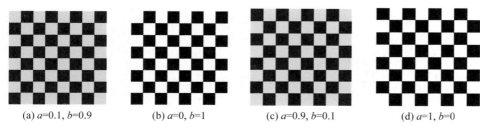

(a) $a=0.1, b=0.9$ (b) $a=0, b=1$ (c) $a=0.9, b=0.1$ (d) $a=1, b=0$

图 10-5   国际象棋棋盘函数纹理

2. 粗布函数纹理

$$f(u,v)=A(\cos(pu)+\cos(qv))$$ (10-3)

式中，A 为 $[0,1]$ 上的随机变量；p,q 为频率系数。

式(10-3)模拟了粗布纹理，如图 10-6 所示。

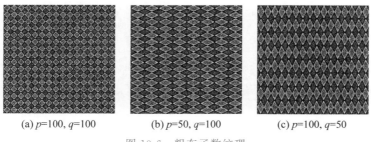

(a) $p=100, q=100$ (b) $p=50, q=100$ (c) $p=100, q=50$

图 10-6   粗布函数纹理

3. 立方体表面函数纹理映射

立方体表面函数纹理映射的变换矩阵为

$$[x \quad y \quad z]=[u \quad v \quad 1]\cdot\begin{bmatrix}A & D & G\\ B & E & H\\ C & F & I\end{bmatrix}$$ (10-4)

根据物体空间与纹理空间的对应关系，可以计算出变换矩阵中的参数 $A\sim I$，代入透视变换就可以将纹理绑定到立方体表面上。

设纹理空间如图 10-7 所示,动态旋转立方体的一个表面如图 10-8 所示。

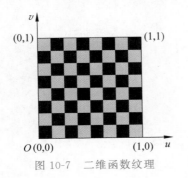

图 10-7　二维函数纹理

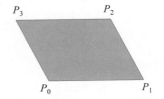

图 10-8　立方体的一个三维表面

为了建立对应关系,先展开式(10-4)

$$\begin{cases} x = Au + Bv + C \\ y = Du + Ev + F \\ z = Gu + Hv + I \end{cases} \tag{10-5}$$

选择图 10-8 立方体表面的 P_0、P_1 和 P_2 顶点的 (x,y,z) 坐标和图 10-7 中对应的 (u,v) 坐标,可以计算出式(10-5)中的参数 $A \sim I$。

对于三维物体空间的 P_0、P_1 和 P_2 这 3 个顶点,其相应的纹理空间的 u,v 值分别为 $(0,0)$、$(1,0)$、$(1,1)$。代入式(10-5),有

$$\begin{cases} P_0.x = C \\ P_0.y = F, \\ P_0.z = I \end{cases} \quad \begin{cases} P_1.x = A + C \\ P_1.y = D + F, \\ P_1.z = G + I \end{cases} \quad \begin{cases} P_2.x = A + B + C \\ P_2.y = D + E + F \\ P_2.z = G + H + I \end{cases}$$

解得

$$\begin{cases} A = P_1.x - P_0.x \\ D = P_1.y - P_0.y, \\ G = P_1.z - P_0.z \end{cases} \quad \begin{cases} B = P_2.x - P_1.x \\ E = P_2.y - P_1.y, \\ H = P_2.z - P_1.z \end{cases} \quad \begin{cases} C = P_0.x \\ F = P_0.y \\ I = P_0.z \end{cases}$$

将立方体表面上的一点 $P(x,y,z)$ 表达为 (u,v) 的参数形式,解得

$$P = (P_1 - P_0)u + (P_2 - P_1)v + P_0 \tag{10-6}$$

在透视变换之前,按照式(10-6)计算表面的参数化三维坐标,然后将所得的每个点代入透视变换矩阵,便可以将(10-2)给出的国际象棋棋盘函数纹理绑定到立方体表面上,光照效果如图 10-9(a)所示。类似地,将式(10-3)给出的粗布函数纹理映射到立方体表面上,光照效果如图 10-9(b)所示。

4. 圆柱面函数纹理映射

高度为 h、截面半径为 r、三维坐标系原点位于底面中心的圆柱面参数方程为

$$\begin{cases} x = r\cos\theta \\ y = h\varphi \quad, \quad 0 \leqslant \theta \leqslant 2\pi \text{ 且 } 0 \leqslant \varphi \leqslant 1 \\ z = r\sin\theta \end{cases} \tag{10-7}$$

圆柱面侧面展开图是长方形,通过下述线性变换将纹理空间 $[0,1] \times [0,1]$ 与物体空间 $[0,2\pi] \times [0,1]$ 等同起来,如图 10-10 所示。

(a)国际象棋棋盘函数纹理

(b)粗布函数纹理

图 10-9　立方体函数纹理映射

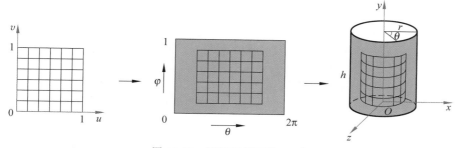

图 10-10　圆柱面侧面的 uv 化

$$u = \frac{\theta}{2\pi}, \quad v = \varphi \qquad (10\text{-}8)$$

圆柱面的 uv 化表示为

$$\begin{cases} x = r\cos(2\pi u) \\ y = hv \\ z = r\sin(2\pi u) \end{cases}, \quad 0 \leqslant u \leqslant 1 \text{ 且 } 0 \leqslant v \leqslant 1 \qquad (10\text{-}9)$$

将国际象棋棋盘函数纹理映射到圆柱面上,光照效果如图 10-11 所示。

5. 圆锥面函数纹理映射

高度为 h,底面半径为 r,三维坐标系原点位于底面中心的圆锥面参数方程为

$$\begin{cases} x = \left(1 - \dfrac{y}{h}\right)r\cos\theta \\ y = h\varphi \\ z = \left(1 - \dfrac{y}{h}\right)r\sin\theta \end{cases}, \quad 0 \leqslant \theta \leqslant 2\pi \text{ 且 } 0 \leqslant \varphi \leqslant 1 \qquad (10\text{-}10)$$

圆锥面侧面展开图是扇形,通过下述线性变换将纹理空间 $[0,1] \times [0,1]$ 与物体空间 $[0,2\pi] \times [0,1]$ 等同起来。

$$(u, v) = \left(\frac{\theta}{2\pi}, \varphi\right) \qquad (10\text{-}11)$$

圆锥面的 uv 化表示为

$$\begin{cases} x = \left(1 - \dfrac{y}{h}\right)r\cos(2\pi u) \\ y = hv \\ z = \left(1 - \dfrac{y}{h}\right)r\sin(2\pi v) \end{cases}, \quad 0 \leqslant u \leqslant 1 \text{ 且 } 0 \leqslant v \leqslant 1 \qquad (10\text{-}12)$$

将国际象棋棋盘函数纹理映射到圆锥面上,光照效果如图 10-12 所示。

图 10-11　圆柱面函数纹理映射　　　　图 10-12　圆锥面函数纹理映射

6. 球面函数纹理映射

球心位于三维坐标系原点,半径为 r 的球面参数方程为

$$
\begin{cases}
x = r\sin\alpha\sin\beta \\
y = r\cos\alpha \\
z = r\sin\alpha\cos\beta
\end{cases}, \quad 0 \leqslant \alpha \leqslant \pi \text{ 且 } 0 \leqslant \beta \leqslant 2\pi \tag{10-13}
$$

球面是二次曲面,通过下述线性变换将纹理空间 $[0,1] \times [0,1]$ 与物体空间 $[0,2\pi] \times [0,\pi]$ 等同起来。

$$
(u,v) = \left(\frac{\beta}{2\pi}, \frac{\alpha}{\pi} \right) \tag{10-14}
$$

球面的 uv 化表示为

$$
\begin{cases}
x = r\sin(\pi v)\sin(2\pi u) \\
y = r\cos(\pi v) \\
z = r\sin(\pi v)\cos(2\pi u)
\end{cases}, \quad 0 \leqslant u \leqslant 1 \text{ 且 } 0 \leqslant v \leqslant 1 \tag{10-15}
$$

将国际象棋棋盘函数纹理映射到球面上,光照效果如图 10-13 所示。

7. 圆环面函数纹理映射

圆环中心位于三维坐标系原点,半径为 r_1 和 r_2 的圆环面参数方程为

$$
\begin{cases}
x = (r_1 + r_2\sin\beta)\sin\alpha \\
y = r_2\cos\beta \\
z = (r_1 + r_2\sin\beta)\cos\alpha
\end{cases}, \quad 0 \leqslant \alpha \leqslant 2\pi \text{ 且 } 0 \leqslant \beta \leqslant 2\pi \tag{10-16}
$$

圆环面是二次曲面,通过下述线性变换将纹理空间 $[0,1] \times [0,1]$ 与物体空间 $[0,2\pi] \times [0,2\pi]$ 等同起来。

$$
(u,v) = \left(\frac{\beta}{2\pi}, \frac{\alpha}{2\pi} \right) \tag{10-17}
$$

圆环面的 uv 化表示为

$$
\begin{cases}
x = (r_1 + r_2\sin(2\pi u))\sin(2\pi v) \\
y = r_2\cos(2\pi u) \\
z = (r_1 + r_2\sin(2\pi u))\cos(2\pi v)
\end{cases}, \quad 0 \leqslant u \leqslant 1 \text{ 且 } 0 \leqslant v \leqslant 1 \tag{10-18}
$$

将国际象棋棋盘函数纹理映射到圆环面上,光照效果如图 10-14 所示。

图 10-13　球面函数纹理映射　　　　　　　　图 10-14　圆环面函数纹理映射

10.2.2　图像纹理

函数纹理是使用数学方法定义的简单二维纹理图案,这种纹理规则而单调。为了增强纹理的表现力,一个自然的想法是将一幅来自数字照相机的二维图像(图像格式为 BMP、TGA、RAW 等)作为纹理映射到物体上。图像纹理映射需要建立物体表面上每一采样点与已知图像纹理上各点(称为纹素,texel)的对应关系,取图像纹理上点的颜色值作为物体表面上采样点的颜色值,然后采用光照模型计算该点处的光强。例如,对物体表面进行图像纹理映射时,首先将相应的图像信息读入二维数组中,然后将二维图像纹理绑定到三维物体上。图像纹理映射既可以采用将图像纹理绑定到物体顶点上的方式实现也可以采用将图像纹理绑定到物体每个表面上的方式实现。前者一般用于曲面体表面上只映射单幅图像,仅需正确处理图像接缝就可使包裹物体的纹理闭合,后者一般用于多面体表面上需映射多幅图像。对于立方体的图像纹理映射,如果每个表面映射一幅图像,共需 6 幅图像纹理,一般采用绑定到表面上的方式实现。

在游戏开发中,天空常使用天空盒来表示。将如图 10-15 所示的 6 幅图像纹理依次映射到立方体的各个表面上构成天空盒,天空盒展开如图 10-16 所示,天空盒立体效果如

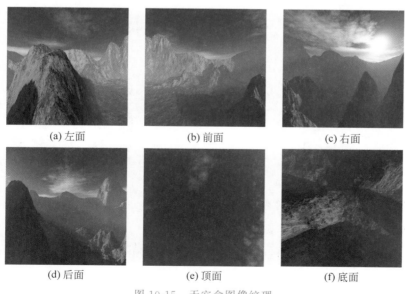

(a) 左面　　　　　　　　(b) 前面　　　　　　　　(c) 右面

(d) 后面　　　　　　　　(e) 顶面　　　　　　　　(f) 底面

图 10-15　天空盒图像纹理

图 10-17 所示,这里使用的是直接用图像纹理的颜色替代物体表面的颜色,并没有进行光照处理。显然,制作天空盒时,需要正确绑定纹理的方位和顺序。

图 10-16　天空盒展开图　　　　　　　　图 10-17　立方体图像纹理映射效果图

　　圆柱面、圆锥面、球面和圆环面等曲面体常使用一幅图像就可以实现图像纹理映射,一般采用绑定到物体顶点上的方式实现,并使用 Phong 明暗处理施加光照。圆柱面图像纹理映射光照效果如图 10-18 所示。圆锥面图像纹理映射光照效果如图 10-19 所示。球面图像纹理映射光照效果如图 10-20 所示。圆环面图像纹理映射光照效果如图 10-21 所示。

图 10-18　圆柱面图像纹理映射　　　　　　图 10-19　圆锥面图像纹理映射

图 10-20　球面图像纹理映射　　　　　　　图 10-21　圆环面图像纹理映射

10.3　三维纹理

　　前面介绍的二维纹理映射对于增强图形的真实感起着重要的作用,但是,由于纹理是二维的,而物体是三维的,很难在物体表面的连接处做到纹理自然过渡,这会降低纹理的真实感。假如在三维物体空间中，物体上的每一个点 $P(x,y,z)$ 均有一个纹理值 $t(x,y,z)$，其值由函数纹理唯一确定。那么对于物体上的空间点，就可以映射到一个定义了函数纹理的三维空间上了。由于三维纹理空间与物体空间维数相同，在进行纹理映射时，只需把场景中的物体变换到纹理空间即可。

1985 年，Peachey 用一种简单的规则三维函数纹理首次成功地模拟了木制品的纹理效果[29]。其基本思想是采用一组共轴圆柱面来定义三维函数纹理，即把位于相邻圆柱面之间的函数纹理值交替地取为明和暗。这样物体上任意一点的函数纹理值可根据它到圆柱轴线所经过的圆柱面个数的奇偶性而取为明和暗。共轴圆柱面的横截面如图 10-22 所示。

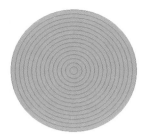

图 10-22　共轴圆柱面的横截面

上述定义的木纹函数过于规范，Peachey 引入了 3 个简单的操作来克服这一缺陷。

（1）扰动（perturbing）：对共轴圆柱面的半径进行扰动。扰动量可以为正弦函数或其他可描述木纹与正规圆柱面偏离量的任何函数。

（2）扭曲（twisting）：在圆柱轴向加一个扭曲量。

（3）倾斜（tilting）：将圆柱面圆心沿木块的截面倾斜。

取共轴圆柱面的轴向为 y 轴，横截面为 x 和 z 轴，如图 10-23 所示。则对于半径为 r_1 的圆柱面，参数方程为

$$r_1 = \sqrt{x^2 + z^2} \tag{10-19}$$

若使用 $2\sin(\alpha\theta)$ 作为木纹的不规则生长扰动函数，并在 y 轴方向附加 $\dfrac{y}{b}$ 的扭曲量，得到

$$r_2 = r_1 + 2\sin\left(a\theta + \frac{y}{b}\right) \tag{10-20}$$

式中，a、b 为常数；$\theta = \cot\left(\dfrac{x}{z}\right)$。

上式即为原半径 r_1 的圆柱面经变形后的表面方程，最后使用三维几何变换将纹理倾斜一个角度。取 $a=20,b=150$ 时，绘制的光照长方体木纹纹理如图 10-24 所示。可以看出在公共边界处，木纹纹理具有连续性，这是使用 6 幅二维纹理图像拼接而难以完成的。事实上，图 10-16 是一种图像三维纹理。

图 10-23　共轴圆柱面坐标系

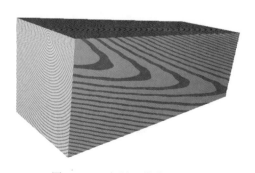

图 10-24　光照三维木纹纹理

10.4　几何纹理

颜色纹理描述了光滑物体表面上各点的颜色分布,现实世界中还存在另一类物体表面如橘子皮、树皮、混凝土墙面等凹凸不平的表面。虽然也可以将拍摄到的凹凸表面图像作为颜色纹理映射到相应的物体表面以增加真实感,但却无法真实再现凹凸不平的表面。1978年 Blinn 提出一种无须修改表面几何模型,即能模拟表面凹凸不平效果的有效方法,称为几何(凹凸)纹理映射(bump mapping)技术。在游戏开发中,几何纹理可以模拟需要使用许多多边形才能描述的特征,如角色衣服的褶痕、肌肉的组织等。

几何纹理的基本思想是用简单光照模型计算物体表面的光强时,对物体表面的法矢量的方向进行微小扰动,导致表面光强的突变,产生凹凸不平的真实感效果。

10.4.1　参数曲面的定义

一张定义在矩形域上的参数曲面可以表示为

$$\begin{cases} x = x(u,v) \\ y = y(u,v), \quad 0 \leqslant u \leqslant 1 \text{ 且 } 0 \leqslant v \leqslant 1 \\ z = z(u,v) \end{cases} \tag{10-21}$$

假定曲面上的点为 $P(u_0, v_0)$,该点的切矢量为参数曲面的偏导数 $P_u(u_0, v_0) = \dfrac{\partial P(u,v)}{\partial u}\bigg|_{\substack{u=u_0 \\ v=v_0}}$, $P_v(u_0, v_0) = \dfrac{\partial P(u,v)}{\partial v}\bigg|_{\substack{u=u_0 \\ v=v_0}}$。该点处的法矢量为 $N(u_0, v_0) = \dfrac{\partial P(u,v)}{\partial u}\bigg|_{\substack{u=u_0 \\ v=v_0}} \times \dfrac{\partial P(u,v)}{\partial v}\bigg|_{\substack{u=u_0 \\ v=v_0}}$,如图 10-25 所示。

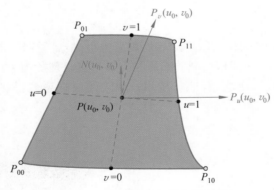

图 10-25　曲面的切矢量与法矢量

10.4.2　映射原理

定义一个连续可微的扰动函数 $B(u,v)$,对理想光滑表面作不规则的微小扰动。物体表面上的每一个点 $P(u,v)$ 都沿该点处的法矢量方向位移 $B(u,v)$ 个单位长度,新的表面位置变为

$$P'(u,v) = P(u,v) + B(u,v) \frac{N}{|N|} \tag{10-22}$$

式(10-22)的几何意义如图 10-26 所示。对如图 10-26(a)所示的光滑表面,使用如图 10-26(b)所示的函数进行扰动后,结果如图 10-26(c)所示。

(a)光滑表面

(b)扰动函数

(c)扰动后的表面

图 10-26 几何纹理映射

令

$$n = \frac{N}{|N|}$$

有

$$P' = P + Bn \tag{10-23}$$

新表面的法矢量可以通过两个偏导数的叉积得到,即

$$N' = P'_u \times P'_v \tag{10-24}$$

$$P'_u = \frac{\partial(P + Bn)}{\partial u} = P_u + B_u n + Bn_u \tag{10-25}$$

$$P'_v = \frac{\partial(P + Bn)}{\partial v} = P_v + B_v n + Bn_v \tag{10-26}$$

由于粗糙表面的凹凸高度相对于表面尺寸一般要小得多,因而 B 很小,可以忽略不计。有

$$N' \approx (P_u + B_u n) \times (P_v + B_v n)$$

$$N' \approx P_u \times P_v + B_u(n \times P_v) + B_v(P_u \times n) + B_u B_v(n \times n)$$

由于 $n \times n = 0$,且 $N = P_u \times P_v$,有

$$N' \approx N + B_u(n \times P_v) + B_v(P_u \times n) \tag{10-27}$$

令

$$A = n \times P_v, \quad C = n \times P_u$$

令

$$D = B_u(n \times P_v) - B_v(n \times P_u) = B_u A - B_v C$$

则扰动后的法矢量为

$$N' = N + D \tag{10-28}$$

式(10-28)中,第一项为原光滑表面上任意一点的法矢量,而第二项为扰动矢量。这意味着,光滑表面的法矢量 N 在 u 和 v 方向上被扰动函数 B 的偏导数所修改,得到 N',如图 10-27 所示。将法矢量 N' 规范化为单位矢量,可以用于计算物体表面的光强,以产生貌似凹凸不平的效果。"貌似"二字表示在物体的边缘上,仍然看不到真实的凹凸效果,只是光滑的轮廓而已。

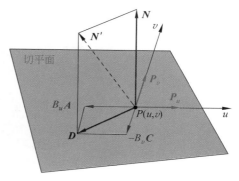

图 10-27 法矢量扰动的几何关系

10.4.3　几何纹理的分类

扰动函数既可以解析定义,也可以通过二维图像定义。根据定义 B_u 和 B_v 的不同方法,可以将几何纹理划分为偏移矢量几何纹理、高度场几何纹理等。

1. 偏移矢量几何纹理

偏移矢量几何纹理(offset vector bump map)技术是使用函数(如正弦函数)来定义 B_u 和 B_v 的。使用 B_u 和 B_v 值对小面顶点的法向进行扰动,小面内的法矢量使用双线性插值计算。正弦函数在球面上产生的几何纹理如图 10-28 所示。

2. 高度场几何纹理

高度场几何纹理(height field bump map)的 B_u 和 B_v 是使用灰度图像定义的。灰度图像中白色纹理表示高的区域,黑色纹理表示低的区域。高度场中的 B_u 和 B_v 需要使用中心差分计算,相邻列的差得到 B_u,相邻行的差得到 B_v。

$$\begin{cases} B_u = P(x_i+1,y_i) - P(x_i-1,y_i) \\ B_v = P(x_i,y_i+1) - P(x_i,y_i-1) \end{cases} \tag{10-29}$$

使用高度场图像制作的"博创研究所"文字几何纹理效果如图 10-29 所示。

图 10-28　正弦函数扰动产生的几何纹理　　　　图 10-29　高度场几何纹理

由前面的推导过程容易看出,几何纹理技术可以结合在 Phong 的法矢量插值过程中实现,即对通过插值获得的表面法向进行扰动,从而产生凹凸不平的效果。由于 Blinn 方法不计算扰动后物体表面各顶点的新位置,而是直接计算扰动后表面新的法矢量,该方法难以在物体的轮廓线上表现出凹凸不平的效果,如图 10-30(b)所示。为此,Cook 采用位移映射(displacement mapping)技术来克服上述缺陷。位移映射方法通过沿表面法向扰动物体表面上各个顶点的位置来模拟表面的粗糙不平的效果。Blinn 方法是在绘制时完成,而位移映射则是在建模时完成。几何纹理映射的轮廓线光滑,而位移映射的轮廓线粗糙,如图 10-30(b)所示。

(a) 几何纹理映射　　　　　　　　(b) 位移纹理映射

图 10-30　几何纹理映射与位移纹理映射的区别

10.5　纹理反走样简介

纹理映射是将纹理图像映射到不同大小的物体表面上。二维纹理图仿佛是一块橡胶，拉伸或者缩小后粘贴到弯曲的三维物体表面上，容易出现走样现象，人工痕迹非常明显。因此纹理映射一般都会结合一种反走样技术进行处理。纹理反走样是强制性的。

若投影得到的像素数目比原始纹理大，则需要把纹理图像放大；若投影得到的像素数目比原始纹理小，则需要把纹理图像缩小。对于立方体、圆柱体等物体，当纹素与像素相匹配时，可以实现一对一的映射。但实际映射过程中，经常会出现二者多少不匹配的情况。设纹素 (u, v) 用绿色正方形表示，屏幕像素 (x, y) 用黄色圆形表示，如图 10-31 所示。如果纹素少于像素，映射时需要对纹理进行放大操作，如图 10-32 所示；如果纹素多于像素，如图 10-33 所示，映射时需要对纹理进行缩小操作。

图 10-31　纹素和像素

图 10-32　纹素少于像素

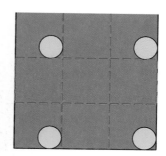

图 10-33　纹素多于像素

1. 放大操作

当将二维纹理映射到曲面物体上时，如球面、圆环面等，像素多于纹素，会产生严重的走样。应对该纹理进行放大操作，以便其与当前表面匹配。放大操作有最近采样点法和双线性插值法。

对于最近采样点法，像素映射为单一纹素，会生成块状图案。最有效的纹理反走样技术是双线性插值法[30]。对于一个屏幕像素，设其映射到纹理空间的坐标为 (u, v)，u 和 v 位于 $[0,1]$ 区间内，则物体空间中表面上一个像素的颜色 $c(u, v)$，可由纹理空间中坐标为 $c_0(i, j)$、$c_1(i+1, j)$、$c_2(i, j+1)$、$c_3(i+1, j+1)$ 的 4 个纹素的颜色来计算

$$c_a = (1-p)c_0 + pc_1 \tag{10-30}$$

$$c_b = (1-p)c_2 + pc_3 \tag{10-31}$$

$$c = (1-q)c_a + qc_b \tag{10-32}$$

双线性插值过程如图 10-34 所示。图 10-35(a)是使用最近采样点法绘制的球面纹理，局部放大后可以看到图像纹理被拉伸，出现严重的锯齿，图像质量不高，如图 10-35(b)所示。图 10-36(a)是使用双线性插值法绘制的球面纹理，局部放大后可以看到每个像素都是 4 个纹素的插值，不会出现像素不连续的情况，提高了图像质量，如图 10-36(b)所示。双线性插值法可能会使图像在一定程度上变得模糊，实践已经证明，双线性插值法对于放大比例较小的情况是完全可以接受的。

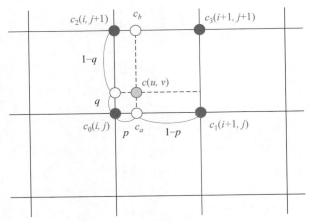

图 10-34 双线性插值示意图

(a) 完整球面　　　　　　　　　(b) 局部放大图
图 10-35 反走样前的球面光照纹理效果图

(a) 完整球面　　　　　　　　　(b) 局部放大图
图 10-36 反走样后的球面光照纹理效果图

2. 缩小操作

图 10-33 中的黄点表示投影至纹理空间中的像素。投影的表面远小于纹理图像,像素稀疏地散落在纹理图中,此时需要对该纹理进行缩小操作。观察图 10-37 所示的黑白纹理图,如果像素位于黑色区域,则映射结果为黑色,否则为白色。此时,若使用最近点采样法,在远离视点之处会产生摩尔纹,常采用 Mipmaping 纹理链技术来解决。

1983年，Williams 提出了 Mipmapping 技术，也称为图像金字塔的纹理映射技术[31]。Mipmap 源自拉丁文的 multum in parvo，意为在一个小地方有许多东西。Mipmapping 预先定义了一组优化过的图像：从原始图像出发，依次降低图像的分辨率。如果图像宽度为 w，则 Mipmap 纹理链的级别为

$$n = \mathrm{lb} w \tag{10-33}$$

图 10-38 中原始图像的分辨率为 512，定义了 9 级 Mipmap 纹理链。从原始分辨率的 Mipmap 图像宽度和高度减半，逐级生成低分辨率的 Mipmap 图像。原始图像 Mipmap1 的分辨率为 512×512，Mipmap2 为 256×256，Mipmap3 为 128×128，Mipmap4 为 64×64，Mipmap5 为 32×32，Mipmap6 为 16×16，Mipmap7 为 4×4，Mipmap8 为 2×2，Mipmap9 为 1×1（单像素图）。Mipmap 中的图像的宽度和高度一般要相等。但都需要是 2^n，最低分辨率为 1×1。

图 10-37　黑白纹理

一般而言，屏幕像素内可见表面在纹理平面的映射区域为一个不规则的曲边四边形区域，d 值的选取应使得在纹理平面上以 (u,v) 为中心，d 为边长的正方形尽可能地覆盖屏幕像素的实际映射区域，从而可取该正方形内的平均纹理颜色值作为屏幕像素实际映射区域的平均纹理颜色的近似值。在实际处理时，可取 d 为屏幕像素在纹理平面上映射区域的最大边长。

$$d = \max \left[\sqrt{\left(\frac{\partial u}{\partial x}\right)^2 + \left(\frac{\partial v}{\partial x}\right)^2}, \sqrt{\left(\frac{\partial u}{\partial y}\right)^2 + \left(\frac{\partial v}{\partial y}\right)^2} \right] \tag{10-34}$$

Mipmapping 技术一般是与 LOD 技术一起配合使用的。LOD 针对的是模型的细分，而 Mipmap 针对的是纹理细分。根据物体区域直径 d，将分辨率大的图像映射到离视点近的物体上，将分辨率小的图像映射到离视点远的物体上。Mipmapping 技术常用于对动画中的物体进行三维纹理映射，可以有效改善走样效果，如图 10-39 所示。图 10-39（a）中远离视点处有摩尔纹，这是因为动画时，投影到其上的纹理忽白忽黑所致。图 10-39（b）使用图 10-38 所示的 Mipmapping 技术进行了处理，离视点进的映射分辨率高的纹理链，离视点远的映射分辨率低的纹理链，对于不能使用整数纹理链之处，可以使用相邻的纹理链进行线性插值，也就是说对相邻纹理链上的像素进行三线性插值。可以观察到虽然摩尔纹消失了，然

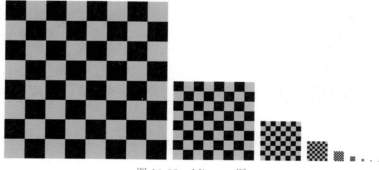

图 10-38　Mipmap 图

而纹理也变得模糊了,但这是可以接受的。由于 Mipmapping 可以得到令人满意的反走样效果,已经成为当前使用最为广泛的纹理滤波器。

(a) 反走样前　　　　　　　　　　　　　　(b) 反走样后

图 10-39　Mipmapping 反走样

10.6　本章小结

纹理映射是一个用函数、图像或其他数据源来改变物体表面外观的方法。一般需要先对物体的顶点或表面进行参数化处理,然后使用 Phong 明暗处理为表面添加纹理细节。图像纹理改变的是物体材质的漫反射率,而几何纹理改变的是物体表面的法矢量方向。三维纹理表达的是多段纹理的连续性。几何纹理中,物体表面的法矢量保持不变,仅仅改变了在光照计算中的法矢量方向来产生貌似凹凸不平的视觉效果,但从几何角度讲,物体表面仍然保持光滑。这正如对多边形表面之间采用共享同一法矢量,可以在多边形表面之间产生光滑过渡的假象一样。纹理反走样是纹理映射技术的一个重要研究内容,本章简单介绍了双线性内插法和 Mipmapping 纹理链技术。

习　题　10

1. 使用式(10-2)的函数纹理,编程绘制图 10-40 所示的两种国际象棋棋盘纹理。

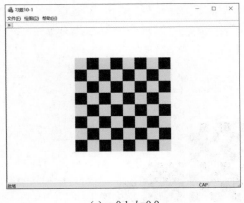 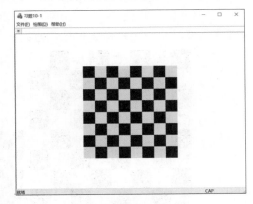

(a) $a=0.1$, $b=0.9$　　　　　　　　　　　(b) $a=0.9$, $b=0.1$

图 10-40　棋盘纹理效果图

2. 使用式(10-3)的函数纹理,编程绘制图 10-41 所示的两种粗布纹理。

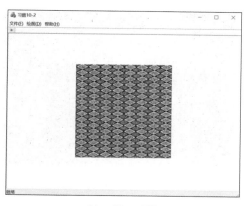
(a) $p=50$, $q=100$

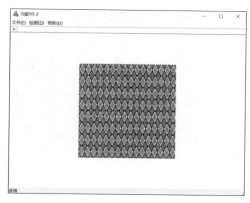
(b) $p=100$, $q=50$

图 10-41　粗布纹理效果图

3. 将式(10-2)所示的国际象棋棋盘纹理函数映射到球面上,绘制图 10-42 所示的动态旋转单光源光照纹理球面,要求使用 Phong 明暗处理实现。

图 10-42　球面函数纹理映射效果图

4. 将式(10-3)所示的粗布函数纹理映射到立方体上,绘制图 10-43 所示的动态旋转单光源光照纹理立方体,明暗处理要求使用 Phong 模型。

5. 将国际象棋棋盘函数纹理映射到双三次 Bezier 曲面片上,绘制图 10-44 所示的单光源光照纹理曲面片。

6. 使用数字照相机拍摄计算机机箱 6 个侧面的照片,如图 10-45 所示,将相应图像按照正确的方位映射到长方体的表面上,制作机箱动态旋转的三维动画(无光照),效果如图 10-46 所示。

*7. 将图 10-47 所示的"一月份"拍摄的世界地图图像映射到球面上,绘制"一月份"的世界景色动态旋转球面,效果如图 10-48 所示。要求使用 Phong 明暗处理并进行双线性插值反走样处理。

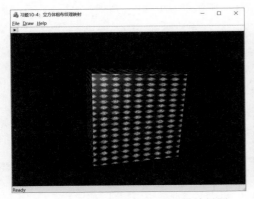
图 10-43　立方体粗布纹理映射效果图

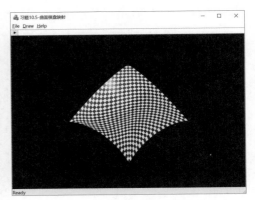
图 10-44　曲面函数纹理映射

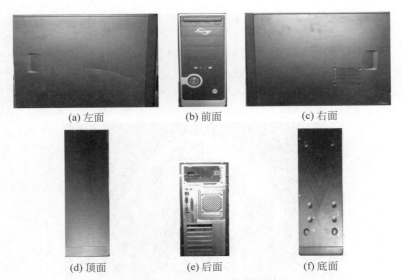

(a) 左面　　　　　　　(b) 前面　　　　　　　(c) 右面

(d) 顶面　　　　　　　(e) 后面　　　　　　　(f) 底面

图 10-45　计算机机箱的照片

(a) 旋转位置1　　　　　　　　　　　　　　(b) 旋转位置2

图 10-46　机箱图像纹理映射效果图

图 10-47 "一月份"的世界地图

8. 基于地理划法建立球体的几何模型,球体体心位于窗口客户区中心处。使用正弦函数扰动球体表面的法向量。假设点光源位于场景的右上方,试使用 Phong 明暗处理绘制光照凹凸球体,如图 10-49 所示。

图 10-48　球体图像纹理映射效果图

图 10-49　球面几何纹理映射效果图

9. 橘子是有着皱褶表面的球类果实,试基于 Phong 明暗处理算法将图 10-50(a)所示纹理映射到球体表面上,制作如图 10-50(b)所示的"橘子"效果。

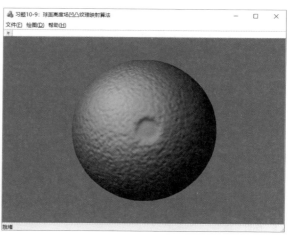

(a)凹凸纹理图

(b)"橘子"效果图

图 10-50　球面凹凸纹理映射

参 考 文 献

[1] 孔令德.计算机图形学基础教程(Visual C++版)[M].2 版.北京:清华大学出版社,2013.

[2] SUTHERLAND I E.Sketchpad: A Man-Machine Graphical Communication System[J].Proceedings AFIPS Spring Joint Computer Conference,Detroit,Michugan,May 1963(23):329-346.

[3] BOUKNIGHT J W.A Procedure for Generation of Three dimensional Half-Toned Computer graphics Representations[J].Comm.ACM,1970,13(9):527-536.

[4] GOURAUD H.Continuous Shading of Curved Surfaces[J].IEEE trans,1971,20(6):87-93.

[5] PHONG B S.Illumination for Computer-generated Pictures[J].Comm,ACM,1975,18(6):311-317.

[6] WHITTET T.An Inproved Illumination Model for Shaded display[J].Comm.ACM,1980,23(6): 343-349.

[7] CORNEL G M,TORRANCE K E,GREEGBERG D P,et al.Modeling the Interaction of Light between Diffuse Surface[J].SIGGRAPH'84 Proceedings,Computer Graphics.1984,18(3):213-222.

[8] JOHNSON B.Visual Studio 2017 高级编程[M].李立新,译.7 版.北京:清华大学出版社,2018.

[9] BRESENHAM J E.Algorithm for computer control of a digital plotter[J].IBM Systems Journal, 1965,4(1):25-30.

[10] 陆枫,何云峰.计算机图形学基础[M].2 版.北京:电子工业出版社,2010.

[11] 孔令德.基于面积加权反走样算法的研究[J].工程图学学报,2009,30(4):49-54.

[12] 孙家广.计算机图形学[M].3 版.北京:清华大学出版社,1998.

[13] Wu Xiaolin.An Efficient Antialiasing Technique[J].SIGGRAPH'91,Computer Graphics ,1991, 25(4):143-152.

[14] FREEMAN H.Computer Processing of Line-Drawing Images[J].Computer Surveys.Vol 6(1), 1974: 57-97.

[15] 康凤娥,孔令德.基于屏幕背景色的彩色直线反走样算法[J].工程图学学报,2010,31(3):62-67.

[16] SPROULL ROBERT F,SUTHERLAND IVAN E.A Clipping Divider [J].Fall Joint Computer conference,1968:765-775.

[17] LIANG YOU-DONG,BARSKY BRAIN A.A New Concept and Method for Line Clipping[J].ACM TOG, 1984,3(1):1-22.

[18] SUTHERLAND I E,HODGMAN G W. Reentrant Polygon Clipping[J].CACM,1974,17(1): 32-42.

[19] WEILER K,ATHERTON P.Hidden Surface Removal Using Polygon Area Sorting [J]. SIGGRAPH'77,Computer Graph,1977(11):214-222.

[20] 彭群生,鲍虎军,金小刚.计算机真实感图形的算法基础[M].北京:科学出版社,2009.

[21] 魏海涛.计算机图形学[M].2 版.北京:电子工业出版社,2007.

[22] 孔令德.计算几何算法与实现(Visual C++版)[M].北京:电子工业出版社,2017.

[23] HILL F S,KELLEY S M.计算机图形学(OpenGL 版)[M].胡事民,刘利刚,刘永进,等译.3 版.北京: 清华大学出版社,2009.

[24] SUTHERLAND I. A Characterization of Ten Hidden-Surface Algorithms[J].Computer Surveys, 1974,6(1):1-55.

［25］ CATMULL E.A Subdivision Algorithm for Computer Display of Curved Surface［D］. Salt Lake City：Dept. of Computer Science，University of Ulth，1974.

［26］ BLINN J F. Model of Light Reflection for Computer Synthesized Pictures. SIGGRAPH＇77，Computer Graph，1977(11)：192-198.

［27］ ATHERTON P，WEILER K，GREEGBREG D，Polygon shadow generation ［J］. SIGGRAPH＇78，Proceedings，1977，11(2)：275-285.

［28］ BLINN J F.Simulation of wrinkled surface［J］. SIGGRAPH＇78，Computer Graph，1978，12(2)：286-292.

［29］ PEACHEYD R.Solid Texture of Complex Surface［J］.SIGGRAPH＇85，Computer Graph，1985，19(3)：279-286.

［30］ HAN J. 计算机图形学——基于 3D 图形开发技术［M］. 刘鹏，译. 北京：清华大学出版社，2013.

［31］ WILLIAMS L. Pyramidal Parametrics［J］. Computer Graphics，1983，17(3)：1-11.

附录 A　知识点微课索引

知识点 1：DDA 算法   69

知识点 2：Bresenham 算法   69

知识点 3：中点算法   71

知识点 4：圆的扫描转换   73

知识点 5：椭圆的扫描转换   76

知识点 6：Wu 反走样算法   82

知识点 7：有效边表填充算法   91

知识点 8：边缘填充算法   96

知识点 9：种子填充算法   99

知识点 10：扫描线种子填充算法   100

知识点 11：二维基本几何变换矩阵   107

知识点 12：Cohen-Sutherland 直线段裁剪算法   121

知识点 13：中点分割直线段裁剪算法   123

知识点 14：Liang-Barsky 直线段裁剪算法   124

知识点 15：多边形裁剪算法   127

知识点 16：三维基本几何变换矩阵   134

知识点 17：透视投影   146

知识点 18：隐线算法   203

知识点 19：深度缓冲器消隐算法   207

知识点 20：深度排序消隐法   211

知识点 21：简单光照模型   223

知识点 22：Gouraud 明暗处理   232

知识点 23：Phong 明暗处理算法   235

知识点 24：简单透明模型   237

知识点 25：简单阴影模型算法   238

知识点 26：函数纹理   244

知识点 27：图像纹理   249

知识点 28：三维纹理   250

知识点 29：几何纹理算法   252

知识点 30：纹理反走样简介   255

附录 B　配套案例的说明

　　本书的特色之一就是所有原理的案例化。遵照此原则,笔者开发了 30 个案例源程序,集成为"计算机图形学(彩版)配套案例压缩包-Visual Studio 2017 版"。购买本书的读者可以通过 QQ(997796978)联系作者获得源程序,通过扫描表 B-1 中的二维码学习微课视频。教师可以根据课时安排,选择不同的案例来完成计算机图形学上机实验。

表 B-1　配套案例的微课视频

案例编号	案例名	二维码	案例编号	案例名	二维码
案例 1	基本图元绘制算法(推荐实验 1)		案例 10	种子填充算法	
案例 2	绘制金刚石图案		案例 11	区域扫描线种子填充算法	
案例 3	双缓冲动画算法		案例 12	二维几何变换算法(推荐实验 4)	
案例 4	直线中点算法(推荐实验 2)		案例 13	Cohen-Sutherland 算法裁剪金刚石图案(推荐实验 5)	
案例 5	圆中点算法		案例 14	Liang-Barsky 裁剪算法	
案例 6	椭圆中点算法		案例 15	Sutherland-Hodgman 算法裁剪多边形	
案例 7	直线 Wu 反走样算法		案例 16	三维几何变换算法(推荐实验 6)	
案例 8	有效边表算法(推荐实验 3)		案例 17	正八面体线框模型透视投影算法(推荐实验 7)	
案例 9	边缘填充算法		案例 18	圆环背面剔除算法	

案例编号	案例名	二维码	案例编号	案例名	二维码
案例 19	RGB 立方体背面剔除算法（推荐实验 8）		案例 25	简单透明算法	
案例 20	三维五角星 Z-Buffer 算法（推荐实验 9）		案例 26	简单阴影算法	
案例 21	Menger 海绵画家算法		案例 27	球体函数纹理映射算法（推荐实验 12）	
案例 22	球体 Gouraud 明暗处理算法（推荐实验 10）		案例 28	球体三维纹理映射算法	
案例 23	球体 Phong 明暗处理算法（推荐实验 11）		案例 29	圆环图像纹理映射算法（推荐实验 13）	
案例 24	圆环 Phong 明暗处理算法		案例 30	球体几何纹理映射反走样算法（推荐实验 14）